Danach betrachtete Gott alles,
was er geschaffen hatte.
Und er sah, dass es gut war.
(Mose)

In einer Handvoll Erde
leben mehr Bakterien,
als Menschen auf dieser Welt.

INHALT

Kapitel 4
Produktion und Produkte

Anwender-Fibel

Kapitel 4
Pflanzenkohle/Biokohle

Vorwort

Liebe Leser,

dieses Büchlein soll kein „Gesundheitsratgeber“ und auch keine „Lebensberatung“ oder eine „Anleitung zum Glück“ sein, weder ein Leitfaden für gesunde Ernährung, noch ein pseudowissenschaftliches Pamphlet für esoterische Öko-Besserwisser. Auch stellen wir nicht den Anspruch eines wissenschaftlichen Fachbuches, geschweige denn einer medizinischen Heilanleitung. Aber wir wissen, was zu einer ordentlichen Information gehört und bedienen hier alle Fakten aus persönlichen Erfahrungen und authentischer Erfahrungen Dritter.

Wer kennt sie nicht, die endlosen Auslagen und Regale, die durch unzählige solcher Ratgeber zu bersten drohen. Bei dieser Masse von „Gutwissen“ sind die abertausenden Ratschläge für alle Lebensbereiche in Millionen Illustrierten und Zeitungswerk noch gar nicht berücksichtigt, von Fernsehsendungen und Digitalinformationen ganz zu schweigen. Im „Informationszeitalter“ scheint, dass das Leben existenziell abhängig von einem steten Informationsfluss ist.
Oder besser: Wir bilden uns ein, davon abhängig zu sein. Zum Einen vergessen wir oft und gerne, dass das Leben auch ohne uns Menschen ganz gut, vielleicht gar besser funktionieren würde, denn das Leben war schon lange vor uns da. Leben ist weder ein auf den Menschen beschränkter Begriff noch ein menschliches Privileg innerhalb der Natur. Zum Anderen hat sich unsere „moderne“ Deutung von Leben, trotz der Millionen Bücher und Informationen, von der natürlichen Basis längst verabschiedet.

Und dennoch haben wir, **Jürgen Amthor und Werner Krieger,** uns entschieden, für Sie dieses Buch zu erstellen und herauszugeben, da wir ganzheitlich überzeugte Hoffnungsträger sind und für viele Bereiche Lösungen ansprechen. Wir sind überzeugt vom regenerativen Wunder Natur, die stets ganzheitlich reagiert. Unsere Hoffnung schöpfen wir aus den überraschend guten Ergebnissen sowie der steigenden Zahl von Menschen, welche diese mit uns teilen.

Die 4 Elemente Feuer, Wasser, Luft und Erde werden durch ein „5. Element“ verbunden, die Biomasse - oder anders ausgedrückt - dem vor über 3 Mrd. Jahren entstandenen Leben durch Bakterien, der sog. Schöpfung. Lange vor uns bildeten sie das Leben und auch nach uns werden sie als Organisatoren Fauna und Flora regenerieren.

Das Überlebenssystem der Mikroorganismen zeigt uns jeden Tag, wie wir uns als Lebewesen positiv in unser biologisches Umfeld einfügen und gesund existieren können. Weit vor dem was wir heute Wissenschaft nennen, hatten wir dies längst verinnerlicht und konnten die Zeichen der Natur weit besser deuten.
Die unendlichen glaubwürdigen und unglaubwürdigen Informationen, die immer stärker auf uns einwirken, vernebeln unseren Blick sowie unser Gefühl für das Wesentliche - sie manipulieren uns massiv.

Wir möchten Sie auf eine Reise in die wunderbare Welt der Mikroorganismen mitnehmen, um Ihnen zu beweisen, dass die „Rückkehr" zu den natürlichen Komponenten des Lebens der „wahre" und einzige Weg ist, langfristig gesund und „verträglich" mit und in unserer Natur zu leben.
Wenn wir hin und wieder kritische Kommentare und Absätze bezüglich des „modernen" Ist-Zustandes einfügen, so sei darauf hingewiesen, dass **in diesen Kommentaren** mit **„wir"** lediglich das mittlerweile natur-dekadente Gesamtsystem unserer Konsum- oder Wohlstandsgesellschaft gemeint ist, das sich offensichtlich einzig durch gewinnorientierte Manipulation lenken lässt.

Als Herausgeber erkennen wir den großen Bedarf an Regeneration und sehen darin eine Herausforderung, uns diesem weltweit wichtigen Thema zu widmen und Lösungen zu erörtern.
Wir stellen dabei nicht den Anspruch wissenschaftlicher Abhandlungen, sondern bieten lediglich einen hoffentlich verständlichen Einstieg in dieses Thema. Das Bewusstsein und auch den Freundeskreis für das ganzheitliche Denken zu erweitern sowie eine Anleitung für den Einsatz spezifischer, aufbauender Mikroorganismen zu bieten, ist unser Ziel.
Als „Überzeugungstäter" wollen wir unsere wunderbaren, positiven Erfahrungen weitergeben. Wir hoffen mit spannenden, oft überraschenden und überzeugenden Argumenten und Fakten auch die Leser dafür zu sensibilisieren, um ihnen Hilfestellung für viele Lebensbereiche geben zu können.

Jürgen Amthor und Werner Krieger

Eußenheim, 2. Auflage Jan. 2017

Eine weltweisende Entdeckung

Der Japaner Teruo Higa, Professor für Gartenbau (geb. 1941) an der Universität in Okinawa, experimentierte bei Zitrusfrüchten mit einem hohen Maße an Chemieeinsatz, wodurch er schwer erkrankte. Schon zu Selbstheilungszwecken begann er fortan in Richtung „natürliche Ökologie" zu forschen und experimentierte mit verschiedenen natürlichen Mikrobenstämmen, indem er sie vermischte, um eine ideale Basis (Milieu) zu kultivieren. Bakterien stellen sich stets auf andere Stämme ein, ergänzen sich und bilden eine Symbiose. Insbesondere Stämme, die Sauerstoff produzieren und solche, die ohne Sauerstoff leben können, bilden eine Gemeinschaft zu einer besonders positiven „Biobasis", also den besten Nährboden für Wachstum. Zu seiner Überraschung und auch der seiner Forscherkollegen, bietet die von ihm ermittelte Symbiose von 80 unterschiedlichen Stämmen eine stabile Grundlage zur Lösung vieler Probleme bei der Körperhygiene und Gesundheit, im Haushalt, in der Landwirtschaft, im Garten und bei der Tierhaltung - kurz: bei allem was wächst und lebt.

Prof. Higa konnte nachweisen, dass Mikroorganismen nach dem Dominanzprinzip agieren. Demnach gibt es 3% aktive aufbauende (probiotische) und 3% abbauende (krankmachende, fäulniserregende) Mikroorganismen, die den Rest, die Mitläufer beeinflussen. Je nachdem, welche Seite dominiert, tendiert der Rest dorthin. Haben wir ein gesundes, aufbauendes, antioxidatives Umfeld bzw. Milieu, finden die Krankheitserreger keinen Platz, umgekehrt verhält es sich genauso.

Die von Prof. Higa entwickelte Ursubstanz, in der die 80 verschiedenen Stämme aufbauender Mikroben enthalten sind, (die Mischung macht's) ist die Grundlage für viele Lösungen unserer Lebensbereiche. Diese „Urlösung" war auch die Grundlage für die ProTop-Produkte der Eußenheimer Manufaktur in Deutschland. Prof. Higa hat es geschafft, eine weltweite Reaktion im Hinblick auf diese, unsere ökologische Basis auszulösen und gehört zu den großen Namen der Mikrobiologie.

Auszug von Prof. Higas internationalen Veröffentlichungen:

Die Anwendung von Mikroorganismen in der Landwirtschaft und ihre positiven Wirkungen für eine sichere Umwelt, Nobunkyo, 1990

Eine Revolution zur Rettung der Erde, Sunmark, 1993

Eine Revolution zur Rettung der Erde, OLV 2003, ISBN 3-922201-35-0

EM: Neues Leben aus Küchenabfällen, Sunmark, 1995

Die wiedergewonnene Zukunft, OLV Xanten, 2002, ISBN 3-922201-42-3

EM-Salz, Goldmann, 2004, ISBN 3-442-21696-6

Mitautor von:

Effektive Mikroorganismen (EM), OLV, 2005, ISBN 3-922201-49-0
2000: das wahre Jahrhundert, PHP Institut, 1994
***Mikroorganismen retten unsere Zivilisationen**, Crest Co., Ltd., 1995*
Comic-Version von Eine Revolution auf der Erde, Sunmark, 1995

Prof. Higa schreibt:

„Der Einsatz von Effektiven Mikroorganismen ist nur durch die menschliche Phantasie begrenzt.“

Dr. Alexander Bernreuther und Jürgen Amthor von der Eußenheimer Manufaktur hatten und haben diese Phantasie erweitert. Inspiriert durch Higas Erfolge mit Mikroorganismen für Garten und Landwirtschaft, entwickelten sie Lösungen für Gesundheit bei Mensch und Tier, die inzwischen europaweit bei Ärzten und Heilpraktikern Anerkennung finden.

Die Deutsche Wissenschaft öffnet sich dem Thema
Prof Dr. Manfred Hoffmann, Professor an der FH für Gartenbau, Agrarwirtschaft und Landschaftsbau in Weihenstephan/Triesdorf:

„Schon immer wurde in der Bodenbiologie, der Lebensmitteltechnologie und bei der Silagebereitung der Mikrobiologie eine fundamentale Bedeutung für Ertrag und Produktqualität beigemessen. Ein wesentliches Kriterium ist immer die Nutzung spezifischer Kulturen, die für einen speziellen Zweck gezüchtet bzw. vital erhalten und vermehrt werden. Prof. Higas Verdienst ist die umgesetzte „Zufallsentdeckung“, dass ein Mikrobengemisch aus über 80 verschiedenen Mikrobenarten mit teils gegensätzlichen Lebensbedingungen (Aerobier und Anaerobier) symbiotisch auf ein angebotenes Lebensumfeld positiv einwirken kann. Bislang hielt man derartige Parallelexistenzen für nicht realistisch und sinnvoll.
Geht man aber davon aus, dass aerobe Azobacter Sauerstoff zum eigenen Überleben brauchen sowie Stickstoff produzieren und Photosynthesebakterien Stickstoff zum überleben benötigen, aber selbst Sauerstoff erzeugen, ist eine Symbiose vorstellbar und sinnvoll.
Somit entsteht eine Auseinandersetzung zwischen theoretischem Systemdenken und praktischer Erfahrung“.

Prof. Dr. Hoffmann ist u.a. bekannt durch seine Redoxpotential-Analyse, mit der er nachweisen konnte, dass durch den Einsatz von spezifischen, aufbauenden Mikroorganismen sowohl die Bodenqualität als auch die Qualität von Obst und Feldfrüchten erhebliche Vital- und Nährstoffverbesserungen aufweisen.

Kultivierung von spezifischen, Effektiven Mikroorganismen in Deutschland

Baubiologe Jürgen Amthor, durch seine beruflichen Erfahrungen bereits vorbelastet, ließ sich von Prof. Higas Erkenntnissen „infizieren" und gibt sich seitdem der Revitalisierung der Natur hin. Nach intensiver Fortbildung und Qualifizierung hat er in Deutschland die Mikrobenmischungen auf Higas Basis für unterschiedliche **Anwendungsbereiche spezifiziert und weiterentwickelt.**

Im Gegensatz zu Prof. Higas herkömmlicher Bakterienzusammensetzung und Pilzen aus der Boden- und Pflanzenkunde, der sog. Urlösung, **selektiert Amthor die Mikroben spezifisch für Menschen, Tiere, Garten und Landwirtschaft**. „*Viele Anhänger Prof. Higas setzen die von ihm für Garten und Landwirtschaft entwickelte EM1/Ursubstanz für alle Lebensbereiche für Menschen, Tiere und im Haushalt ein. Dies macht aber nach unserer Meinung sowohl der Ansicht vieler Experten keinen Sinn, denn die von Higa entdeckten Stämme enthalten bewusst Bodenbakterien und Bodenpilze. Diese haben langfristig im Darm und auf der Haut von Mensch und Tier nichts verloren, wenn sie auch nicht schaden. Wäre Higa Arzt bzw. Apotheker gewesen, hätte er mit Sicherheit keine Bodenpilze und Bodenbakterien in seine EM1/Urlösung gegeben*", so J. Amthor.

Seit rund 14 Jahren experimentiert er erfolgreich mit aufbauenden Bakterienstämmen in der eigenen Pflanz- und Gewächshausanlage. Mittlerweile hat er Landwirte, Hobbygärtner, Gärtner, Tierhalter und viele andere bewusste Menschen „bekehrt". Der „*Revitalisierungs-Freak*" weiß um die Vergiftung sowie die stetige Abnahme von Nährstoffen in der Natur und die dadurch entstehende Belastung unserer eigenen Gesundheit. Die wunderbaren Kräfte effektiver Mikroorganismen beweist er nicht nur an der steigenden Zahl an Anwendern, sondern auch an seinem Familienhund, seinen Hühnern, Bienen und Pflanzen. Unermüdlich beobachtet, testet und fermentiert er spezifische Mikroben für die unterschiedlichsten Anwendungen und man kann seine „Grünen Daumen" wörtlich nehmen. Wenn der „Überzeugungstäter" über seine Erfahrungen und Vorgänge in der Natur Vorträge hält, spürt man seine innerliche Hingabe und erfasst sehr schnell die logische Einfachheit der Natur.

Überzeugend und faszinierend zu erkennen, dass die Natur nur ein wenig Unterstützung braucht um in gesundem Wachstum zu „explodieren".

Deshalb wird diese **sEM**-Technologie von der Industrie auch ignoriert, da

man damit nicht die „programmierten" Gewinne machen kann.
Der „Mikroben-Mann" Jürgen Amthor lebt und arbeitet uns vor, dass die Gewinnoptimierung nicht seine Intension ist, sondern die Gesundheit der Natur und somit auch unsere eigene. Dennoch, oder gerade deshalb funktioniert auch sein wirtschaftliches Fortkommen, dank einer ehrlichen und transparenten Logik.
2015 absolvierte der Hobby-Imker zudem noch erfolgreich die **Ausbildung zum Bodenpraktiker** beim strengen NATURLAND-Verband. Auch perfektionierte er sein Wissen über **neue Technologien wie z.B. die Vital-Scan-Analyse**, bei welcher Vital,- Mangel- u. Giftbelastung im Körper gemessen werden.
In der Manufaktur werden nebst organischem Dünger auch hoch konzentrierte **Bakterienlösungen, die meist auf Topinambur,** Kräutern, Obst und Gemüse **kultiviert und vermehrt** werden, in trockener oder flüssiger Form erzeugt. Sie wirken und „arbeiten" in vielen Bereichen unserer Gesundheit im wörtlichen Sinne effektiv und aufbauend.
So kann Jürgen Amthor mittlerweile auf eine „probiotische Karriere" zurückblicken, die in vielen unserer Lebensbereiche „grüne" Spuren hinterlassen hat. Er orientiert sich an seinen ausschließlich guten biologischen Ergebnissen in einzelnen Bereichen mit unterschiedlichen Bakterienkulturen.
Jürgen Amthor lässt sich nicht auf das große Feld der Allheilmittel für allerlei mögliche und unmögliche Einsatzbereiche ein, sondern konzentriert sich auf das, was er täglich beweist und neugierig weiterentwickelt. Er ist mittlerweile bei der vehement wachsenden Gemeinde bewusster **sEM**-Anwender zum gefragten Spezialisten weltweit geworden.
„Jeder noch so unscheinbare, aufbauende Mikroorganismus, welchen jeder von uns vermehren und einsetzten kann, macht unsere Umwelt ein bisschen gesünder. Jürgen Amthor

Hinweis: *sEM* *steht als Kürzel für **s**pezifische, effektive und aufbauende Mikroorganismen und **„EM" für E**ußenheimer **M**anufaktur. Jürgen Amthor hat sich aufgrund des inflationären Marketing mit **„EM"** sowie diversen Streitigkeiten um diese „Markenbezeichnung" für den Begriff **sEM** entschieden. Zudem hebt sich die Eußenheimer Manufaktur als transparenter Hersteller durch die Selektierung unterschiedlicher Bakterienstämme vom allgemeinen EM ab und spezifiziert ihre Produkte für unterschiedliche Anwendungen.*
Die sEM Produkte sind durchweg
biozertifiziert und gentechnikfrei.

Überzeugter Journalist

Werner Krieger, Herausgeber der „Fränkischen Illustrierte" sowie des „Fränkischen Direktvermarkter- und Hofladenführers" ist ein heimatpatriotischer „Rebell", der nach 20-jähriger Arbeit in Politik, Wirtschaft und Kommerz den „Ausstieg" in seine Heimat gefunden hat. Seither schreibt und publiziert er, womit er die regionale Kleinwirtschaft, Tradition, - Familien- und Kleinbetriebe sowie Heimatkultur und die Authentizität Frankens forciert.

Entgegen dem Mainstream und der sog. Political correctness kritisiert er seit langem die industriellen, politlobbyistischen und zentralistischen Absichten von Marktstrategen und Politikern in Deutschland - und vor allem in Brüssel. Seiner Meinung nach wird hier absichtlich und in allen Branchen „wirtschaftlicher Völkermord" betrieben. Er kämpft darum, die regionale Vielfältigkeit und Versorgung zu erhalten, um seine Heimat nicht der Gleichmacherei und endgültigen Abhängigkeit (dem wirtschaftlichen Völkermord) preiszugeben.

Auf der Seite regionaler Selbstvermarkter und Erzeuger in Landwirtschaft und Handwerk war es ihm ein großes Anliegen, auch **die Alternative sEM** zu publizieren, entgegen der vielen „verfilzten" Bereiche, vom „Vita-Marketing" über das Gesundheitssystem bis hin zur Pharma- und Chemieindustrie. Werner Krieger konnte es sich als „Schreiber" deshalb nicht verkneifen auch kritische Kommentare und Bemerkungen diesem Buch beizufügen. Die Hoffnung hierbei war und ist, dass sich der eine oder andere mehr Gedanken über manche Entwicklungen und Situationen macht.

„Trotz berufsbedingtem, kritischem Hinterfragen und Durchleuchten konnte ich keine der üblichen, fadenscheinigen und „verwässerten" Marketingfloskeln ausmachen. Während der Recherche zu diesem Buch traf ich Menschen und Anwender, die mich begeisterten und mit jedem Gespräch und jedem offensichtlichen Beweis stieg meine Überzeugung.

Als meine Partnerin Michaela durch ProTop nach nur 3 Monaten ihre Neurodermitis so gut wie besiegte, mit welcher sie sich über 40 Jahre herumquälte, war auch ich „infiziert".

Deshalb ist es mir ein großes Anliegen, dass die hier beschriebene wunderbare Alternative der sEM-Technologie viele weitere Freunde findet, vor allem auch ein entsprechendes Bewusstsein in der breiten Bevölkerung schafft. Ich bin davon überzeugt, dass die Probiotik eine Revolution in unserer weltweiten biologischen Schieflage bedeuten kann und muss."

Werner Krieger

„Macht Euch die Erde untertan"

Kommentar

Dominium terrae „Macht Euch die Erde untertan" (Gen 1,28). Diese theologische Auslegung aus dem Alten Testament scheint als Gottesauftrag an die Brüder Mose permanenter Fehlinterpretation zu unterliegen. Einer Schrift, ja einer Religion, deren historische und geographische Ausbreitung recht deutlich mit jener der Wohlstandsländer übereinstimmt.

Heute könnte man unser Menschenwirken, das was wir so selbstherrlich „Zivilisation" nennen, angesichts der Umweltsünden auch als „Krebsgeschwür" der Erde bezeichnen. Dagegen hilft auch kein „Wohlstands-Humanismus", bei dem wir für Rechte von Flüchtlingen eintreten, deren Lebensgrundlage in den Herkunftsländern durch unsere sog. „Zivilisation" längst zerstört wurde.

Das Bild, welches wir aus dem All betrachtet abgeben, gleicht auf erschreckende Weise einem kranken Organismus. Dort wo sich unsere Population konzentriert, ist die Haut krank und abgestorben. Die großen Metropolen und Industriegebiete zeigen ein Bild von der gleichen Struktur wie wir sie von Krebsgeschwüren kennen. Ist das unser Auftrag, ist das der Sinn unseres Daseins? Wir bilden uns ein, dass wir als einziges, intelligentes Wesen allem Anderen auf unserer Erde überlegen sind, haben jedoch einen entscheidenden Gendefekt. Wir nutzen unsere Intelligenz im Gegensatz zu allen anderen Lebensformen individuell, also egoistisch und sind nicht in der Lage, sie auf unsere Gesamtpopulation zu übertragen - auf den Weltorganismus Mensch. Anstatt dem höheren Ganzen zu dienen, erschaffen wir eine Kultur von militanten, egoistischen Parallelgesellschaften, die weder in ihrem Naturell noch mikrobiologisch gesehen eine Überlebenschance haben. Da wir dadurch stets vergessen, ein abhängiger Teil des Ganzen zu sein, suchen wir seit jeher nach dem Sinn des Lebens.

Vielleicht ist auch gerade die endlose Sinnsuche unser Leiden, wo es doch viel einfacher wäre, würden wir uns nicht so wichtig nehmen. Hier stehen wir uns im wörtlichen Sinne selbst im Weg. Angesichts uneingeschränkter Informationsflut fühlen wir uns dabei sogar noch allwissend, ja modern.

Der Sinn des Lebens ist ganz einfach erklärt:

Wir sind auf der Welt als Teil eines Ganzen, nur als ein Teil des Lebens.

Das Leben verlangt uns etwas ab – nicht umgekehrt!

Fragen Sie beispielsweise eine Mutter, die unter Schmerzen ein Kind geboren hat oder auch einen Gärtner, eine Gartenliebhaberin, einen Landwirt oder Winzer, die im Schweiße ihres Angesichts die Erde bearbeiten, worin sie ihr Glück finden. Sie werden bestätigen, dass die Natur das zurückgibt, was sie uns zunächst abverlangt und dass dies glücklich und vor allem zufrieden machen kann.

Aus der richtige Perspektive gesehen ist dies gar nicht so kompliziert, und wer es ernst genug nimmt, den erfüllt es auch. Wem dies zu wenig ist, der versucht sein Leben mit solchen „Ersatzbefriedigungen" auszufüllen, die vermeintliches Glück suggerieren. Mit Dingen, die wir nicht wirklich brauchen - das nennen wir Konsum.

Sind wir doch mal ehrlich - wir sind in den paar Sekunden, die wir im Vergleich zur Entstehung sowie der kompletten Evolution unseres Planeten auf selbigem verweilen, zum gefährlichsten Parasiten der Mutter Erde mutiert. Das wissen wir längst, aber das Wissen ist eben nur virtuell, solange es uns im Wohlstands-Alltag nicht tangiert.
Schließlich sind wir moderne Menschen, wir trennen unseren Müll, unterstützen Öko-Bewegungen, sind gegen Atomkraft, kompostieren in unseren Gärten und fahren -wann immer es geht- mit dem Fahrrad.
Wir sind sparsam und kaufen bei Lidl oder Aldi, deshalb sehen wir stinkende Misthaufen in unserer idyllischen, ländlichen Nachbarschaft als überflüssig und prähistorisch an. Wir engagieren uns für Brüssel und den Bund Naturschutz, damit unsere Bauern endlich ihren Betrieb einstellen. Wir ziehen aufs Land, der „frischen Landluft" wegen und klagen dann gegen den benachbarten Schweinestall wegen der nach Landwirtschaft riechenden Luft.
Dass andererseits die Tochter nach New York, der Sohn nach Sydney und der Rest der Familie „Dank" des Bügerkrieges, günstig nach Ägypten fliegt, riecht man schließlich auf dem eigenen Balkon nicht.
Wir sind gegen Massentierhaltung, aber nicht bereit für ein Stück Fleisch das Doppelte zu bezahlen und unseren Fleischverbrauch um die Hälfte zu

reduzieren. Dafür sind wir „saubere", „zivilisierte" Menschen, die lauthals gegen alles Menschenfeindliche wettern und uns jeden Tag waschen. Dagegen gäbe es nichts auszusetzten, würden wir nicht schon hier gedankenlos zu Umweltfeinden. Jeder Einzelne von uns, vorsichtig überschlagen, spült ca. 17 kg synthetische und chemische Inhaltsstoffe von Körperpflege, Wasch- und Putzmitteln pro Jahr in den Abguss. Von den Plastikflaschen ganz zu schweigen und das ist nur der Anfang unseres Verbraucher-Tages! Mit uns sind ein Viertel der Weltbevölkerung gemeint, also rund 1,6 Milliarden Konsum-Menschen oder „hyperkapitalistisch": Verbraucher, deren Zahl allerdings rapide ansteigt.
Für diese vielen Mäuler werden Lebensmittel zur Gewinnoptimierung „verlängert und verdünnt". Intensivierte Landwirtschaft (Dünger, Pestizide), exzessive Monokulturen, frühere Ernten und lange Transportwege sowie Umweltgifte schaden den Lebensmitteln, aus deren Analyse sich eine erschreckende Bilanz ergibt.
Demnach **reduzierte sich der Nährstoffgehalt in den letzten 50 Jahren** extrem, wie wir anhand weniger Beispiele zeigen:

Möhren	Magnesium	**minus 75%**
Bananen	Folsäure	**minus 84 %**
Spinat	Selen	**minus 96%**
Brokkoli	Kalium	**minus 75%**
Kartoffel	Calcium	**minus 70%**
Apfel	Vitamin C	**minus 80%**

Quellen: EFN und souci-Tabelle

Erschreckend ist auch, dass die Gesamtverfügbarkeit von Nähr- und Mineralstoffen in den Böden sowie die von sauberem Trinkwasser weltweit extrem und stetig abnimmt.
Für die Auflistung der Sünden unseres Wohlstandslebens, die wir tagtäglich gedankenlos begehen, würde dieses Buch nicht ausreichen, hierfür wurde es auch nicht geschrieben. Wie es sich angesichts der vielen erschreckenden und längst öffentlich bekannten Umweltstudien zeigt, wäre dies auch leider sinnlos.
Es wird immer offensichtlicher, dass sich unser Denk,- Optik- und Wahrnehmungsvermögen mehr und mehr auf die digitale und künstlich erschaffene Welt, „*Das Goldene Kalb*" einstellt, die einen immer größeren Teil von uns vereinnahmt. Wir reagieren auf künstliche Informationen tiefgehender als auf die eindeutigen Zeichen der Natur, auch unserer eigenen, die sich „lediglich" vor unseren Augen abspielen.

Wir bilden uns dabei ein, Versäumtes oder Verdorbenes ebenso künstlich wieder herstellen oder ersetzen zu können, wie beispielsweise mit Gentechnik, deren Folgen noch völlig unabsehbar sind.
Nein, dieses Buch soll uns lediglich anstoßen, uns an den Ursprung, die Basis und letztendlich auch an den Sinn des Lebens wieder zu erinnern.
Es soll aufzeigen, dass das Wunder des Lebens in und um uns ist und dass wir ein Teil des Ganzen sind, wenn auch derzeit ein abtrünniger. Wenn wir damit nur erreichen, unser Bewusstsein ein Quäntchen mehr zu sensibilisieren, haben wir mit diesem Buch mehr erreicht, als erwartet werden kann.

Doch schauen wir noch kurz auf die Anfänge und die eigentliche Basis unseres menschlichen Daseins. Es ist kaum 200 Jahre her, da flossen die wenigen Informationen noch sehr spärlich. Wenn überhaupt, dann wurden Erfahrungen, Geschicke und Geschichten von Generation zu Generation weitergegeben. Dieses über eine lange Evolutionskette angereicherte Grundwissen bildete seit eh und je die Basis für das menschliche Dasein. Das quasi angeborene Wissen versetzte uns in die Lage zu leben und überleben. Diese „Erbinformationen" hatten allerdings wenig damit zu tun, ob ein Popstar eine neue Freundin fand, der Enkel von Prinz Charles seine abstehenden Ohren geerbt hat, wer Dschungel-König ist oder wie viele Daten das iPhone speichert, die von der NSA regelmäßig „abgeholt" werden.
Unsere Sinne waren ehemals weit schärfer als heute. Wir hörten ohne störenden mechanischen Lärm, sahen ohne künstliches Licht, ohne Zoom und Digitalisierung, wir rochen, ob es bald regnet und wir schmeckten was für uns genießbar war oder nicht. Das Leben im Einklang und in selbstverständlicher Abhängigkeit von und mit der Natur, bot alle lebenswichtigen Informationen.
Viele dieser Naturerfahrungen wurden ebenfalls in alten Schriften und Büchern festgehalten, die sich allerdings heute nur wenige zu Nutze machen. Schließlich ist es einfacher eine Pille zu schlucken, als auf die Suche nach einem Kraut zu gehen und dies in aufwändiger Handarbeit zuzubereiten. Vor allem kostet es kaum Zeit und man kann viel mehr Geld damit verdienen.
Noch unsere Großmütter wussten, dass beispielsweise Hühnerbrühe mit Gemüse, Lorbeer, Wacholderbeeren usw. eingekocht, bei vielen Krankheiten Heilung brachte, lange bevor in modernen Laboren deren antibiotische Wirkung nachgewiesen wurde. Künstlich hergestelltes Penizillin erspart uns eben heute das Suppe kochen. Die Großmütter wussten auch, wie man mit einer natürlichen Speisefolge seinen Darm gesund hält und Schweineschmalz auf der Haut oft Wunder wirkt. Wenn wir auch jetzt die Nase rümpfen, so ändert das nichts an der Wirkung.

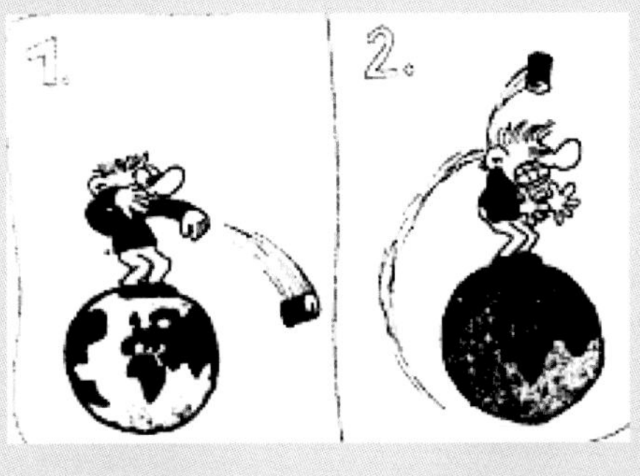

Dennoch verblüfft uns „moderne Menschen" auch heute oft das Wissen und die Lebensart mancher Naturvölker, die von unserer "Zivilisation" noch nicht „kontaminiert" sind. An nur einem Beispiel soll hier der tiefe Sinn und auch die unabwendbare Tatsache, dass das Leben uns etwas abverlangt, beschrieben werden:

Für die Völker der Anden ist die Erdgöttin „Pachamama“ ihre verehrte „Mutter Welt“ oder „Mutter Natur“, aus der alles Leben entsteht. So wird immer ein Kokablatt vor dem Genuss in die Erde gesteckt oder ein Schluck Wasser vergossen, bevor man selbst trinkt. Bei jedem Trinken und Verzehr wird zuerst etwas zurückgegeben. Das zieht sich durch den ganzen Alltag der Eingeborenen und ist ein gewohntes Ritual sowie Selbstverständnis. Nur durch diesen tief verinnerlichten Sinn für Ausgleich ist ein stabiles Gleichgewicht von Umwelt und Mensch gewährleistet. Auch unsere Vorfahren wussten darum und pflegten ähnliche Riten - man verehrte Natur-Götter. Weder die Indianer noch die Kelten wären auf die Idee gekommen, sich die Erde „untertan“ zu machen. Für uns kaum vorstellbar, dass diese Anden-Indianer zur Zeit der Kelten schon genauso gelebt haben müssen, wie sie heute noch leben und überleben. Wenn die verbliebenen Naturvölker in ihrer Existenz bedroht werden, dann ausschließlich von unserer Zivilisation.
Dieses Bewusstsein für die Schöpfung haben wir längst verdrängt, wenn auch noch nicht ganz verloren. Was hat die Zivilisation aus uns gemacht? Wir sind der bequeme Moloch, die Herde, die mit den Unwörtern „Konsumenten“ oder „Verbraucher“ herabgewürdigt wird. Titel, die nach dem heutigen Stand der Dinge längst eine Beleidigung darstellen. Sie stehen als Synonym für weltweiten Raubbau, Umweltverschmutzung und gedankenloses Verbrauchen.
Die „Marketingspezialisten“ bauen darauf ihre Macht auf und erreichen, dass wir von ihnen abhängig werden. Der Moloch frisst und lässt sich melken, abgelenkt mit „Spielzeug“ soll und macht er sich auch keine Gedanken - das nennt man „modernen Wohlstand“.
Wir nehmen heute eine Verpackung in die Hand und suchen nach Begriffen, die wir aus der suggestiven Werbung kennen, um uns für beispielsweise ein „gesundes“ Nahrungsmittel zu entscheiden. Die unzähligen Fremdwörter und Bezeichnungen von Zusatz-, Konservierungs-, Farb- oder Treibstoffen, Giften und Säuren scheinen uns dabei nicht mehr zu stören. Kosmetik-, Körperpflege-, Wasch- und Putzmittel unterliegen heute der „Keimvertilgungspflicht“, sonst werden sie zu Ladenhütern. Es muss duften oder scharf nach Sterilität riechen und am besten noch in giftigem blau ins Auge stechen. Davon möchte unsere „Pachamama“ sicher nichts abhaben. Was wir auf die Erde und ins Wasser kippen oder in die Luft blasen, lässt „die Götter“ nicht nur erzürnen, sie strafen uns mit Erdbeben, Stürmen, Trockenheit, Fluten und Unfruchtbarkeit dafür.
Hätten wir unseren Fortschritt und unsere wissenschaftlichen Errungenschaften für das probiotische Gleichgewicht in der Welt eingesetzt, lebten wir längst im Paradies.

Doch wir tun genau das Gegenteil: Wir nutzen alle Möglichkeiten die Natur zu überlisten, zu hintergehen und gar zu vernichten. Wir bringen Chemikalien, Schwermetalle, synthetische Stoffe und Gase sowie Toxine in Unmengen in den Kreislauf und unsere Nahrungskette. Wir wissen genau, dass wir damit die Mikroorganismen, die die Grundlage allen Lebens bilden, abtöten. Dafür werden uns die „Götter" am bitteren Ende bestrafen. Doch das Ende der Menschheit, die sich so wichtig nimmt und im Gegensatz zu Tieren und Pflanzen auch die Dummheit erfunden hat, wäre nur ein Drama in unseren Köpfen, aber keines für den Kreislauf und das Leben der Natur. Es wäre lediglich das Aussterben einer von vielen Lebensarten, und zwar einer besonders parasitären.
Die Bakterien sind es, die alle lebenswichtigen Stoffe, Biomasse, Sauerstoff, Mineralien, Vitamine usw. produzieren. Dennoch werden sie vom Marketing der Industrie aus bekannten Gründen als unsere Feinde dargestellt und Ängste davor geschürt. Wir reagieren damit sogar unsere eigenen, von der Natur gegebenen Abwehrmechanismen, nämlich die Bakterien, akribisch wegzuputzen, zu desinfizieren und abzutöten. Seither rächt sich unser eigener Körper mit Allergien, mannigfaltigen Unverträglichkeiten, Immunschwächen und Krebs. Und hier schließt sich der Kreis, weil wir ganz unverhohlen von „Zivilisationskrankheiten" sprechen. Angesichts dieser Tatsachen mutet es lächerlich an, dass ein Würzburger Uni-Professor jüngst verkündete, Krebs sei keine Zivilisationskrankheit, mit der Begründung, dass sie jetzt auch in Drittländern auftaucht. Aha!
Längst haben Pharmakonzerne erkannt, dass wir uns aus diesem Kreislauf kaum befreien können. So optimieren sie ihre Gewinne mit immer neuen Präparaten, die lediglich Symptome lindern und nur bedingt Abhilfe schaffen. Zudem werden immer wieder tatsächlich effektive Mittel und Entdeckungen vom Markt „wegekauft", versteckt, unterdrückt oder durch die instrumentalisierte Behörde nicht zugelassen bzw. verboten. Schließlich lebt diese Industrie, die es vor 150 Jahren noch nicht gab, von Krankheit so wie die Gentechnik vom Hunger leben will.
Wir wissen, dass die Natur alles selbst regeln kann, da sie auf Regeneration ausgerichtet ist. Die höchste Anforderung ist demnach nicht eine Krankheit zu lindern, einen einzelnen Baum, ein Tier oder einen Menschen zu retten, sondern das „Keimen" der Natur auf natürliche Weise wieder zuzulassen.

Vor und nach, über, unter, in und mit uns keimt das Leben in Mikroben, der Grundlage allen biologischen Seins. Vollkommen ohne religiösen, philosophischen, politischen oder gewinnträchtigen Anspruch, ohne Zivilisierung, ohne Forderung und wenn nötig auch ohne Menschen. Sie bilden mit einem Wort gesagt, das was wir Schöpfung nennen.

Platz für Ihre Gedanken

Effektive Mikroorganismen

1. Kampf der Mikroben

Unsere Entstehung sowie die unserer Welt wie wir sie bis vor wenigen Jahrzehnten noch kannten, haben wir den Bakterien zu verdanken. Der Anfang und die Entwicklung allen biologischen Lebens basiert auf Bakterien. Bakterien bilden in einer Symbiose mit anderen Mikroben, unerkannt seit über 3 Mrd. Jahren, den größten Teil unserer Biomasse auf Erden.
Die **effektiven bzw. aufbauenden Mikroorganismen sind die guten „Helfer“**. Sie bilden das Wunder der Natur, indem sie Feinde vertreiben, vertilgen oder umwandeln. Vor allem sorgen sie dafür, dass diese nicht überhand nehmen. Diese Fehde führen sie schon seit mehreren Milliarden Jahren und sorgten so für das biologische Gleichgewicht unserer Erde, für den Kreislauf wachsender und verwesender Stoffe, die Photosynthese und die Fermentation. Das Wissen darum ist uns eigentlich angeboren - seit jeher nutzen wir es in der natürlichen Landwirtschaft sowie in unserem Lebensraum. Diverse Bakterienstämme verwenden wir beispielsweise auch bei der **Herstellung und zur Fermentation von Lebensmitteln wie Bier, Wein, Sauerkraut, Joghurt** usw.
Viel Wissen, das wir aus reiner Erfahrung besaßen, ist allerdings aus Leichtsinn sowie aufgrund der Industrialisierung und steigenden Verwendung von Chemikalien und Medikamenten in Vergessenheit geraten. So greifen wir auf künstliche Weise in den Naturkreislauf ein, wir kappen die Versorgung unserer „Helfer“ und töten sie sogar ab. Dort wo sie keinen Widerstand mehr leisten, vermehren sich sofort unsere Feinde, die **pathogenen Keime.** Sie fügen Boden, Pflanzen, Mensch und Tier durch Fäulnis, giftige Gase und Schimmel erheblichen Schaden zu. In unserem „Keimtötungswahn“ bringen wir giftige Spritzmittel und Kunstdünger aus, bringen synthetische Stoffe, Antibiotika und für die Natur tödlich Desinfektionsmittel in den Kreislauf. Hierdurch schwächen wir das Immunsystem der Natur, zerstören Lebensmittelwerte und lassen resistente, gefährliche Keime oder Gase entstehen.

Wir wissen auch, dass gerade **unser Körper Heere von Bakterienstämmen** bewirtet, die ihrerseits wiederum unser Leben erst möglich machen. Das sich der o.g. gestörte Naturkreislauf ständig nach oben potenziert, liegt am dekadenten Wachstums-, Ertrags- und Gesundheitswahn des Menschen. Anders ausgedrückt: Wir bilden uns ein, uns über die Gesetze der Natur hinwegsetzen zu können, obwohl jeder weiß, dass wir so diesen Krieg am Ende verlieren werden. Ein Umdenken oder eine Wende ist angesichts der gewinnorientierten Industrie-Lobby sowie der naiven Manipulations-

Empfänglichkeit des Individuums und seinem Hang zur Bequemlichkeit kaum in Sicht. Seit vielen Jahrzehnten „vermüllen" und vergiften wir unseren Planeten. Wir lassen gefährliche Treibhausgase entstehen, Landstriche veröden und nehmen die Unfruchtbarkeit unserer Böden, die Unreinheit unseres Wassers und letztendlich die eigene Gefährdung in Kauf.

Das Beste auf unserer Welt sind die Bakterien! Wir sehen und spüren sie nicht oder nur selten und wenn, dann meist im Zusammenhang mit Krankheit und Infektion. Das liegt auf der Hand, denn seit Jahrzehnten wird mit unserer Angst ein Milliardengeschäft gemacht. Uns werden lediglich die „bösen Bakterien" als Krankmacher immer wieder vor Augen geführt, während von der Überzahl der „guten Bakterien" kaum gesprochen wird. So leben wir in dem Irrglauben, wir müssten uns vor Bakterien schützen, obwohl sie uns das Leben überhaupt erst ermöglichen. Sie produzieren alle lebenswichtigen Stoffe, wir selbst sind aus ihnen entstanden. Bakterien lassen uns atmen, ernähren uns, heilen uns, arbeiten probiotisch für uns und unsere Umwelt. **Das fälschliche Abtöten von Bakterien durch unseren „Desinfektionswahn" gleicht dem Vernichten allen Grüns im Garten. Ob auf unserem Körper oder auf den Feldern, nur um ein einzelnes Unkraut zu vertilgen, vernichten wir das ganze Ökosystem. Der richtige und einzige Weg aber ist, die probiotischen Bakterien zu vermehren, zu fördern und ihnen so das Vertilgen von Unrat, pathogenen Keimen und anderen Störenfrieden zu überlassen. Wir müssen unser Immunsystem, also unsere eigenen „guten Helfer" unterstützen und „bei Laune halten".**

Das Netzwerk der Mikroorganismen entspricht dem gesamten Naturell unserer Welt.
Das Verhalten der Tiere, aber auch das der Menschen entspricht diesem Naturell 1 : 1.
3% sind Aktivisten und der Rest besteht aus Mitläufern.

2. Aufbauende Mikroorganismen bestimmen unser Leben

Wir möchten hier **die wunderbare Effizienz aufbauender, effektiver Mikroorganismen** beschreiben und damit das Bewusstsein für die positiven Zusammenhänge fördern. Wenn Sie dies verinnerlichen und mit den Mikroorganismen wieder die alte Freundschaft aufblühen lassen, wird sich Ihr Leben und Ihre Gesundheit positiv verändern. Sie werden Ihre eigene Natur optimistischer und fröhlicher annehmen: folgen Sie einfach den Gesetzen der Natur, sprich den Mikroorganismen.

Mit Bakterien bezeichnet man einzellige, mikroskopische Kleinstlebewesen ohne Zellkern. Dennoch besitzen sie eine DNA und vermehren sich durch Zellteilung. Erbinformationen werden also weitergegeben. Sie bilden zum Teil Kulturen, indem sie sich mit anderen Stämmen vermischen, die unterschiedliche Eigenschaften aufweisen. So ergänzen sie sich gegenseitig und bilden einen großen Mikroorganismus (Symbiose). Diesen tragen wir beispielsweise als sog. „Biofilm" auf unserer Haut, in unserem Speichel, in Schleimhäuten, im Magen und insbesondere im Darm. Nicht anders verhält es sich bei Tieren, Pflanzen, in der Luft sowie im Boden und Wasser. Bakterien kommunizieren mit Botenstoffen und Schwingungsfeldern, aber auch elektrisch, wie Forscher jüngst nachgewiesen haben. Dies bedeutet, dass sie ebenso Einfluss auf das Säure-Basen-Niveau nehmen und insgesamt eine eigene positive Lebensatmosphäre bilden.

Ohne Bakterien wäre unser Planet, wie alle anderen uns bisher bekannten Planeten, nur gasförmig oder steinig. Bodenerde und Wasser, Grünpflanzen, Pilze, Sauerstoff sowie alles Leben, vom Ein- und Zweizeller bis zum Menschen, von der Alge bis zum Blauwal sind ausschließlich auf Bakterien und ihren „Fabrikationen" zurückzuführen. Ohne die schöpferische Energie der Bakterien gäbe es keine Rohstoffe, keine Straßen, keine Bauwerke, kein Getreide und kein Brot, genauso wenig wie uns selbst. **Das Erbgut der Mikroben ist insgesamt hundertmal so groß wie das des Menschen.**

Unser Planet ist ca. 4,5 Milliarden Jahre alt

3,8 Milliarden Jahre:
erste Einzeller

3 Milliarden Jahre:
Erste Sauerstoff freisetzende Bakterien

2,8 Milliarden Jahre:
Ausbildung der Ozonhülle

1,4 Milliarden Jahre:
Bakterien an Land

600 Millionen Jahre:
Erste Mehrzeller

500 Millionen Jahre:
Erste Fische, Algen und Insekten

470 Millionen Jahre:
Beginn des Pflanzenwachstums

300 Millionen Jahre:
Erste Wälder, Sauerstoffgehalt bei 23%

200–150 Millionen Jahre:
Erste Säugetiere (Jura)

150 Millionen Jahre:
Erste Saurier, vor 60 Millionen Jahren ausgestorben

1,9 Millionen Jahre:
Homo Erectus (ausgestorben)

200 000 Jahre:
Homo Sapiens
(der angeblich mit Weisheit begabte Mensch)

„Unser“ roter Strich ist rund 1000-fach vergrößert sonst würde man ihn hier gar nicht erkennen.

3. Wissenschaft ist nicht unfehlbar und auch nicht immer neutral

Die Geschichte der Bakterienforschung geht auf **Antoni von Leeuwenhoek** (1632–1723) zurück. Er entdeckte beim Hindurchsehen durch geschmolzene Glastropfen Kleinstlebewesen, die er als die heute bekannten Bakterienformen wie Stäbchen, Kugelbakterien und Spirochäten abzeichnen konnte. Von da an wird die Geschichte der Mikrobiologie komplex und kompliziert. Streitereien mit der Kirche über beispielsweise die Entstehung des Lebens waren vorprogrammiert. Unterschiedliche Forscher, die aus verschiedenen Beweggründen und Weltanschauungen heraus agierten, widersprachen sich gegenseitig bzgl. ihrer Erkenntnisse und Auslegungen. Die bis heute endlosen wissenschaftlichen Ergebnisse können wir hier nicht auflisten, dennoch sollten einige Dinge angemerkt sein:

Zunächst sind uns, meist aus der Geschichte, **große bakterielle Katastrophen** wie Pocken, Pest und Cholera bekannt. Angesichts heute noch existierender Naturvölker und des aktuellen Wissenstandes folgern wir, dass all diese Seuchen, die nichts anderes als ein Ungleichgewicht der Mikroorganismen waren, als die ersten „Zivilisationskrankheiten" zu werten sind. Aufgrund der Veränderung des sozialen und gesellschaftlichen Umfeldes von Dörfern in Städte, das monatelange Zusammenpferchen von Seeleuten auf winzigen Schiffen (die in exotischen Ländern mit exotischen Mikroben in Kontakt kamen), durch die „Massenmenschhaltung" in Kasernen und durch mittelalterliche Städte, wo giftige Fäulnis ihren Lauf nehmen konnte, da man Hygienestandards noch nicht kannte sowie einseitige, Mangelernährung in vielen Geschichtsepochen zum Alltag gehörte, wurde das natürliche Gleichgewicht der Mikroorganismen gestört. All diese Situationen wurden zum „Dorado" für aggressive Keime. Wenn auch damals ein Teil unserer Population dahingerafft wurde, so hat die Menschheit doch alle diese Seuchen und Epidemien ohne moderne Schulmedizin überlebt. In Ganzheit betrachtet, hat die Natur sich selbst regeneriert, sonst wären wir heute nicht mehr da. Pathogene Keime „fressen" ihre Nahrungs- oder Lebensgrundlage, also ihren Wirt auf. Sie zerstören ihn und sterben wie ihre Opfer ab, wenn sie nicht auf andere Organismen übertragen werden. Aufbauende Keime erhalten und fördern ihre Träger und Organismen, somit also auch ihre eigenen Lebensgrundlagen.

Aus jeder dieser früheren Seuchen behielt man Erfahrungen und entsprechende soziale Veränderungen bei. Daraus entwickelte sich auch unser heutiges Hygienebewusstsein, welches wir allerdings mittlerweile oft übertreiben. Aufgrund der Globalisierung, aber auch des globalen Eingriffs in die Natur von uns Menschen wird es immer wieder zu „exotischen" Verbindungen, Umwandlungen und Mutationen von Bakterien kommen. Welche, die es vorher nicht gegeben hat, wie wir an der Entstehung von Aids oder „SARS" (Vogelgrippe) und anderen „Neuerscheinungen" sehen können.

Im Laufe der Jahrhunderte entdeckte man viele verschiedene Eigenschaften und Fähigkeiten unserer kleinen Mitbewohner. Oft wurden, wie Wissenschaftler dies gerne tun, zu schnell Schlussfolgerungen gezogen. So wurden regelmäßig Erkenntnisse widerlegt oder erweitert. Zum Beispiel hat man festgestellt, dass sich im Labor gezüchtete Bakterienkolonien ganz anders verhalten und entwickeln, als in der Natur und im Zusammenspiel mit anderen Stämmen. Man weiß auch, dass sich Bakterien sowohl in ihrer Form, als auch in ihrer Lebensweise, verändern können. Deshalb wurden viele Ergebnisse aus selektiven Laborversuchen wertlos.

In unserem hyperkapitalistischen System muss man zumindest der lobbyabhängigen Forschung unterstellen, dass aufgrund eigener wirtschaftlicher Interessen auch positive und hilfreiche Erkenntnisse zurückgehalten worden sind und werden.

Ein Pionier und vor allem in jeder Beziehung ein „Zeitwender" war der Mediziner und Mikrobiologe **Robert Koch** (1843–1910). Er entdeckte zunächst den Erreger des Milzbrandes (Bacillus anthracis) und später den der Tuberkulose (Mycobacterium tuberculosis). So legte Koch, der allerorts gefeiert wurde und den Nobelpreis erhielt, den Weg der zukünftigen Medizin fest. Binnen kürzester Zeit wurden alle Krankheiten und Infektionen auf einzelne Bakterien zurückgeführt und der sakrale Aberglaube von „Teufelswerk" und „Gottesstrafe" endgültig begraben.

Die „Bazillen“ (Bakterienart) **waren von nun an die Bösewichte und wurden von Koch zu den „Feinden der Menschheit“ erklärt.**
Fälschlicher Weise, denn sie sind die Basis unseres Daseins. Dennoch haben sie seither ihr negatives Image behalten, das sich bestens zum Schüren von Ängsten eignet. Heute sind die Entdeckungen Kochs nur ein winziger Teil der Wissenschaft, wenn sie auch ausschlaggebend waren.
Seither gewann man viele neue Erkenntnisse und sieht weitreichende Zusammenhänge. Wenn auch neuerdings noch von „Killerkeimen“ in Krankenhäusern gesprochen wird, so fängt nun Gott sei Dank auch die Schulmedizin an, umzudenken.
Das Beispiel des harmlosen Darmbakteriums *Escherichia coli* im Vergleich mit der *Shigella dysenteria,* die man aus der Verbindung mit der Ruhr kennt, zeigt anhand ihrer DNA, dass beide zu 100% identisch sind, obwohl sie völlig unterschiedliche Wirkungen aufweisen. Jeder kann also logisch nachvollziehen, dass sich beispielsweise ein Bakterium, welches sich bisher in einem Tropenwald auf einem Tier entwickelt und sich an die dortigen Organismen angepasst hat, wesentlich von einem Bakterium auf skandinavischen Pflanzen unterscheidet. Bringen wir beide Bakterienstämme zusammen, ist das Ergebnis völlig offen.

Bakterien sind extrem anpassungsfähig und geben bei ihrer 30-minütigen Zellteilung bereits neue Erbinformationen weiter.
Wir können unmöglich alle Abermillionen wahrscheinlichen Verbindungen in unterschiedlichen Milieus in unseren Laboren durchtesten. Da sich Bakterien umstellen, anpassen und verwandeln, wissen wir noch relativ wenig. Hinzu kommt, dass wir längst nicht alle Bakterienstämme kennen. Man hat festgestellt, dass es beispielsweise Bakterien auf unserer Haut gibt, die nur zeitenweise in Erscheinung treten, ob nun als „Subunternehmer“ oder hervorgerufen durch äußere bzw. innere Einflüsse, durch Hormone oder Entwicklungsstadien des Lebensalters - niemand hat dies bisher erforscht. Eine Entdeckung in Lake Vida (2011 in der Ost-Antarktis) brachte Bakterien zu Tage, die seit 2800 Jahren bei –13 °C im Eis isoliert waren. Die Forscher hatten eine uralte Gemeinschaft von Mikroorganismen entdeckt. Insgesamt gab es mindestens 32 verschiedene Bakterienvarianten, die 8 unterschiedlichen Stämmen zugeordnet werden konnten, wie das Team berichtete. Einige glichen bereits bekannten Spezies, andere dagegen zeigten kaum Ähnlichkeiten zu beschriebenen Arten. In allen Stämmen seien zuvor schon Vertreter bekannt gewesen, die mit extremen Bedingungen zurechtkommen, sagten die Forscher. Es liegt nahe, dass auch die jetzt entdeckten Mikroben kreative Stoffwechselwege entwickelt haben, um auch aus kargsten Ressourcen Energie zu gewinnen.

Es ist uns nach wie vor unmöglich alle Bakterienarten zu überblicken bzw. das Zusammenspiel ihrer Wirkungen zu verstehen, ähnlich den Zusammenhängen im Universum. Womöglich liegt es am ungleichen Verhältnis unserer begrenzten Denkfähigkeit zu den immensen schöpferischen Fähigkeiten der Mikroorganismen.

Wir kennen schon viele der „guten" aufbauenden Bakterienstämme und wissen, dass es sich bei Bakterien um unsere **einzige Biomasse** handelt, die dieses Wunder Leben bewirkt. Bakterien sind gepolt, immer aufs Neue das Gleichgewicht natürlichen Wachstums zu suchen und herzustellen. Unverbesserlich versucht der Mensch in unverantwortlicher Weise, sich wissenschaftlich mit Genmanipulation, „Herumdoktern" sowie durch Töten von Bakterien in die Schöpfung einzumischen.

Überleben werden wir auf diesem Planeten nur, wenn wir die natürliche Biologie und ihr soziales Umfeld zulassen. Ansonsten werden auch wir ganz „antibiotisch" abgetötet. Über unseren Tod hinaus jedoch - überleben die Mikroorganismen. Sie kümmern sich peinlichst genau um unsere Entsorgung indem sie unsere Biomasse umwandeln (tröstender Weise werden alle guten Stoffe der Natur wieder zugeführt). Hier zeigt sich dann unser höher geordnet eingebildetes Leben im Vergleich zu den Mikroorganismen, die einzig Leben bilden, gedeihen lassen und zersetzen. Dies tun sie seit rund 3,8 Milliarden Jahren, während wir Neuankömmlinge als *Homo sapiens* nach einem Zeit-Meter-Maßstab (1 Mrd. Jahre = 1 m) gerade seit 0,06 mm existieren. **Die Ordnung der Lebens-Hierarchie sollte deshalb dringend neu überdacht werden.**

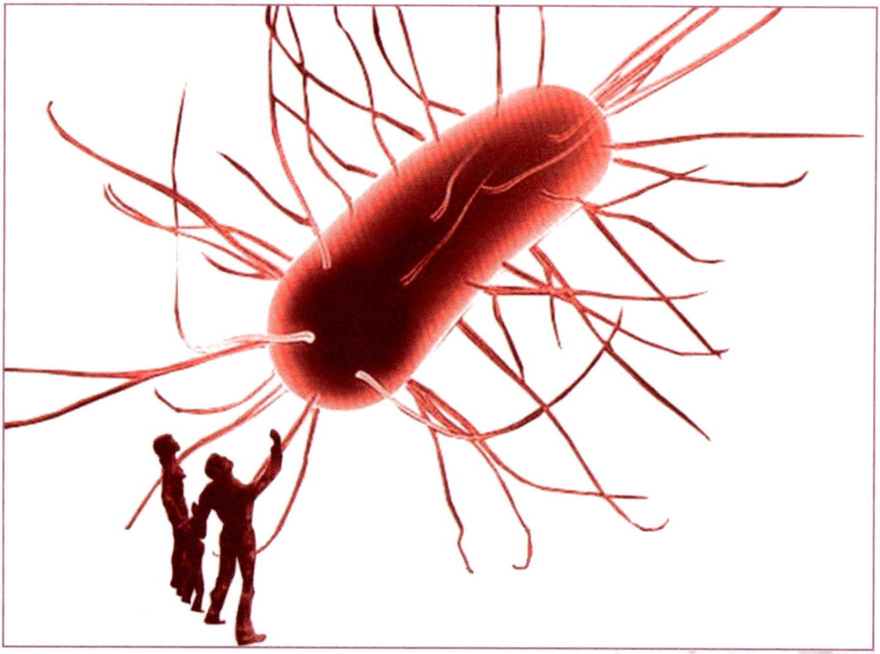

4. Wirkungsfelder effektiver Mikroorganismen „Das Milieu“

Mit Milieu bezeichnet man das prozentuale Verhältnis unterschiedlicher Mikroben im jeweiligen abhängigen Umfeld - die Ebene, in der sich die Mikroorganismen vermehren und wirken. Also im Speichel, auf der Haut, im Darm oder im Boden, in der Raum– bzw. Atemluft, im Wasser usw.

Bildlich gesprochen bedeutet Milieu die Anzahl und Masse guter und befreundeter „Helfer“ im Verhältnis zu „Terroristen“ auf einem riesigen Feld von Abermillionen Gruppen. Hier werden alle „Helfer“ bzw. „Terroristen“ von „Offizieren“ (ca. 3% der Masse) angeführt, die je nach Dominanz, entweder „Helfer“ oder „Terroristen“ die Masse der „Befehlsempfänger“ auf ihre Seite ziehen. Sie besetzen dann, wenn „Helfer“ dominant sind den Biofilm möglichst lückenlos, um den Feinden keine Angriffsfläche zu bieten. Ein Krankheitsbild entsteht dann, wenn die Feinde an strategischen Punkten und Flächen überwiegen, hier spricht man von einem schlechten Milieu. Dies gilt ebenso im Boden (toter Boden ohne Kleinstlebewesen, Regenwürmer und Humus) oder im Wasser (totes oder faules Wasser). Hier vermehren sich die pathogenen Keime durch Fäulnis und Schimmel. Bei einem guten Milieu wächst und gedeiht alles in einer gesunden Folge. Hier sorgen die aufbauenden Kräfte, die „Helfer“, bei beispielsweise einer Wunde sicht- und spürbar schnell für Heilung und man kann den klassischen Selbstheilungsprozess Tag für Tag beobachten. Im Fall einer Niederlage, wenn „Terroristen“ die Oberhand gewinnen, entzündet sich die Wunde.

In der Raumluft, im Boden und im Wasser haben wir heute oft ein gestörtes Milieu aufgrund von Belastungen durch chemische Dünger, synthetische Stoffe, Putzmittel, giftige Abwässer, Lacke, Klebstoffe, Schwermetalle, Feinstäube, Dioxine oder gefährliche Pilzsporen. Ein gutes Milieu mit dominierenden „Helfern“, aufbauenden, effektiven, sauerstofferzeugenden Bakterien, das für unser Überleben besonders wichtig ist, muss hier wieder erzeugt werden.

Es geht daher beim Einsatz von aufbauenden Mikroorganismen nicht um eine Vernichtung wie z.B. Desinfektion, sondern um eine Veränderung des Milieus zum Positiven.

Die einzelne Mikrobe ist nichts – das Milieu ist alles!

Aufgrund der entscheidenden Wichtigkeit des Milieus werden wir uns in diesem Buch noch oft wiederholen, denn das mikroorganische System funktioniert in allen Lebens- und Naturbereichen nach immer dem gleichen biologischen Regenerations- und Überlebensprinzip.

5. Fermentation

Zu allen Zeiten überall auf der Welt wurden gegorene Lebensmittel und gegorene Getränke wie milchsauer eingelegtes Gemüse, Joghurt, Kefir, Kwass, Kumys, Kombucha oder Met als einzigartiges Geschenk der Natur genutzt. Sie wurden gar als Göttertrank und Lebenselixier verehrt. Um keine anderen Lebensmittel rankten sich so viele Legenden und unglaubliche Heilberichte wie um diese Getränke. Sie sind ein einzigartiges Gesundheitsgeschenk der Natur. Gärung ist Leben (Louis Pasteur, 1822–1895) und diese Nahrungsmittel entstehen durch die lebendige Kraft der Mikroorganismen. Sie spielen eine Schlüsselrolle in unserer Gesundheit und in allen Fermentationsprozessen.

Im Laufe von Jahrhunderten lernten unsere Vorfahren zahlreiche gesundheitsfördernde Lebensmittel durch Fermentation zu erzeugen und haltbar zu machen. Dies war wichtig, um die inzwischen sesshaft gewordenen und Ackerbau betreibenden Menschen auch im Winter zu ernähren. Besonders gesundheitsfördernde Gärprodukte wurden von Generation zu Generation, von Haus zu Haus und manchmal sogar von Land zu Land weitergereicht. Leider ist manches alte Wissen durch die moderne Landwirtschaft und Lebensmitteltechnologie verloren gegangen. Viele Menschen der Industrieländer haben keinen eigenen Zugang mehr zu Gärgetränken und haben zudem noch die Quelle ihrer Gesundheit, nämlich ihren Obst- und Gemüsegarten aufgegeben. Im Zuge der Industrialisierung wurden zu Gunsten der Hygiene und einer besseren sowie längeren Haltbarkeit, die gesunden Mikroorganismen still und heimlich aus den Lebensmitteln verdrängt. Dies hat erschreckende Folgen für unseren Darm und unser Immunsystem. Wir ernähren uns von sterilen, fast künstlichen Lebensmitteln. Wer auf Dauer gesund leben will, kommt am Verzehr von echten fermentierten Lebensmitteln nicht vorbei. Wir meinen nicht den Joghurt, der mit ein oder zwei probiotischen Milchsäurekulturen ein bisschen aufgepäppelt wurde, nachdem man vorher die Milch pasteurisiert hat.

Das besondere bei echten Gärgetränken (probiotisch) ist, das Pflanzen auf natürliche Weise und ohne Trocknen oder Erhitzen haltbar gemacht werden. Beim Erhitzen werden sehr oft wichtige Vitamine und Inhaltsstoffe zerstört. Bei der Fermentation mit unseren Mikroorganismen wird der Vitamingehalt erhöht und bleibt länger erhalten. Die Bakterien produzieren während der Fermentation Enzyme, Antioxidantien sowie wichtige organische Säuren und Aminosäuren (die Bausteine des Lebens). Fermentierte Lebensmittel und Getränke fördern die Verdauung, da Vitamine und Mineralien besser aufgenommen und Schadstoffe abgebaut werden.

Weiterhin stimulieren sie das Immunsystem: So steigt z.B. die Anzahl der T-Lymphozyten, die Krebskillergruppe des Körpers, enorm an. Es wird bei täglichem Verzehr das Gleichgewicht der Darmflora unterstützt, damit die nützlichen Mikroorganismen in der Überzahl bleiben und der Fäulnis entgegengewirkt wird. Außerdem helfen fermentierte Lebensmittel bei der Abwehr pathogener Keime. Wenn wir der Erfahrung aus Jahrtausenden glauben schenken, leisten Gärgetränke etwas, was kaum ein anderes Lebensmittel vermag: Sie wirken lebensverlängernd, indem sie vorzeitig verbrauchte Lebensspanne und Lebensenergie helfen zu regenerieren.

Fermentprodukte sind Zaubertränke: Denn durch eine Langzeitfermentierung entfalten die bioaktiven Substanzen ihre Wirkung. Hier werden sowohl energiereiche, d.h. von anderen Lebewesen verwertbare Stoffe sowie organische Säuren und Aminosäuren, Vitamine, Antioxidantien usw. produziert. Bei diesen Umwandlungsprozessen treten keine schädlichen Nebenprodukte wie z.B. Ammoniak oder Schwefelwasserstoff auf. Im Gegenteil, giftige Faulgase werden abgebaut.
Die normalerweise nicht verfügbaren Nährstoffe und biologisch aktiven Substanzen wie Mineralstoffe, Vitamine, Nucleotide, Antioxidantien und Enzyme werden von den **aufbauenden Mikroorganismen** zur Umwandlung organischen Materials bereit gestellt. Sie unterstützen andere Mikroorganismen in ihren Aktivitäten und führen zu erhöhter Fruchtbarkeit im Boden, kräftigen Pflanzen und tragen z.B. zur Stärkung des Immunsystems bei Mensch und Tier bei. Fermentierte Nahrungsmittel, wie beispielsweise durch Bakterien und Hefen aufgegangenes Brot, Sauerkraut, Käse und Sauermilchprodukte, Wein, Bier, u.v.m. gehören zu unserem alltäglichen Ernährungsplan.

Der asiatische Biochemiker *Dr. S. Matsuura* suchte angesichts der hohen radioaktiven Umweltbelastung von Hiroshima nach einem starken natürlichen Mittel ohne Zusatzstoffe, das Schwangere davor schützen sollte, missgebildete Kinder zu gebären.
Er entwickelte ein ausgeklügeltes Verfahren der nichtalkoholischen Gärung und verwendete mehr als 64 biologisch angebaute Zutaten. Unter Beigabe von Milchsäurebakterien und Hefepilzen setzte er eine Kombination aus div. Obst, Gemüse, Reissorten, Nüssen u.v.m. einem von Hand gesteuerten, mehrstufigen Gärprozess aus. In einem langen Zeitraum wurden so die entstehenden Vitalstoffe immer mehr verdichtet bis die gewünschte Konzentration von essenziellen Aminosäuren erreicht war.
Solche stark enzymaktiven Aminosäurekonzentrate füllen bei Mangelzuständen die körpereigenen Depots wieder auf, schützen die Zellen und sind

sehr gut verdaulich. Nach diesem Prinzip und durch die erweiterte mehrstufige, 18-monatige Langzeitfermentation erreicht die Eußenheimer Manufaktur ein noch besseres Ergebnis. In **ProTop** bleiben die Mikroben lebendig und damit intelligent. Sie erfreuen sich einer aufbauenden Kombinationsvielfalt und verrichten ihre positive „Arbeit" noch effektiver und intensiver.

Fermentation (Gärung) in der Eußenheimer Manufaktur
bei stetiger Temperaturkontrolle

6. Antioxidative Wirkung

Freie Radikale

Als Radikale bezeichnet man *Atome* oder *Moleküle* mit mindestens einem ungepaarten *Elektron*, die meist besonders reaktionsfreudig sind. Radikale bilden sich durch Hitze (Bindungsspaltung), UV-Strahlung (Photolyse), Röntgen- und anderen ionisierenden Strahlungen, aber auch elektrochemisch durch Oxidation bzw. Reduktion.

Eben auch bei der Verbrennung unserer Nahrung, bei der Sauerstoff benötigt wird (ähnlich wie beim verbrennen von Holz). Wir wissen, dass diese aggressiven Teilchen und reaktiver Sauerstoff eine große Rolle bei „Zivilisationskrankheiten" spielen. Dies bestätigt der Vergleich mit naturnahen Volksgruppen, die abseits technisierter Zivilisation weit weniger solche Störungen aufweisen und ein hohes Durchschnittsalter erreichen.

Radikale, z.B. reaktive Sauerstoffspezies (ROS), spielen bei einer Vielzahl biologischer Prozesse eine wichtige Rolle. Sie können Zellschäden hervorrufen, die unter anderem zur Entstehung von Krebserkrankungen beitragen können. Auch für die Entstehung der Arteriosklerose, Bluthochdruck, der Alzheimerschen Krankheit oder der Leberschädigung durch Alkohol wird der durch freie Radikale entstehenden Oxidation verschiedener Stoffe eine bedeutsame Rolle zugeschrieben.

Der Schutz vor der Wirkung dieser Radikale ist lebensnotwendig. Der Körper besitzt deshalb wirksame Abwehr- und Reparaturmechanismen in Form von Enzymen, Hormonen oder anderen Substanzklassen, die die schädliche Wirkung minimieren.

An diesen Abwehrmechanismen sind Antioxidantien beteiligt. Das Hormon Melatonin und sekundäre Pflanzenstoffe gelten ebenfalls als Radikalenfänger gegen oxidativen Stress. Radikale werden im Rahmen der sog. „Abnutzungstheorien" des Alterungsprozesses im Körper eine Rolle zugesprochen. Deshalb sind Wirksubstanzen gegen oxidativen Stress als Mittel gegen das Altern im Gespräch. So ist beispielsweise bekannt, dass Zellen von Vögel weitaus besser freien Radikalen widerstehen können. Hier sucht der Mensch wieder einen Weg, die Natur – mit unabsehbaren Folgen – zu umgehen.

Die in Obst und Gemüse, besonders in Topinambur, Brokkoli, Aronia, Moringa usw. enthaltenen antioxidativen Verbindungen und Vitamine beugen solchen Schädigungen vor.

Die aufbauenden und regenerativen Mikroorganismen produzieren als Stoffwechselprodukte Antioxidantien. Diese Antioxidantien verlangsamen krankmachende Prozesse wie z.B. frühzeitige Alterung, die auf eine übermäßige Oxidation im Körper zurückzuführen sind.

In der heutigen Zeit nimmt die Oxidation überhand, so dass es um so dringlicher wird, einen Weg zurück zu einem ausgewogenen Verhältnis zwischen Oxidation und Antioxidation zu finden. Einseitige oxidative Prozesse führen zu einer Zunahme der Entropie (Abbau, Krankheit, Zerstörung, Verlust durch Umwandlung). Das ist die Überführung der Energie in immer energieärmere Formen durch Verbrennung, Oxidation, Fäulnis und Verschmutzung, also dem Zerstören des aufbauenden Milieus.

Weltweit droht das ökologische System in einer Entropie zu enden, die Zeichen sind überall erkennbar. Wie unser Immunsystem steht auch das weltweite Ökosystem der Natur auf dem Spiel, es wird immer unfruchtbarer.

Es bedarf starker Kräfte, wenn dieser Vorgang aufgehalten bzw. umgekehrt werden soll. Die fermentativen und antioxidativen Eigenschaften von sEM leisten dazu einen großen Beitrag. Beispiele für die Umkehrung der Entropie durch sEM finden sich bereits in der Landwirtschaft, im Gartenbau, in Teichen und Biotopen, der Müllentsorgung, dem Lebensmittelsektor und dem Baugewerbe. Im Baugewerbe hat man längst den Beweis angetreten, dass z. B. Stahl- oder Eisenträger nicht rosten, wenn man sie mit sEM behandelt. Hier begreift man das komplexe Thema am sichtbarsten bei der Korrosion (Rost) durch Oxidation.

sEM lenken die biologischen Prozesse in eine antioxidative, aufbauende Richtung, indem sie die große Masse der „Mitläuferbakterien", die von sich aus weder positiv noch negativ wirken, auf ihre Seite ziehen. So wird Fäulnis aufgrund der Überzahl von guten Mikroorganismen und durch die antioxidativ wirksamen Stoffwechselprodukte verhindert. Die schädlichen Bakterien können sich nicht weiter ausbreiten, da die spezifischen und aufbauenden Mikroorganismen mit ihnen um die Lebensgrundlagen (vor allem um Nahrung) konkurrieren und verdrängen.

Antioxidation ist der Träger aller Regenerationsphänomene, die Leben aufbauen.

Eine Möglichkeit, um gesundes Gewebe vor einer Oxidation durch aktive Sauerstoffradikale zu schützen, ist, ihnen freie Elektronen zur Verfügung zu stellen. Diese neutralisieren ihr hohes Oxidationspotential, z.B. durch zellgängiges Wasser, bioaktives Gemüse und Früchte.

Die Erforschung der Zusammenhänge zwischen Ernährung und Krebs sind noch lange nicht abgeschlossen, aber es gibt ernstzunehmende Anzeichen, dass unsere Nahrung die Anfälligkeit für eine Krebserkrankung beeinflusst. Es gibt offensichtlich Nahrungsmittel, die die Widerstandskräfte gegen Krebs stärken und andere, die das Krebswachstum begünstigen. Viele Schäden von krebserregenden Stoffen werden wahrscheinlich von Oxidationsreaktionen in den Zellen hervorgerufen, indem freie Radikale oder aktiver Sauerstoff den genetischen Code der Zellen beschädigen.

Viele Forscher sind der Meinung, dass Stoffe – sog. Antioxidantien – die Schädigung verhindern oder vermindern können.
Dies erklärt, dass die Einnahme von natürlichen Antioxidantien einen wichtigen Beitrag zur Vorbeugung gegen Krebs leisten kann – z. B. von Vitamin C, Vitamin E, Beta-Carotin, Selen, sekundären Pflanzenstoffen (Polyphenole) usw. Diese Stoffe wirken reduzierend und versorgen freie Radikale sowie aktiven Sauerstoff mit Elektronen und verhindern ihre Einwirkung auf gesundes Gewebe. Gründe für Oxidation in unserem Körper (freie Radikalbildung) ist auch hohe körperliche und geistige Belastung, die den Stoffwechsel und damit den Sauerstoffverbrauch (Atmung) erhöht. Hierdurch werden z. B. Entzündungen im Körper, wie bei einer Bronchitis, Lungenentzündung oder andere entzündlichen Reaktionen begünstigt. Hinzu kommen äußerliche Faktoren wie erhöhte UV-Strahlung, radioaktive Strahlung, Höhenstrahlung (Vielflieger), Umweltgifte wie Smog, Autoabgase, Ozon, diverse Arzneimittel, Chemo- und Strahlentherapie sowie eine falsche Ernährung.
Bei älteren Menschen nimmt die Radikalenbildung im Körper zu. Die entstehenden Krankheitsbilder wie Immunschwächen, Herz-Kreislauf-Erkrankungen, beschleunigte Alterungsprozesse und Tumore sind bekannt.

Mittlerweile hat man erkannt, dass die EM-Technologie auch in der Medizin positive Wirkungen erzielen kann. Viele Krankheiten haben ihre grundlegende Ursache in Genen, die durch diverse Faktoren verändert sein können. Solche Schäden entstehen oftmals durch aktivierten Sauerstoff, da dessen radikale Zellen und Gene in der Ausübung ihrer Funktionen behindern können. Sauerstoff-Radikale sind, wie bereits angesprochen, vor allem durch falsche Ernährung und schlechte Luft bedingt. Die effektiven Mikroorganismen wirken als hervorragende Antioxidantien und neutralisieren sogar die entstandenen Schäden ohne Nebenwirkungen zu haben.

Nach japanischen Statistiken sind die effektiven Mikroorganismen etwa 100 -mal wirksamer als alle bisher bekannten und eingesetzten Antioxidantien.

Die in Obst und Gemüse oder besonders in Topinambur sowie anderen bioaktiven Früchten enthaltenen antioxidativen Verbindungen beugen also nicht nur solchen Schädigungen vor, sie „reparieren" auch die Zellen.

7. Regenerative Schwingungs- und Energiefelder

Eine wesentliche, schwierig zu verstehende und noch längst nicht vollständig erforschte Wirkung haben regenerative Schwingungs- und Energiefelder.

sEM erzeugen durch ihre Stoffwechselaktivitäten und über messbare Resonanzschwingungen ein Milieu, in dem regenerative Prozesse verstärkt stattfinden können. Die von sEM ausgehenden positiven Informationen greifen formend in die sie umgebenden Lebensprozesse ein und wandeln sie allmählich in gleichschwingende harmonische Energieträger um.

sEM regen in ihrer Umgebung positive Kräfte an und fördern so Wachstum und Gedeihen auf vielen Gebieten. Diese Resonanzschwingungen sind in allen sEM-Produkten erhalten. Speziell zur Schwingungsübertragung wurde die EM-Keramik entwickelt. Diese Keramik-Produkte werden zur energetischen Wasseraktivierung, Frischhaltung von Lebensmitteln, Schaffung eines angenehmen Raumklimas, Unterstützung des Pflanzen- und Mikroben-Wachstums und für viele weitere Zwecke eingesetzt. Vergleichbare Vorgänge finden sich in der Homöopathie.

ZUSAMMENFASSUNG

Aufbauende Mikroorganismen setzen aus organischem Material (Kohlenhydrate, Fette, Eiweiß) antioxidativ wirksame, bioaktive und energiereiche Stoffe frei und tragen so zu einer Vergrößerung der positiven, aufbauenden, lebensfördernden Energie bei. Fäulnis wird gehemmt und ein fermentativer Aufbau gefördert.

Mit Hilfe von aufbauenden Mikroorganismen stellt sich ein natürliches Gleichgewicht ein, wodurch Fäulnis, Gestank, Krankheit und andere degenerative Prozesse überwunden werden können.

8. EM-Keramik

EM-Keramik besteht aus Ton, der mit aufbauenden Mikroorganismen mehrere Monate fermentiert und unter Luftabschluss (anaerob) gebrannt wird. Dadurch bleiben die vielseitigen Eigenschaften und Informationen der sEM beibehalten, werden weitergegeben und wirken auf ihr Umfeld. Dies entspricht den Mikroorganismen, die sich über Millionen Jahre in Vulkangestein erhalten haben oder sich im heißen Wasser der Geysire befinden. Die hoch widerstandsfähigen und effektiven Mikroben sind ausschließlich positive „Lebensbausteine". Pathogene (schädliche) Keime sterben bei 60 °C ab. EM-Keramik oder „organische" Keramik wird in unterschiedlichen Formen angeboten. Sehr beliebt und verbreitet sind die sog. „Pipes" (Peips gesprochen), kleine Keramikröhrchen, die man je nach Bedarf und Menge vor allem zur Energetisierung von Wasser einsetzt. Auch EM-Keramik-Pulver eignet sich z. B. für die Beimischung in Baumaterialien wie Mörtel, Putz oder Wandfarbe.

Die positive Wirkung der „organischen" Keramik auf vorhandene Milieus ist vielfach erprobt, messbar und längst nachgewiesen.

Insbesondere bei der Wasseraufbereitung hat sich die EM-Keramik bewährt.

Je nach Einsatz und Umfeld bietet die Keramik eine gute Alternative zu flüssigen effektiven, aufbauenden Mikroorganismen. So gewinnt Trinkwasser an Energie, bleibt länger geschmackvoll und frisch. Die EM Keramik sorgt dafür, dass sich Substanzen leichter binden, sodass sich z. B. Kalk nicht mehr stark an der Umgebung niederschlägt und Chlor sowie andere Gase sich schneller verflüchtigen. Die Spannung des Wassers wird herabgesetzt und es wird „weicher". Nach vielen, ausschließlich guten Erfahrungsberichten mit EM-Keramik geht man davon aus, dass sich die in der Keramik eingeschlossene probiotische Information und Energie eindeutig auf das Wassermilieu auswirkt. Sowohl bei Trink- und Tränkewasser für Tiere als auch bei Gießwasser in Regentonnen, Zisternen, Teichen und Seen sowie in Kläranlagen sind die Ergebnisse durch EM-Keramik, ohne Übertreibung, phänomenal.

Ebenso als Halsketten bzw. Armbänder oder in Töpfereien wird EM-Keramik genutzt. Dort wo EM-Keramik eingesetzt wird, sowohl bei Menschen als auch bei Tieren, wird allgemein von Entspannung und Ausgeglichenheit berichtet.

spezifische, Effektive Mikroorganismen

- *sind intelligente Lebewesen*
- *können untereinander kommunizieren*
- *sind extrem anpassungsfähig*
- *sind in allen Lebensbereichen anzutreffen (Milieu)*
- *versuchen das ökologische Gleichgewicht gesund zu halten*
- *schaffen einen natürlichen Kreislauf*
- *können Gifte und Fäulnis abbauen*
- *konservieren Pflanzen (Fermentation) und werten deren Inhaltsstoffe auf*
- *können Lebensmittel halt- und genießbar machen*
- *wirken antioxidativ*
- *können die Elektrolyse (Säuren–Basen) positiv beeinflussen*
- *produzieren eigenständig Vitamine, Mineralien, Enzyme usw.*
- *ersetzen bei der Körperhygiene chemische und synthetische Stoffe*
- *ersetzen in Landwirtschaft und Gartenbau Kunstdünger, Chemie und Gentechnik*
- *sind Biomasse und Ursprung der Schöpfung*

9. MRSA: „Krankenhauskeime" (resistente Bakterien)

MRSA ist die Abkürzung für *Methicillin resistenter Staphylococcus aureus*, der als sog. **„Krankenhauskeim"** Angst und Schrecken verbreitet.
Diese Bakterien sind eine Variante des *Staphylococcus aureus Bakteriums*. Durchschnittlich 30% der Bevölkerung tragen diese Bakterien regelmäßig in der Nase sowie auf der Haut und sie kommen überall in der Natur vor. Dies muss kein einziges Symptom verursachen, gesunde Menschen werden von diesen Bakterien auch nicht wirklich krank. Bei Menschen mit einem schwachen Immunsystem kann MRSA jedoch Infektionen verursachen, die ein Geschwür entstehen lassen oder zu Blutvergiftungen, Lungenentzündungen uvm. führen können.
Falls diese Bakterien Resistenzen gegen mehrere, wichtige Antibiotika „erlernen" (Multiresistenz), sind sie besonders schwer zu bekämpfen und werden bei Übertragung auf Dritte auch für sie zu einer Gefahr.
Das permanente Beseitigen scheint fälschlicher Weise der einzige Weg, um die von uns begonnene Spirale des Abtötens unter Kontrolle zu halten.
Mittlerweile sterben ca. 50 000 Menschen jährlich in Deutschen Krankenhäusern durch Bakterien, die durch den vehementen Einsatz von Antibiotika und Desinfektionsmitteln verändert worden sind. Das sind etwa 10-mal so viel Tote wie im Straßenverkehr. Ca. 800 000 Menschen kommen trotz Infizierung mit dem Leben davon, wenn auch häufig mit schweren bleibenden Schäden. Das ist die Bilanz eines Irrtums, dessen Auswirkungen nicht nur Leiden, sondern auch jede Menge Kosten verursacht. Überflüssigerweise belastet dies auch alle Beteiligten wie Ärzte und Pflegepersonal, die nach bestem Wissen und Gewissen alles tun, was sie gelernt haben.
Bakterien, die lediglich ihrer natürlichen Aufgabe nachkommen alles auf der Welt zu besiedeln, zu eliminieren ist mittlerweile als sinnlos und unmöglich erkannt. Jahr für Jahr steigt der Anteil gefährlicher Bakterien, die sich trotz ständiger Bekämpfung in Krankenhäusern tapfer vermehren und sich angesichts schneller Teilung Schritt für Schritt verändern, gar anpassen. Die neuen Überlebensstrategien werden schneller weitergegeben als der Mensch neue Gegenmittel entwickeln kann.
Weniger als 2% der Bakterien waren im Jahr 1990 gegen wesentliche Antibiotika gefeit, inzwischen sind es über 20%, Tendenz steigend. Der Anteil von Infektionen durch mehrfach resistente Bakterien ist lt. einer internationalen Studie von 39% im Jahre 1992 auf 62,2% im Jahre 2007 gestiegen, also sind bald 100% erreicht.
Gleiches gilt für viele andere Bakterienstämme bei Menschen, Tieren und in unserer Umwelt, die resistent werden und wovon es laufend mehr gibt. Antibiotikaresistente Bakterien finden wir mittlerweile überall auf der Welt, bei Füchsen ebenso wie bei Zugvögel, auf rund jedem zweiten

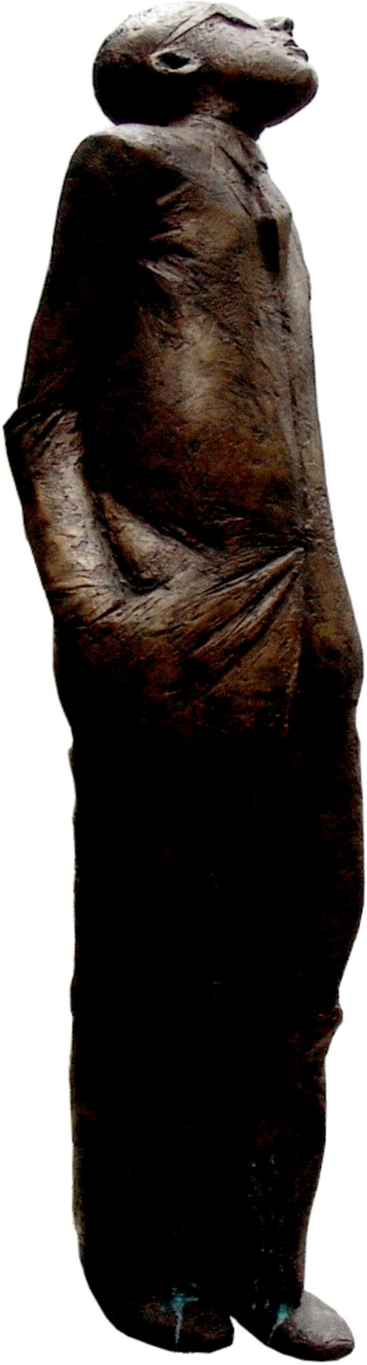

Bauernhof in Deutschland. 58% aller geschlachteten Schweine tragen sie in sich, im Boden, in der Luft, in unserem Trinkwasser, in der Antarktis, in den Tropen und auf unseren Müllkippen.

Obwohl die „Bakterienbekämpfung" hauptsächlich in den Krankenhäuser abläuft, finden wir diese Situation, wenn auch zeitversetzt, in unserer gesamten Umwelt. Überall wehren sie sich erfolgreich mit Mutationen gegen unsere Angriffe.

Die notorische Keimfreiheit in der 100 Jahre alten Schulmedizin muss deshalb dringend neu definiert werden. Hygiene heißt: Hände und was auch immer waschen, allersorgfältigster Umgang mit Kranken, Geräten und Materialien, heißt aber auch Schutz und Gleichgewicht, **es muss nicht zwangsläufig bakterienfrei heißen**.

In solch einer Situation muss uns der gesunde Menschenverstand sagen, dass es keinen Sinn macht sich der Weisheit der Erde, die all ihre Lebensräume von Mikroorganismen in einer gesunden Vielfalt und Fülle besiedeln lässt, entgegenzusetzen. Wir müssen die bisherige Strategie ändern. Wir wissen längst, dass sich die Natur über uns hinwegsetzt und nicht umgekehrt. Bakterien sind in höchstem Maße anpassungs- und kommunikationsfähig, sie können sich grenzenlos durch alle Lebensbereiche bewegen.

Wir müssen schlussfolgern, dass es für uns besser ist, Bakterien zu verstehen, sie als Partner zu behandeln und zu würdigen. Die weltweite Erfahrung mit effektiven Mikroorganismen zeigt, dass sich eine Zusammenarbeit mit ihnen lohnt.

So hat es sich erwiesen, dass ein positives Milieu durch aufbauende Mikroorganismen im Gegensatz zu einem vermeintlich keimfreien Milieu weit effektiver zu Gesundung und Heilung beiträgt. Das wurde zwischenzeitlich auch schon auf einigen Stationen von Krankenhäusern positiv getestet.

Gesundheit

1. Mikroorganismen kommunizieren mit uns

Der Mensch trägt rund 500 bisher bekannte, verschiedene Bakterienstämme die im Team arbeiten und eine ökologische Einheit bilden, in und auf seinem Körper. In 1mg unseres Speichels leben ca. 1 Mio. Mikroorganismen, ca. 100 Bill. leben auf unserer inneren und äußeren Haut. Alleine ca. 400 bisher bekannte, verschiedene Bakterienstämme arbeiten in unserem Darm. In einem einzigen mg unseres Darminhaltes leben ca. 10 Billionen Mikroorganismen. Wir haben 10-mal mehr Darmbakterien als eigene Körperzellen und es befindet sich alles in unserem Organismus miteinander in Verbindung.

Wenn wir gestreichelt werden entspannt sich zunächst unsere Haut, die Poren weiten sich, der Stoffwechsel wird gefördert. Je intensiver das passiert, umso tiefer erfolgt die Entspannung, bis hinein in unseren Darm.
Bakterien sind auch die Boten der Liebe, denn Körpersäfte und der Duft eines geliebten Menschen bestehen aus Bakterien. So ist längst erwiesen, dass der Geruch eine der maßgeblichen Grundlagen für unser Sympathie- und Liebesverhalten ist. Warum wir keinen Einfluss darauf haben, ob wir jemanden „riechen" oder „nicht riechen" können, ist auf die Zusammensetzung unserer Mikroorganismenstämme zurückzuführen. Auch hier gibt uns die Natur eindeutige Zeichen, die wir noch weit vertiefen und erforschen können. Auch wenn wir versuchen, mit künstlichen Düften zu neutralisieren oder versuchen, jemand anderes zu sein. Logischerweise spielen bei Gerüchen Ernährung, Lebenswandel, Kleiderstoffe und biologisches Umfeld eine große Rolle. Mit einer analytischen Gesamtbild-Brille für Mikroorganismen könnten wir unseren Gegenüber relativ genau analysieren und fiktiv mit einer „Hundeschnauze" ausgestattet, das meiste über den Geruch herausfinden.
Wir riechen die Anwesenheit von Krankheit genauso wie Vitalität und Fruchtbarkeit, auch wenn wir es uns nicht bewusst machen, so reden wir davon ob „die Chemie stimmt" oder nicht. Das mit der „Chemie", womit eigentlich die Mikrobiologie gemeint ist, geht weiter und tiefer als man es sich bewusst macht.
Es wurde festgestellt, dass Küssen einen wirksamen Mikrobenaustausch bewirkt, wobei anfänglich nur wenige Mikroben den Partner erreichen, in dem langsam eine Immunantwort aufgebaut wird. Bei fortschreitender Leidenschaft steigt der Austausch und nach sechsmonatigem, intensiven Kontakt mit derselben Person ist schließlich ein optimaler Immunstatus erreicht.
Kommt es dann zu einer Schwangerschaft, ist das Baby durch die in der

Mutter entstandenen Immunglobuline auch auf die väterlichen Mikroben bestens vorbereitet.

Da Mikroorganismen sowohl über elektronische Spannungsfelder als auch über Botenstoffe kommunizieren, reagieren sie direkt auf Berührung. Bildlich gesprochen berühren sich die Biofilme zweier unterschiedlicher Gesamtorganismen. Im Idealfall entfaltet sich Wohlbefinden, zuerst allerdings bei den Mikroorganismen die sofort ein Spannungsfeld aktivieren, das unser Hautorgan z.B. als Gänsehaut signalisiert. Wir können davon ausgehen, dass unsere Bakterien auf eigene geistigen und nervlichen Aktivitäten in gleichem Maße zeitgleich reagieren und umgekehrt. Sie kommunizieren mit uns und sind intelligent, sind selbstverständlich ein natürlicher Bestandteil unseres Organismus. Wenn man so will, sind sie auch **unser sog. 6. Sinn.** Hierzu gibt es außer der „Gänsehaut" noch viele Beispiele aus unserem Alltag.

Wenn wir z. B. einen geliebten Menschen leiden sehen, weil er aufgrund einer Verletzung einen blauen Fleck oder sonst in irgendeiner Weise Schmerzen hat, berühren und streicheln wir ihn um Linderung zu verschaffen. Wir versuchen für ihn ein positives „Milieu" zu erzeugen, worauf zunächst unsere eigenen Mikroben reagieren und diese positive Energie über Botenstoffe an den Biofilm des anderen weitergeben – und er reagiert. Dies ist keine esoterische Vermutung. Wir wissen, dass der größte Teil unserer Bakterien individuell auf jeden persönlich abgestimmt sind. Fakt ist, dass sich spätestens bei Körperkontakt mit einem anderen Menschen Bakterien miteinander „verständigen".

Nach menschlicher Enttäuschung erinnern wir uns oft, dass wir von Anfang an so ein negatives „Bauchgefühl" hatten. Auch dies kann auf die Reaktion unserer Mikroorganismen zurückzuführen sein. Sie nehmen ihre Umwelt genauso konzentriert wahr wie unser Geist, der uns wie wir alle wissen, auch manchmal täuscht. Aber auch „Schmetterlinge im Bauch" oder Ärger, der „auf den Magen schlägt", sind Gefühle, die wir kennen ohne uns Gedanken zu machen, wie das vom Kopf auf den Organismus übertragen wird oder umgekehrt. Sog. psychosomatische Krankheiten beweisen, dass unser Geist untrennbar mit unserer Gesundheit verbunden ist. Weil die Energie des Gehirns aber selbst keine Mineralstoffe oder Vitamine usw. produzieren kann, informiert es sich ebenso über eine Ausschüttung von Botenstoffen (wie z.B. Pheromone) als auch über das Nervensystem durch Mikroorganismen. So nimmt unser seelisches und geistiges Befinden unweigerlich Einfluss auf die Gesundheit und das Immunsystem des Körpers. Dies alles gilt leider auch im negativen Sinne, wenn wir depressiv gedanklich „schwarz malen". Bildlich dargestellt stimulieren unsere Mikroorganismen geistiges Befinden, erzeugen Blockaden oder Glücksgefühle und Euphorie, wie auch das Wetter über den Biofilm unser Befinden beeinflussen kann.

2. Gesundheit ist die Abwesenheit von Krankheit

Gesundheit hat 2 Ebenen; eine körperliche und eine geistige. Dass beide voneinander abhängig sind, gilt als Allgemeinwissen.

Wie ein bekannter Lebensmittelbiologe anführte, ist die Gesundheit des Menschen ein biologischer Standard, den man nicht verbessern kann. Also kann man nicht gesünder als eben „nur" gesund sein. In diesem Zusammenhang führte er sog. „gesunde" Lebensmittel als „Absurdum" an. Bekannt ist mittlerweile auch längst, dass z. B. Vitaminpräparate und die oft inflationär angebotenen Aufbaumittel mit allerlei Inhaltsstoffen für einen gesunden Menschen völlig nutzlos sind. Der Körper behält nur was er braucht, ist sein Gleichgewicht stabil, scheidet er alles andere aus. Dies gilt im Übrigen auch für sein Immunsystem, welches im richtigen Gleichgewicht eben „nur" stabil und nicht noch „immuner" werden kann.
Körperliche Gesundheit besteht dann, wenn der Körper all das erhält, was er braucht und all das ausscheiden kann was er nicht benötigt.
Nun sind uns die negativen Einflüsse unserer „Zivilisation" in allen Lebensbereichen bekannt, wir lassen uns von zusätzlich geschürten Ängsten leiten. Hier wird auch schon die geistige Gesundheitsebene beeinflusst. Jeder stürzt sich beispielsweise auf dementsprechend deklarierte Lebensmittel, Präparate, aber auch auf Medikamente, schließlich ist dies ein Milliardengeschäft. Ebenso verhalten wir uns bei unserer Körper- und Wohnhygiene.
Zunächst ist die Problematik in unserer heutigen Konsumgesellschaft, dass wir entweder zu wenig oder keine benötigten Stoffe zu uns nehmen bzw. Stoffe (Abfallstoffe, Schlacken, Schadstoffe) die nicht ausgeschieden werden können. Bei den meisten Menschen mit Problemen trifft beides zusammen. Benötigte Stoffe kommen nicht rein bzw. Abfallstoffe werden nicht ausgeschieden. Dabei spielen unsere Darmbakterien die größte Rolle, denn wer auf Dauer gesund werden oder bleiben möchte, braucht ein stabiles Darmbakterienmilieu.

Auch bei **geistiger Gesundheit** ist wichtig, dass wir alles rein lassen, was uns gut tut und all das loswerden, was wir nicht brauchen oder uns belastet. Das richtige Wissen zu behalten und falsches zu eliminieren ist in der heutigen Zeit bei einer Überfrachtung mit Negativmeldungen, Angstsuggestionen und Pessimismus ein wichtiger Punkt. Die verschiedenen Arten von Ängsten beeinträchtigen unser seelisch-geistiges Gleichgewicht - also unsere Gesundheit. Wir brauchen ein harmonisches Pendeln zwischen Anspannung und Erholung.

Ohne eine von der Seele ausgehenden Harmonie ist keine Gesundheit möglich. So kann man im Umkehrschluss auch sagen:
„Die Anwesenheit von Krankheit ist die Abwesenheit des Gleichgewichtes der Gesundheit."
Wenn wir „aus dem Gleichgewicht" gebracht werden, egal ob von einem nicht körperlichen dramatischen Ereignis/Erlebnis, einer Lebensmittelvergiftung oder anderer körperlichen Verletzungen: Magen, Darm, Haut und Gehirn reagieren bei den meisten Menschen häufig gleichzeitig bzw. sofort mit Schock– bzw. plötzlichen Stresssituationen, ebenso auf schleichende aber permanent langwierige Probleme.

„Gehirn und Darm sind sich näher als man denkt, es soll sogar Menschen geben, die beides ab und an verwechseln."

Der „Auto-Suggestion-Mechaniker“

Der Automechaniker **Peter Zimmermann** hatte als Handwerker längst verinnerlicht, dass zu wenig Öl oder Kühlwasser dem Motor schadet. Man kann ohne Treibstoff nicht fahren und ein zu kurzer Brems- oder Gaszug bringt keine Wirkung. Auch in Sachen Haltbarkeit und Korrosion argumentierte der Kleinwenkheimer wie man das von einem Fachmann erwartet. Er kennt die Mechanik und Beschaffenheit eines Autos aus dem „Effeff“ und es gibt nichts Unbekanntes am KFZ für ihn. Aufgrund seiner konsequenten, logischen und überzeugten Klarheit hat jeder Kunde den motorisierten Liebling vertrauensvoll in seine Hände übergeben.

„Das ist einer, der sich auskennt, ihm vertraut man sofort.“

Bei einem schweren Unfall 1975 erfuhr der burschikose Landmann ein Nahtoderlebnis, das sein Leben von Grund auf ändern sollte. Während er im Koma alle Vorgänge um sich herum von oben beobachtete, ja er sogar die Unterhaltung der Sanitäter und Mediziner von damals wiedergeben kann, befiel ihn ein Gefühl von unendlicher, unbelasteter Freiheit und Harmonie in Verbindung mit einem hellen, bläulichen, unbeschreiblichen Licht. Den „Rückruf“ ins Leben, das Wiedererwachen beschreibt Peter mit der steigenden Sorge noch etwas erledigen zu müssen.

Nachdem er mit zig Knochenbrüchen und vielen anderen Verletzungen dennoch überlebte, begann er sich mit der Orthopädie auseinanderzusetzen. Der Wille, sich frei und vor allem schmerzfrei bewegen zu können, stand bei seinen überstandenen Verletzungen und Frakturen an erster Stelle. So wälzte er zunächst Tonnen einschlägiger Literatur über dieses Thema, aber auch über das Zusammenspiel von Körper, Geist und Seele:
Er begann sich selbst zu therapieren.
Schnell stellte er fest, dass auch gesunde Menschen unter ähnlich schlechten Körperhaltungen oder Einschränkungen leiden, wie er selbst aufgrund seiner Verletzungen.

Wie konnte das sein, wenn die „Mechanik“ in Ordnung ist? Die Menschen bzw. ihr Unterbewusstsein müssen sich lediglich einbilden, dass sie sich unnormal verkrampfen. Sein Schluss daraus: „Wenn das Bewusstsein offensichtlich Realitäten erschafft, muss man versuchen das Bewusstsein zu reparieren.“

Peter Zimmermann studierte die *Heilmethode durch bewusste Autosuggestion*, die durch den *französischen Apotheker und Psychotherapeuten Emile Coué* (1857–1926) begründet wurde. Sie wirkt gerade bei psychosomatischen und chronischen Krankheiten sowie bei Schmerzen aller Art. Zudem beschäftigte er sich mit allen Facetten der Naturheilkunde und ließ sich von *Klaus Dieter Ritter* zum **zertifizierten Autosuggestionstrainer** ausbilden, erlernte **Hypnose, Akupunktur, Akupressur** und „heilte“ seine wachsende Neugier mit interessanten Seminaren auf allen möglichen Gebieten.

Überzeugt von spezifischen, aufbauenden Mikroorganismen, gehört er seit Jahren zum engen Freundeskreis von Jürgen Amthor aus Eußenheim.

„Ich habe von Anfang an alles Gelernte hinterfragt und mir nichts aufgeschrieben. Ich weiß genau, dass ich auch nur das behalten habe, was mich überzeugt hat und lasse mich von Beiwerk nicht ablenken.“
Es soll ja Menschen mit besonderen Fähigkeiten geben, vielleicht gehört Peter Zimmermann dazu.
Erfolgreich behandelt er mittlerweile tausende von Hilfesuchenden und ist zu einem bekannten, gefragten Mann geworden. Nebst unzähligen Privatleuten wirkt Peter Zimmermann mittlerweile auch auf etlichen Krankenhausstationen und Rehakliniken, bei denen er regelmäßig Ärzte und Patienten verblüfft. Auch unter bekannten Profisportlern wird „Der Auto-Suggestions-Mechaniker“ als Top-Empfehlung gehandelt.

Seine mitreißende, wellenschlagende Logik und sein Erfolg scheint sich noch heute in der KFZ-Mechanik zu begründen, denn im Gegensatz zu allerlei esoterischen „Stimmungsmachern“, pseudomedizinischen Selbstdarstellern und „Wunder-Heiler“ kommt Peter bodenständig und burschikos daher.
Er analysiert pragmatisch wie beim Auto den Ölstand, die Laufleistung oder das Reifenprofil und erstellt überraschend schnell und treffend sein mündliches Gutachten direkt, unkompliziert und überzeugend. Es ist nicht leicht, das im Interview Erfahrene authentisch wiederzugeben, denn sein Redefluss ist sprichwörtlich, aber immer logisch. Seine Vielseitigkeit würde trotz einfacher Ausdrucksweise leicht ein weiteres, besonders dickes Buch füllen.

Nach seinen Aussagen müsse man ihm nicht einmal zuhören, denn er kommuniziere sowieso mehr mit dem Unterbewusstsein seines Gegenüber.

„Ich erkannte schon wie du hereinkamst, dass du ein verschobenes Gestell herumschiebst!“, waren die ersten Worte als ich ihn traf. Noch bevor es zum Interview kam, „verlängerte“ er das rechte Bein meiner Begleiterin und sorgte dafür, dass meine krummen Senk- und Spreizfüße wieder gerade standen. In nicht mehr als 10 Minuten erkannten wir beide voller Verblüffung und lauthals lachend, dass sein sprichwörtlicher Redeschwall und einige wenige Daumenpressuren tatsächlich diese Geradestellungen hervorgerufen hatten. „Alltagsschmerzen“ im Nacken, Rücken und in den Beinen waren verschwunden. Das bestätigen wir hier mit Freude.
Peter Zimmermann redet und redet, ohne Atempause, ohne auf abrupte Themenwechsel Rücksicht zu nehmen und ohne darauf einzugehen, was er gerade beabsichtigt:
„Bei einer falschen Muskelspannung hilft auch das Einrenken langfristig nichts, die falsche Information im Muskel muss gelöscht werden, sonst kommt es immer wieder zu Irritationen. Die neue Information bekommt man nur über die Sprache hinein, die auch von unserem Unterbewusstsein verstanden und dann vom Gehirn umgesetzt werden kann“, resümiert der Operationsgegner.
Bei einer Beckenschieflage beispielsweise, welche sich auf das gesamte ‚Gestell‘ als muskuläre Disharmonie auswirkt oder gar dadurch entstand, wird mit den Menschen durch Schmerzmittel und Therapien so lange Umsatz gemacht, bis man ihnen nach einigen Jahren ein neues Hüftgelenk verkaufen kann. Auch mit Bandscheiben-OPs am laufenden Band wird dieses Krankheitssystem verschoben und erhalten ...
Dass man durch Kommunikation viele Dinge beheben kann, wissen höchstens noch altgediente Mediziner, die sich für ihre Patienten noch Zeit nehmen konnten und auch die Psychosomatik verinnerlichten.

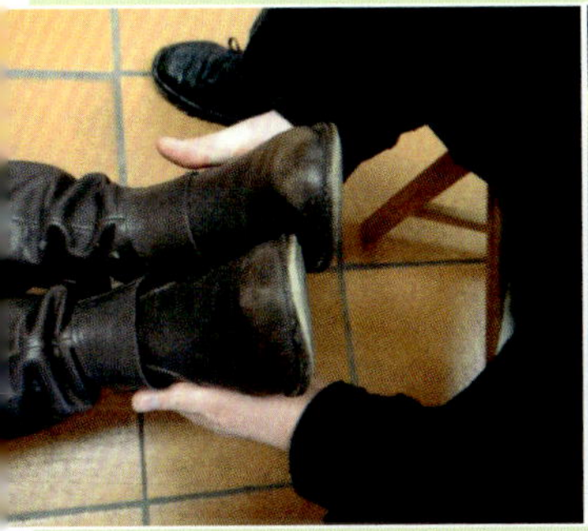

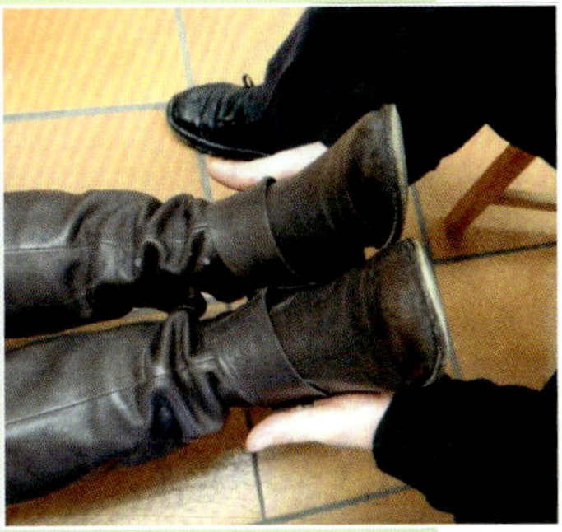

Heute trifft man viele „Geräte- und Pharma-Mediziner“ in allen Bereichen, die gar nicht mehr wissen, wie ein Körper funktioniert. Das ist nichts anderes, als würde ein KFZ-Elektroniker im digitalen System Fehler suchen, ohne zu merken, dass am Wagen keine Räder sind ...
Zuerst mit den Augen schauen, dann Informationen über die Sprache vermitteln. Die Sprache ist ein von Gott gegebenes Werkzeug der Menschen. In anderen Lebensformen ohne Sprache gibt es auch keine Missverständnisse, folglich können wir Missverständnisse auch nur über die Sprache beheben ...
Eine ideale, von der Natur vorgesehene Haltung der Muskeln, Sehnen, Gelenke und Nervenstränge muss wieder hergestellt werden und das sofort, anstatt die entstandenen Symptome zu mildern. Gleiches gilt für das Geschäft mit den sog. Stoffwechselerkrankungen, bei denen auf das bakterielle Milieu keine Rücksicht genommen wird. Bei der Krebsbekämpfung mit Bestrahlung und „Chemo“ werden mehr gesunde Zellen getötet als kranke, zudem werden kranke noch resistent ...
Es führen immer 2 Wege zur Heilung - natürliche und chemische: Die natürlichen Wege werden in der Schulmedizin gar nicht erst gelehrt, obwohl tausende positive Beispiele immer wieder belegen, dass es auf natürlichem Wege auch Heilung gibt.
Nehmen wir z.B. die Mikroorganismen: Das Durcheinander von Antibiotika, anderen Medikamenten und Präparaten sowie die ganze Chemie, die wir mit der Nahrung und über Umwelteinflüsse zu uns nehmen, erzeugen ein Chaos in der natürlich vorhandenen Mikrobenflora unseres Körpers. Daraufhin wird die Symptombekämpfungsspirale ständig nach oben getrieben, anstatt den natürlichen Zustand zu revitalisieren. Ist doch klar, wenn wir statt reinen Treibstoff lauter Mist in den Tank schütten, dass der Motor das Stottern anfängt oder den Geist aufgibt.

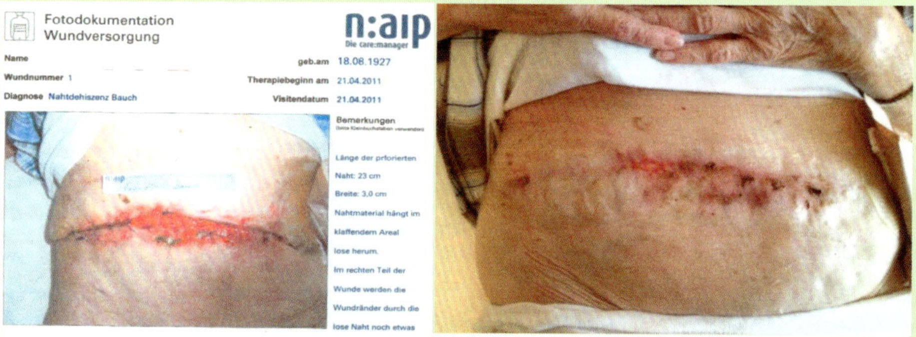

Eine OP-Narbe einer Krankenhauspatientin wollte über Monate nicht zuwachsen bis Peter Zimmermann die Wunde mit ProTop Hautspray behandelte, das Ergebnis nach wenigen Tagen. (rechts)

„Wenn deine Darmflora optimal in Ordnung ist, kannst du mit deinem „Vergaser“ wieder gesund und herzhaft furzen ...“
Wir wohnen in unserem Körper, dennoch schenken wir der Ordnung und Sauberkeit in unseren Wohnräumen weit mehr positive Aufmerksamkeit als der Wohnung unserer Seele ...
Man muss den Menschen immer ganzheitlich sehen: Seele – Körper – Geist, mit allem gleichzeitig kommunizieren. Das ist was anderes als die Schulmedizin vorgibt, die schnell Begriffe wie chronisch, erblich oder genbedingt suggeriert und die Menschen langzeitlich therapiert.

„Für die Schulmedizin ist Krankheit der Ist-Zustand, für mich die Gesundheit, denn alles ist von regenerativen Naturgesetzen geregelt.“

„Bei den meisten Menschen, die zu mir kommen, erfahre ich den ganzen Leidensweg, durch die Schulmedizin Gestrandeter und Austherapierter ...
Seelische und nervliche Belastungen, Stress und Ungleichgewicht wirken sich direkt auf das Körperverhalten aus. Nicht anders verhält es sich bei dir. Deine Sehnen, Muskel und Nervenstränge entspannen sich, Verkrampfungen lösen sich, deine Gelenke und ... und ... nicht irgendwann, sondern jetzt!“ – Er zählt auf 3 und schnippt mit den Fingern.

Ich denke: ***„Das ist einer der sich auskennt, ihm vertraut man sofort“*** und - meine Füße stehen gerade!
Auf meine Frage, wann er seine gute Wirkung auf seine Mitmenschen entdeckt hat, antwortet Peter Zimmermann: „Ich bin kein Wunderheiler, doch wusste ich dies nach meinem Unfall von Anfang an sofort, ich habe nie daran gezweifelt.“

Peter Zimmermann
Hauptstraße
97702 Kleinwenkheim/
Münnerstadt
Lkr. Bad Kissingen
Tel: 09766 / 661

Foto:
Peter Zimmermann
und Jürgen Amthor (r.)

3. Der Darm

Der Darm ist die „Raffinerie", in der unser Lebenskraftstoff erzeugt wird, mit dem das „Kraftwerk" Herz unseren Organismus versorgt. Hier wird der „geschredderte" und vom Magen kontrollierte, vorverdaute Speisebrei von Quadrillionen kleinen Helfern in seine einzelnen Stoffe und Spurenelemente zerlegt. Der Darm ist bei Erwachsenen ca. 8 m lang und besitzt wegen den feinen *Darmzotten* eine Oberfläche von ~2000 m². Die Gesamtheit der rund 400 Bakterienstämme nennt man *Darmflora,* sie wiegen rund 1,5 kg.
Die Mikroorganismen absorbieren alle für uns wertvollen Stoffe und Vitamine sowie Wasser aus der Nahrung und scheiden überflüssige und schlechte Stoffe aus. „Das Richtige rein und das Falsche raus", dafür sorgen unsere Darmbakterien. Unser Stuhl setzt sich aus nichtresorbierten Nahrungsbestandteilen, Gärungs- und Fäulnisstoffen sowie zu 1/3 aus ausgeschiedenen Mikroorganismen zusammen. Rund 30 Tonnen Nahrung werden im Laufe eines Lebens mit Hilfe der Bakterien und unter Einfluss von Gallensäure und Enzymen zersetzt. Die Zelltypen sowie die dort gebildeten Botenstoffe wie z. B. Serotonin (Psyche, Wohlbefinden und Schmerzempfindung), Dopamin, Acetylcholin und Adrenalin entsprechen denen unseres Gehirns. Der Darm ernährt das Blut und das Blut alle Körperzellen. Die Vorgänge in diesem Mikrokosmos sind im Detail selbstverständlich weit komplexer und noch lange nicht ganz erforscht. Wir abstrahieren hier lediglich bisherige Erkenntnisse zum allgemeinen Verständnis.
Der Darm stellt also aus Nahrung unseren „Treibstoff" her, der uns je nach Qualität im günstigsten Fall lebenslange „Betriebsdauer" garantiert. Wir müssen uns bewusst sein, dass wir hierbei für den Rohstoff, die verwertbare Nahrung, verantwortlich sind.

Gesunder Darm = gesundes Blut = saubere, klare Bindegewebsflüssigkeit= gesunde Zellen = gesunde Organe = gesunder Mensch!

Längst sind sich Mediziner und Wissenschaftler aller Couleur einig, dass die Funktion des Darms für den größten Teil der Krankheitsbilder und für unser Immunsystem verantwortlich ist. Die orthomolekulare Medizin sagt sogar, dass jede Krankheit eine Mangelerscheinung von Vitaminen, Mineralien oder Vitalstoffen ist. Wie auch immer, unsere Darmbakterien sind für deren Bereitstellung verantwortlich.
Das **Verhältnis von 85% guten zu 15% schlechten Bakterien** im Darm zeugt von einem stabilen Immunsystem. Leider weisen heute viele Menschen mit Problemen ein umgekehrtes Verhältnis auf.

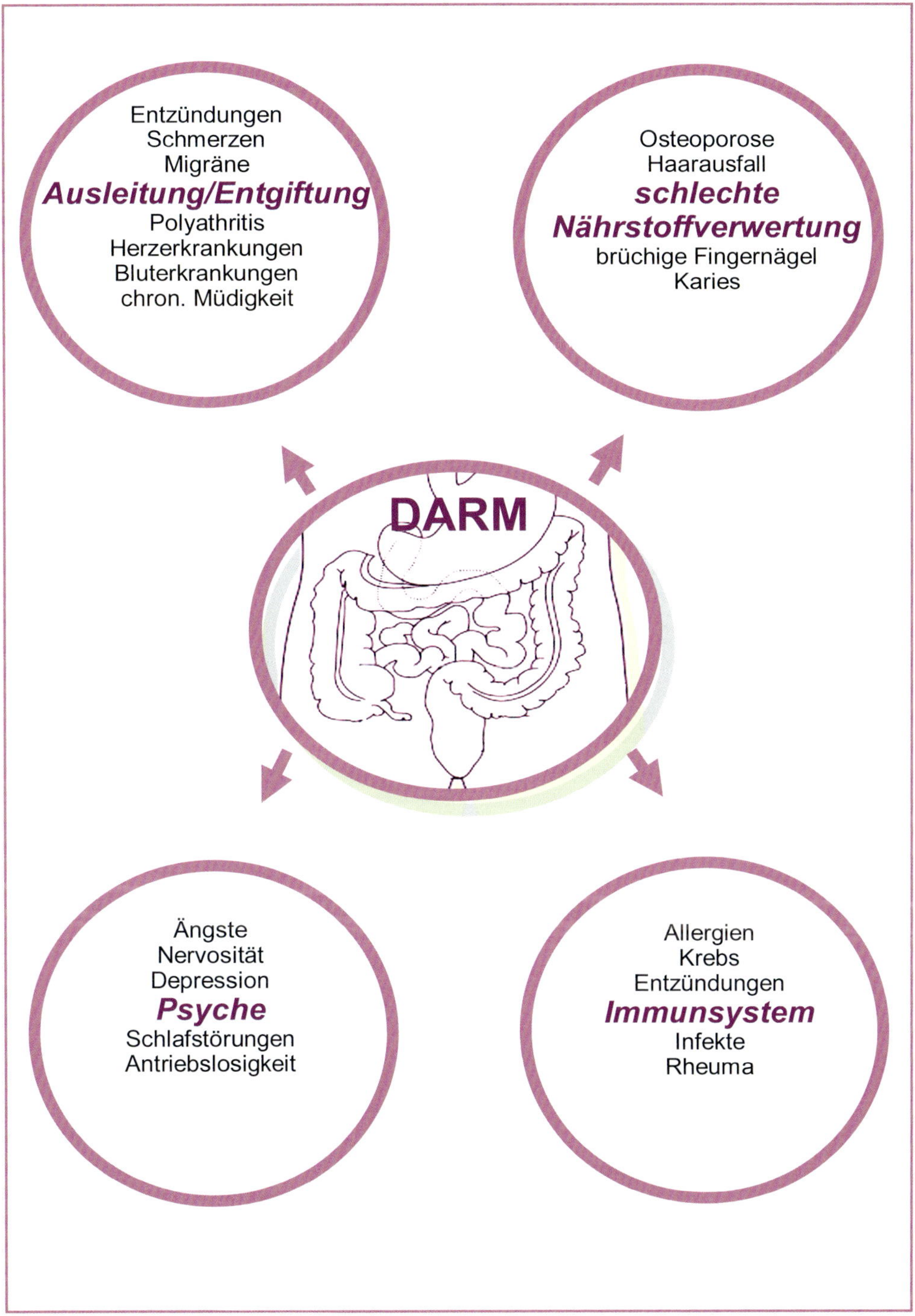
Entzündungen
Schmerzen
Migräne
Ausleitung/Entgiftung
Polyathritis
Herzerkrankungen
Bluterkrankungen
chron. Müdigkeit
Osteoporose
Haarausfall
schlechte Nährstoffverwertung
brüchige Fingernägel
Karies
DARM
Ängste
Nervosität
Depression
Psyche
Schlafstörungen
Antriebslosigkeit
Allergien
Krebs
Entzündungen
Immunsystem
Infekte
Rheuma

Jede noch so gute medikamentöse oder naturheilkundliche Behandlung sowie die Einnahme von Vitaminen, Vitalstoffen usw. kann erst dann zu einer endgültigen Heilung führen, wenn das eigene Darmmilieu wieder ein gesundes und positives Verhältnis aufweist.

Dr. A. K. Zschocke schreibt zu diesem Thema sehr treffend:

"Erinnern wir uns, dass Mikroben über alles kommunizieren, sich stets auf neue Situationen einstellen und sich bemühen, umzusetzen, was wir ihnen an Ernährung bieten.

Niemals würden wir unseren Haustieren, unseren Hunden, Katzen oder Goldfischen absichtlich Gift ins Futter mischen. Hingegen muten wir unseren Körperbakterien Pestizide, Herbizide, chemisch-synthetische Farb-, Konservierungsstoffe, Geschmacksverstärker usw. zu - wir füttern sie also mit Gift. Was hat Chemie in unserem Essen zu suchen? Nichts davon würden unsere Darmmikroben freiwillig wählen. Es behindert, blockiert und verändert sie. Wollen wir ihnen das wirklich antun?

Im Darminneren wird also die wesentliche Weiche für unsere gesamte Gesundheit gestellt. Alles was wir an Giftstoffen auf Acker-, Garten-, oder Wiesenboden geben, verändert nicht nur die Bakterien in Böden und Pflanzen, es kehrt unweigerlich mit dem Essen wieder zu uns zurück. Mag ein Teil davon netterweise schon vorher von Bakterien wieder umgewandelt worden sein, können wir jedoch niemals gesünder sein als das, was aus der Natur auf unseren Tisch kommt ..."

Demnach hilft es wenig, einer „vergifteten" Darmflora zum Trost oder zu unserer Gewissensberuhigung sog. Nahrungsergänzungsmittel in Form von z.B. chemischen Vitaminen und Mineralstoffen hinterher zu kippen.

Erste Erkenntnisse über Darmbakterien wurden bereits um 1900 vom russischen *Immunologen und Nobelpreisträger für Medizin Ilja Metschnikoff* vorgetragen.

Er führte die hohe Lebenserwartung bestimmter Völkerstämme im Kaukasus und Bulgarien darauf zurück, dass diese Menschen traditionell sehr viele fermentierte (bakterielle Milchsäuregärung) Nahrung zu sich nahmen. Auch er unterstrich die These: **„Der Tod sitzt im Darm"**. Mittlerweile bietet die Pharmaindustrie unzählige Darm-Präparate an.

Die natürlichste und eine der ältesten Methoden ein Lebensmittel haltbar zu machen, ist die Fermentation (Vergärung) mit Mikroorganismen. Dies kennen wir aus der Sauerkrautherstellung. Auch in der Eußenheimer Manufaktur hat man sich diesen lebendigen Prozess zu Nutze gemacht, indem man gezielt entsprechende selbstkultivierte symbiotische Mikroorganismen zusetzt und die hohe antioxidative Wirkung durch Langzeitfermentation mit

Pflanzen verstärkt, vor allem ohne Nebenwirkungen. Bei diesem Vorgang spielen verschiedene Stämme von Milchsäurebakterien, Bifidobakterien und Hefen eine große Rolle. Es gibt sie nicht nur in der Milch, sondern sie bewohnen auch die Blätter und Oberflächen der Gemüsepflanzen.
Wenn wir hier von einem **Nahrungsergänzungsmittel** sprechen, dann **von einem lebendigen ...**

**Milchsäurebakterien und Bifidobakterien
spielen eine wichtige Rolle für unser Immunsystem:**

- **sie hemmen pathogene Keime**
- **verbessern die Laktose-Toleranz**
- **stimulieren das Immunsystem**
- **verbessern die Nährstoffaufnahme und die Verdauung**
- **senken den Cholesterinspiegel**
- **normalisieren und stabilisieren die Darmflora**
- **produzieren körpereigene Vitamine**
- **hemmen die Krebsentstehung im Darm**
- **neutralisieren Gifte im Darm**
- **hindern Krankheitserreger sich zu vermehren**

Bewusste Ernährung und damit der gezielte Verzehr von geeigneten, aufbauenden Mikroorganismen ist der direkte Weg für einen Wideraufbau einer gesunden und ausgeglichenen Bakterien-Flora – so wird der Darm zur „Wiege der Gesundheit".

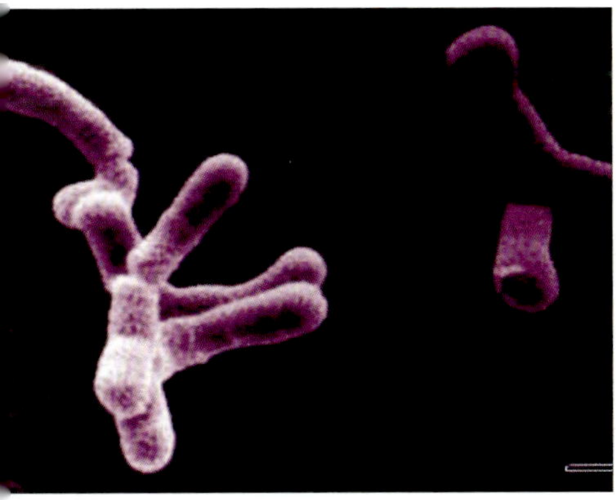

Bifidobakterium

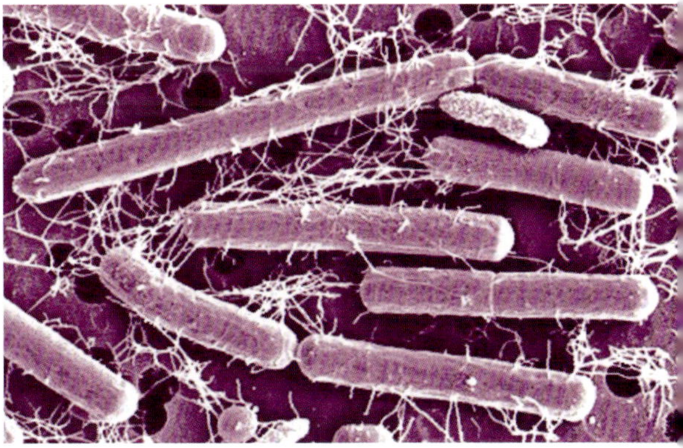

Milchsäurebakterien

Ausstieg aus der begrenzten Schulmedizin

Der Schweinfurter Facharzt für Orthopädie, Dr. med. Klaus-Jürgen Blum, studierte in Würzburg. Nach seiner Hochzeit und 20 Jahren Praxis in NRW kam er nach Unterfranken zurück und eröffnete 1986 die heutige Praxis in Schweinfurt. Mittlerweile weithin bekannt für seine effektiven Behandlungsmethoden, widmet sich Dr. Blum rund 12 Stunden täglich seinen Patienten.

„Mein Orthopädiestudium habe ich zwar abgeschlossen, doch als neugieriger Mediziner wird man mit dem Studieren des menschlichen Wesens und des Organismus nie fertig. Je mehr man sich auf das gesamte Erscheinungsbild eines kranken Menschen konzentriert, umso mehr Zusammenhänge entdeckt man. Wer glaubt, sich mit den grundlegenden Parametern der Gesundheit auszukennen, muss wie ich - trotz eines Doktortitels - immer wieder feststellen, dass die Schulmedizin sehr begrenzt ist und dass man relativ wenig weiß. Diese Erkenntnis ließ mich immer neugierig bleiben und vor allem offen für alternative Technologien und Methoden. Von Anfang an war es mein Bestreben, als Mediziner den Menschen zu helfen und sie zu heilen, nur das Lindern von Symptomen war mir immer zu wenig. Da kommen sie nicht drum rum, alles in Ganzheit zu betrachten und zu analysieren“, führt Dr. Blum aus, der sein „gefühltes Alter“ mit 46 und einem Schmunzeln angibt.

Längst hat sich der „Überzeugungstäter“ in viele Richtungen weitergebildet und keine Möglichkeit ausgelassen, sich mit Neuem auseinanderzusetzen. Nebst einer Kernspintomographie-Ausbildung qualifizierte er sich für die Akupunktur, die Traditionelle Chinesische Medizin (TCM) und öffnete sich für weitere Naturheilverfahren wie die Quantenmedizin, die Energetische Informationsmedizin und die Anti-Aging-Medizin. Unabhängig davon, was man davon halten mag, vereint der Doktor alle Voraussetzungen ganzheitlich zu diagnostizieren. ***“... und da erleben Sie immer wieder phantastische Überraschungen, ich lerne jeden Tag dazu. Man muss kein Wunderheiler sein, um festzustellen, dass beispielsweise eine physische Fehlhaltung oder-stellung auch direkt von der Psyche herrühren kann oder auch umgekehrt. Man muss sich aber auf seinen Patienten konzentrieren und sich vor allem die Zeit nehmen.***

Umwelteinflüsse, Lebensweise, Ernährung, private Spannungen oder Stress und natürlich alle Arten von Giften, bekannte und weniger bekannte oder auch solche, die der Körper selbst produziert, spielen eine viel größere Rolle als man bisher in der Schulmedizin berücksichtigt. Ganzheitlich betrachtet, bekommt der Begriff „Allgemeinmedizin" hier eine völlig neue Bedeutung, nämlich „Ganzheitsmedizin". Ich analysiere und diagnostiziere die Patienten und kann ihnen dann Wege zur Heilung aufzeigen: gehen müssen sie diese dann selbst."

Die Privatpraxis ist für alle da, Dr. Blum sucht bei allen Krankheitsbildern nach Lösungen zur Heilung. Ihm ist mittlerweile nichts mehr fremd, doch wie er selbst zugibt, reichen bei Bauchspeicheldrüsenkrebs auch seine Erfahrungen und Möglichkeiten nicht aus. Bei den meisten anderen Krankheiten jedoch ist er erfolgreich, so behandelt er auch Krebsleidende, „Austherapierte", „Chemogeschädigte" sowie insbesondere Schmerzpatienten. Man bekommt hier immer kurzfristig einen Termin und akute Fälle werden sofort berücksichtigt.

Leider sind gesetzliche Kassen und teilweise auch Privatkassen meist nur bereit, von der sog. Schulmedizin anerkannte Heilmethoden oder Anwendungen zu bezahlen, auch wenn man längst weiß, dass sich dadurch viele Krankheiten oft ein Leben lang hinziehen.

„Selbst wenn mich die Kassen nur auf Erfolgshonorar-Basis bezahlen würden, wäre ich längst ein steinreicher Mann und die Kassen würden andererseits viel Geld sparen", bemerkt Dr. Blum zum Thema Gesundheitssystem, welches man längst als Krankheitssystem bzw. Krankenkassensystem betiteln müsste.

Bei vielen Krankheitsbildern werden Patienten hier mit einer elektronischen Analyse „durchgescant". So erkennt Dr. Blum anhand verschiedener Parameter, wie viele Gifte/Schadstoffe und wo sie sich im Körper befinden. Neben der Akupunktur gegen Schmerzen gehört gerade die Entgiftung des Körpers zu den Schwerpunkten des Mediziners. Hier ist vor allem die Darmsanierung die Basis aller Therapieerfolge (*„Der Tod sitzt im Darm": Hippokrates/Paracelsus.)*.

Dr. Blum führt aus, dass sich unter anderem Gifte und Palladium besonders hartnäckig festsetzt. Früher wurde es bei Amalgamplomben und später zum billigen Auffüllen von Goldzähnen verwendet. Auch fliege es uns täglich durch die Beschichtung der Auto-Katalysatoren um die Ohren und 99,9% unserer Gesellschaft leide mehr oder weniger unter Schwermetallbelastungen. Mittlerweile habe er dutzende Entgiftungsmethoden durchexerziert und stets nachgemessen. Doch kaum eine schaffte es, Schwermetalle gänzlich aus dem Körper zu entsorgen, bis er durch einen Patienten auf **„ProTop" aus Eußenheim** aufmerksam gemacht wurde.

„ProTop war das erste Fermentprodukt, das sowohl präbiotisch *(gesunde Nahrung für Bakterien im Dickdarm)* ***und auch probiotisch*** *(lebende aufbauende Mikroorganismen)* ***war.***
Schon nach kurzer Zeit zeigte sich bei den ersten Patienten eine auffallend positive Wirkung und ProTop schaffte es als erstes Mittel, alle Schwermetalle aus dem Körper auszuleiten. Solche überraschend guten Messergebnisse kannte ich bisher nicht. Da ich, wenn möglich, so gut wie nie Medikamente und Pharmazieprodukte verschreibe, bin ich hoch erfreut über diese Art Naturprodukte, die mich auch in meiner Philosophie der biologischen Ganzheit bestätigen.“
Der „alternative Schulmediziner“ freut sich naturgemäß über alle seine Heilerfolge, die er, wie er sagt, hauptsächlich durch Aufgeschlossenheit nach allen alternativen Seiten der Medizin und seiner Neugier erzielt hat. Mag sein, dass er sich nach seinen Erfahrungen erst wie 46 fühlt, da er offensichtlich noch immer wissbegierig Seminare und Weiterbildungen besucht. Dennoch würde er sich glücklich schätzen, einen medizinischen Teilhaber in seiner Praxis aufzunehmen, schließlich möchte er für die nächsten 46 Jahre entlastet werden und seine Erfahrungen weitergeben.
„Wie der Herr, so sei G´schärr“, ganzheitliche Medizin fängt in der Privatpraxis Dr. Blum schon bei der inneren Einstellung der Mitarbeiterinnen an.

Das positive Denken und Auftreten des Teams schafft eine freundliche, verbindliche und sehr familiäre Atmosphäre. Die Patienten fühlen sich sofort wohl, verstanden und aufgenommen. **Persönlicher Umgang und Zeit zum Zuhören sind das oberste Gebot im Hause Blum** und bilden die Grundlage für eine erfolgreiche Therapie. Das vom Chef zu verantwortende Betriebsklima entspricht dieser ganzen Philosophie, deshalb spricht die durchweg langjährige Betriebszugehörigkeit der MTAs (bis zu 35 Jahre) für das anspruchsvolle Gesundheits-Konzept.

Bundesweit finden die Patienten hierher, jeder kommt dran, auch ohne Anmeldung. Dass deshalb durchaus nachvollziehbar hin und wieder Wartezeiten am Behandlungstag entstehen, wird mit kurzfristigen Terminvergaben entschädigt. Aber auch das Engagement der professionellen Mitarbeiterinnen, die den quasi „Familienbesuch" mit Getränken und Kaffee erfreuen, tragen zum herzlichen Behandlungsalltag bei.

Behandlungsräume auf 3 Etagen erlauben mehrere unterschiedliche Anwendungen mit insgesamt 8 Fachkräfte gleichzeitig. Zudem ist ein Vital-Center angeschlossen, in dem sich die Patienten mit homöopathischen und probiotischen Produkten versorgen können.

Privatpraxis Dr. med. K. J. Blum
Wilhelmstraße 6 1/2, **97421 Schweinfurt** Tel.: **0 97 21 / 18 55 22**
Arzt für Akupunktur – Facharzt für Orthopädie
Sprechzeiten: Mo.–Do. 9:00 – 12:00 h und 15:30–17:00 h, Fr. 9:00–12:00 h
Tätigkeitsschwerpunkte:
Akupunktur • Naturheilwesen • Energetische- und Informationsmedizin • Quanten-Medizin • Orthopädie • Traditionelle Chinesische Medizin (TCM) Anti-Aging-Medizin

4. Nase, Rachen, Mund

Zunächst konzentrierte sich die Wissenschaft vorwiegend auf unsere Darmflora, mittlerweile hat sich das Interesse auf alle Körperregionen ausgeweitet. Auch unsere Atemwege werden ununterbrochen mit Bakterien in der Luft konfrontiert.
Wir wollen uns eigentlich nicht ausmalen, was alles in unserer Atemluft herum schwebt. Von allen Dioxinen, Feinstäuben, Schwermetallen, synthetischen Stoffen, Toxinen, Pilzsporen und flüchtigen Gasen ist der vielbeschuldigte passive Zigarettenrauch noch das geringste Übel, außer dass man ihn im Gegensatz zu den effektiven Giften riecht. Auch organische Stoffe, also Bakterien und Pilze aller Couleur, benebeln unsichtbar unsere Atemluft. Deshalb sind unsere Atemwege, unser Mund-, Nasen- und Rachenraum aus gutem Grund mit bakteriellen Wohngemeinschaften besiedelt.
Die meisten Fremdlinge werden mit Schleimhautsekreten wieder vor die Tür gesetzt. Das Abwehrsystem unserer Körperöffnungen, insbesondere der vaginalen, ist bildlich mit einem Bienenstock oder Ameisenbau vergleichbar. Eindringlinge werden erkannt und weitergemeldet, sofort bilden sich Trauben von Verteidigern (Schleimsekret), die sie vernichten.
Viele Krankheitserreger versuchen über die Schleimhäute wie Rachen, Darm oder Urogenitaltrakt ein Umfeld zu erobern, in dem sie sich ernähren und vermehren können. Allerdings erneuert sich die obere Schicht der Schleimhautzellen stetig. Diese sog. Abschilferung oder Exkoriation verhindert das Einnisten von Erregern, vorausgesetzt das Schleimhaut-Milieu ist gesund.
Die Schleimhautzellen produzieren eine schleimige Substanz, die sog. *Mucine*, die den Hauptbestandteil des Schleims ausmachen. Sie verstärken die Beweglichkeit der Bakterien und erschweren so das Anheften schädlicher Keime auf der Schleimhaut.

Luftröhre, Bronchie und Lunge sind dagegen kaum besiedelt, hier sorgt das *Flimmerepithel* (Flimmerhärchen) dafür, dass das Anhaften von Eindringlingen verhindert wird.
Auch im Rachen und Mund sowie im Vaginalbereich führt ein bakterielles Ungleichgewicht zu Störungen und lässt das Wirken von Giften oder Anhaften bzw. Vermehren von „bösen" Bakterien zu. Dieses komplexe Ökosystem ist ebenso auf ein positives Milieu angewiesen, um ein Vordringen in den Körper, aber auch sich selbst vor Ort, vor beispielsweise Schleimhautentzündungen, Herpes usw. zu schützen.

Da unsere Verdauung bereits mit dem Speichel im Mund beginnt, benötigen wir hier schon ein gesundes Milieu, welches auch die effektive „Weiterverwertung“ der Nahrung erst möglich macht.

Mit den spezifischen Mikroorganismen können wir das Milieu unterstützen und stabilisieren: die Widerstandsfähigkeit unserer Schleimhaut-Bakterien.

Candy Lips Foto: Danny Gruber

Die Würzburger „Kräuterhex“ ist begeistert von der Eußenheimer Manufaktur

***Barbara Klingert*, Inhaberin der Kräuter-Welt** in der Bronnbachergasse 43, Würzburg/Dominikaner-Passage, gehört in Mainfranken zu den angesagten Ansprechpartnern in Sachen Heilkräuter. Die gelernte Bankkauffrau (verheiratet, 2 Kinder, 31 und 33 J.) ist ein Würzburger Kind aus der Häfnergasse.

Schon früh entwickelte sie durch Krankheitssituationen in der Familie einen Hang zur **Vollwertkost** und **Naturheilkunde**. Sie ließ sich vor rund 18 Jahren von einer chinesischen Ärztin 6 Jahre lang in Traditioneller Chinesischer Medizin (TCM) zur **Qi-Gong-Lehrerin** ausbilden. Neugierig und um nicht zu einseitig „gepolt“ zu sein, absolvierte Frau Klingert noch eine Ausbildung zur **Ernährungs- und Gesundheitsberaterin**. Diverse Weiterbildungen und Seminare über Homöopathie, Kinesiologie, Kräuterkunde und die nötige **IHK-Prüfung** qualifizierten sie zur versierten Fachfrau. Auch bei Vorträgen über **Klostermedizin** des Forschers Dr. Johannes G. Mayer der Uni Würzburg, füllte sie Wissenslücken mit Begeisterung auf.

Als ein Wink des Schicksals sollte just nach Abschluss aller Weiterbildungen und der Selbstständigkeit ihrer Kinder, der in der Region legendäre Laden **„Kräutersepp“** aus Altersgründen geschlossen werden. Die hohe Akzeptanz bei den Kunden gegenüber dem seit 1934 bestehenden Kräuterladen in der Bronnbachergasse führte zu einer spektakulären Bürger- und Unterschrifteninitiative für eine Fortführung des Ladens. Schon dies zeugt davon, dass viele Menschen neben der Schulmedizin hier alternative Wege zu Linderung und Heilung sowie einer speziellen Lebensqualität gefunden haben.

Seit 7 Jahren gewährleistet nun die Würzburgerin mit ihrem Team und dem Kosenamen „Kräuterhex“ den Bestand und die fachmännische Beratung in besagtem Geschäft, das heute **Kräuter Welt** heißt.

Neben Kräutertees, maßgeblichen Gewürzen aus aller Welt, asiatischen Pilzen, Biomitteln, Naturkosmetika, ätherischen Ölen, Trockenfrüchten, glutamatfreien Gemüseextrakten und Saucenwürzen, führt die Kräuter Welt fast alle **Heilkräuter nach Maria Treben, Eva Aschenbrenner und Hildegard von Bingen** sowie der allgemeinen **Klostermedizin.**

In ihrem Garten begeisterte Klingert der erfolgreiche Umgang mit effektiven Mikroorganismen. Aufgrund einer Kundenempfehlung entdeckte sie die Eußenheimer Manufaktur und besuchte Jürgen Amthor's Seminare.

Dass aufbauende Mikroorganismen überall und insbesondere auch für die Gesundheit der Menschen einsetzbar sind, war ihr zwar nicht neu, allerdings ein bisher weniger beachtetes Gebiet. Dazu meint sie:

„Die Logik der Biokreisläufe war für mich nichts Neues, doch dann viel es mir wie Schuppen von den Augen. Klar, alle Körperfunktionen und der gesamte Organismus werden auch von diesen winzigen Mikroben gesteuert, die fließend durch Mensch und Natur allgegenwärtig sind."

Mit Überzeugung bietet sie deshalb seither spezifische Mikroorganismen, die **ProTop Produkte** aus Eußenheim, zur körperlichen Anwendung an.

Frau Klingert bestätigt beste Rückmeldungen ihrer mittlerweile weit über 100 sEM-Kunden:

„Meine Kunden berichten nur das Beste. Ob als Ersatz für die kraftzehrenden Darmreinigungskuren, für Heilfasten oder zum Aufbau einer ausgeglichenen Darmflora nach z. B. einer Antibiotikabehandlung, aber auch gegen Paradontose und vielen anderen Mangelerscheinungen wirken die ProTop-Produkte hervorragend. Dankbar für ProTop sind auch viele Kunden mit diversen Unverträglichkeiten.

Unbedingt erwähnen möchte ich eine Kundin, die kurz vor Weihnachten mit einer ca. 10 cm langen Hautirritation im Gesicht zu uns kam. Sie wusste selbst nicht den Grund für diese schmerzende Entzündung bzw. dieses Ekzem. Zur Probe besprühte ich die Stelle und am nächsten Tag holte sie sich das ProTop Mund- und Hautspray. Nach den Feiertagen bedankte sie sich freudestrahlend mit makelloser Gesichtshaut.

Mein größtes Erfolgserlebnis mit ProTop Base hatte ich allerdings bei einem offensichtlich ausgemergelten Kunden mit „Morbus Crohn", einer Entzündung des Magen-Darm-Trakts, die vom Mund abwärts bis zum After auftreten kann. Kaum heilbar, nahm der Kunde meine Empfehlung für ProTop Base dankbar an. Nach rund 4 Monaten täglicher Einnahme waren seine Beschwerden weg. Heute nimmt er ProTop nur noch gelegentlich ein, wenn er beispielsweise auf bestimmte Speisen oder Gewürze reagiert und bestätigt eine sofortige positive Wirkung.

Ich selbst hatte ebenfalls nach einem Lachs-Essen einen allergischen Ausschlag. Mit Calcium und ProTop Mund– und Hautspray war nach 24 Stunden alles vorbei."

5. Der Magen

Das Fassungsvermögen des menschlichen Magens ist individuell unterschiedlich und misst ca. 1,5 l. In diesem Hohlraum wird der Nahrungsbrei mit dem Magensaft vermengt, der im Wesentlichen aus dem eiweißspaltenden Enzym *Pepsin* und *Salzsäure* besteht. Der Magen bringt auch den Nahrungsbrei auf die gleiche Temperatur, außerdem schichtet und speichert er den Nahrungsbrei. Im Ruhezustand sondern die Drüsen ca. 10 ml Magensaft pro Stunde ab. Bei Nahrungsaufnahme kann die Erzeugung von Magensaft auf bis zu 1000 ml pro Stunde steigen. Die Produktion wird sowohl mittels Nervenimpulsen (vor allem vor der Nahrungsaufnahme) als auch von Hormonen gesteuert. Muskelkontraktionen (*Peristaltik*) transportieren den Nahrungsbrei weiter zum „Pförtner". Dieser bildet als *Sphinkter* (Schließmuskel) einen Verschluss zwischen Magen sowie Darm und kann sich für den Durchtritt des angedauten Speisebreis (Chymus) ca. 13 mm weit öffnen. Dieses geschieht regelmäßig, um den Nahrungsbrei gleichmäßig in den Zwölffingerdarm weiterzuleiten.

Zunächst wurde angenommen, dass der saure Magensaft das Überleben der meisten Bakterien verhindert und so vor Infektionen schützt.

Mit der Entdeckung von *Helicobacter pylori* in der Magenschleimhaut im Jahr 1983 musste diese Ansicht jedoch revidiert werden. Fortan galt *H. pylori* als die einzige Ausnahme – ein Bakterium, das in der Lage ist, sich unterhalb der schützenden Schleimschicht anzusiedeln.

Wissenschaftler der Stanford University konnten 2005/2006 jedoch nachweisen, dass die Flora (vgl. Darmflora) deutlich komplexer ist als bisher angenommen: Sie entdeckten zunächst insgesamt **128 weitere lebende Bakterienarten im Magen**. Insgesamt ca. 10% der identifizierten Mikroorganismen im Magen unterschieden sich genetisch erheblich von allen bisher bekannten Bakterien. Daher sind sie als reine Magenbakterien anzusehen. Klar war allerdings auch vorher schon, dass z. B. stuhlregulierende Mikroorganismen, wie Milchsäurebakterien (Sauerkraut, Milchprodukte), ihren direkten Einfluss auf die Darmflora nahmen und nehmen.

Genauer zu erforschen, wären in diesem Zusammenhang die **Präbiotika.** Das sind Nährstoffe, die probiotischen Mikroorganismen als Nahrungsgrundlage dienen. Für den Menschen sind Präbiotika unverdaulich, d. h. sie passieren Magen und Dünndarm unverändert und erreichen den Dickdarm ohne enzymatisch angegriffen zu werden.

Aufgrund der Entdeckung das es, im Gegensatz früherer Lehrmeinung, auch eine Vielzahl lebender und überlebender Bakterien im Magen gibt, beginnt man auch hier **die allumfassende Bedeutung von Mikroorganismen** langsam zu begreifen.

6. Die Haut

Unsere Haut ist funktionell das vielseitigste Organ des menschlichen Organismus. Als Hüllorgan schützt sie das Innere vom Äußeren, besonders vor Umwelteinflüssen. Sie dient der Repräsentation, Kommunikation und Wahrung der *Homöostase* (inneres Gleichgewicht). Außerdem übernimmt die Haut wichtige Funktionen im Bereich des *Stoffwechsels* und der *Immunologie* und verfügt über vielfältige Anpassungsmechanismen. Sie ist ebenso ein wichtiges Atmungsorgan, wenn auch nur zu einem geringen Prozentsatz. Die menschliche Haut braucht ein stabiles Säure-Basen-Niveau und verträgt den pH-Wert von 5,5 am besten.

Die Haut schützt den Organismus vor Krankheitserregern und gasförmigen, flüssigen oder festen Fremdsubstanzen im weitesten Sinn. Sie schützt vor mechanischen Verletzungen, Strahlenschäden, aber auch vor Flüssigkeits-, Elektrolyt- und Proteinverlusten. Zusammensetzung und die vielfachen Funktionen unserer Haut sind sehr komplex.

Sie schützt uns zudem vor Wärmeverlust und Überhitzung, Austrocknung, UV -Strahlung und Druck, sie sorgt für Schweißbildung (Stoffwechsel und Wärmeregulierung), nimmt Berührungsreize als Sinnesorgan auf, bildet neue Hautzellen u.v.m. In erster Linie ist die Haut das wichtigste Ausscheidungsorgan, auch um Schlacken des Körpers zu absorbieren. Sie ist unser Stoffwechsel-Spiegel, denn Hautveränderungen sind oft auf problematische Reinigungsprozesse unseres Verdauungssystems zurückzuführen.

Alle Stoffe, die über unsere Haut aufgenommen werden, dringen bis zu 2000-mal stärker in den Körperkreislauf ein, als diejenigen, die wir essen. Was nützt es, sich gesund und naturbelassen zu ernähren, wenn man sich über die Haut große Mengen gesundheitsschädigende Substanzen zuführt, die unser Immunsystem beeinträchtigen können.

Ein Großteil der Funktionen wird von Mikroorganismen, den „Türstehern", durchgeführt oder unterstützt. Die Haut ist mit einem Biofilm, der sog. **residenten Hautflora,** von Billionen Bakterien und Pilzen überzogen, die ein ganzes Ökosystem wie einen Urwald mit feuchten und trockenen, warmen und kälteren sowie dunklen und hellen Gebieten regulieren. Hier bilden der Boden (Haut- und Funktionsschichten) und die Flora einen abhängigen ökologischen Kreislauf, dessen Gesundheit wie überall auf ein stabiles Gleichgewicht angewiesen ist.

Die Normal-Flora stabilisiert sich sehr gut bei einem pH-Wert um 5. Somit wird durch den „Säureschutzmantel" das Wachstum von nicht-pathogenen (aufbauenden) Bakterien stabilisiert und das von pathogenen (schädlichen) gehemmt. Je geschlossener der Film ist, umso schwieriger wird es für pathogene Keime „Fuß zu fassen".

Ein Teil des bakteriellen Systems wohnt hier seit unserer Geburt, andere Bakterienstämme haben sich individuell auf uns entwickelt. Ständig werden neue Bakterienarten auf unserer Haut entdeckt, wovon manche dauerhaft, andere nur zeitweise auftreten. Auch hier steht die Wissenschaft noch am Anfang.

Wie komplex das Ganze ist, zeigten Studien der Universität Colorado als man versuchte, einen Bakterienkatalog für die Haut zu erstellen. Auf 102 untersuchten Händen wurden mehr als 4200 verschieden Bakterienarten gezählt, tatsächlich waren nur 5 davon bei allen Probanden gleich.

Nicholas Moon von der Universität Arizona berichtet, dass sich auf einem gewöhnlichen Fahrstuhlknopf 40-mal mehr Bakterien befinden als auf einem öffentlichen Toilettensitz. Da die **Bakterienvielfalt grundsätzlich gesundheitsförderlich** ist, sollten wir uns deshalb keine Sorgen machen. Schließlich teilen wir auch ständig die unterschiedlichsten Bakterien in unserer Atemluft und wollen deshalb auch nicht aufhören zu atmen. Das entbindet uns allerdings nicht vom regelmäßigen Händewaschen, um „Angreifer" im Zaum zu halten.

Natürlich sind viele Hautekzeme und Hautkrankheiten auf eine defekte Hautflora zurückzuführen, wenn z. B. Säuren aus dem Körper die Haut verätzen. Die Flora wird schon durch unsere Kleidung beeinflusst, hier reagieren die Mikroorganismen unterschiedlich auf künstliche Gewebe, Gerb- und Farbstoffe sowie auf Waschmittelrückstände usw. Es wurde festgestellt, dass bei ein und derselben Person selbst unbekleidete Hautstellen ein anderes mikrobiologisches Milieu vorweisen als bekleidete. Unsere Haut reagiert auch auf das Milieu unseres Umfeldes wie die Raumluft, die Bettwäsche usw. Frische Luft scheint unseren Hautmikroben demnach sehr gut zu tun, zu viel UV-Licht auf einmal mögen sie andererseits nicht.

Niemand weiß, wie viele Hauterkrankungen auf bakterielle Veränderungen zurückzuführen sind, doch es werden immer mehr nachgewiesen.

Entwicklung von Umweltschäden und Zivilisationskrankheiten

um 1950

2 Mio. Jahre menschliche Evolution

Frühkulturen 10.000 v.Chr.

um 1500

um 1

Wo immer wir bakterientötende Mittel einsetzen, wie z. B. bei antibakterieller Flüssigseife, zerstören wir das von Geburt an gewachsene Miteinander der Mikroben. Synthetische und chemische Reiniger, Duftstoffe, wie bei div. Parfüms, Kosmetikcremes und Deos, tragen ebenfalls zur Störung der Hautflora bei.

Hartnäckige Fußpilze und Schweißgerüche bekämpfen wir mit silberionengetränkten Sportsocken auf antimikrobiellen Einlegesohlen oder gar in bakterientötenden Schuhen und mit keimtötenden Sprays. Wen wundert´s, wenn jemand einmal damit angefangen hat, kaum mehr eine ausgeglichene gesunde Fußhygiene erleben kann. Alles was uns auf natürlichem Weg helfen kann, töten wir ab - und dies gilt für alle Körperregionen.

Doch nicht nur äußerlich reagiert unsere Haut, sondern auch auf Inhalts- und Giftstoffe in unserer Ernährung und auf den Wasserhaushalt, bei dem wir wiederum zum „Ende“ am Darm angelangt wären.

Zusammenfassung

- **Es gibt in der Natur, also auch bei uns Menschen keinen Lebensraum, der nicht bakteriell besiedelt ist. Über die Gesundheit entscheidet sich ein intaktes Milieu**
- **Mikroorganismen kommunizieren untereinander und bilden ein fast allumfassendes Organ**
- **Sie besiedeln uns bei der Geburt, entwickeln und kultivieren sich im Laufe unseres Lebens individuell und speziell für uns**
- **Sie reagieren auf unsere seelischen und geistigen Prozesse sowie deren Verfassung**
- **Jede Gestaltung unserer Lebensweise, Umfeld, Nahrung, Kleidung, Körperpflege, Körperaktivitäten sowie auch der Umgang mit anderen, beeinflusst unsere persönliche Bakterien-Flora**
- **Indem wir unsere Mikroorganismen pflegen und fördern, tun wir nicht nur etwas Gutes für unsere Gesundheit, wir geben sie auch als „Positive“ an unsere Mitwelt ab**

7. Säuren und Basen

Unser Säure-Basen-Gleichgewicht ist Voraussetzung für alle anderen Funktionen. Es ist die Basis sämtlicher Lebensvorgänge im kompletten Organismus und die Grundvoraussetzung, um gesund zu bleiben oder im Krankheitsfall wieder gesund werden zu können.

Das Säure-Basen-Konzept nach *Svante Arrhenius* wurde 1887 aufgestellt und basiert auf die *Ionentheorie*, der experimentell bestimmbaren **elektrolytischen Leitfähigkeit von wässrigen Lösungen** die Salze, Säuren oder Basen enthalten. Neben den Salzen, die als *echte Elektrolyte* bezeichnet werden, sind Säuren *potentielle Elektrolyte*, da sie als Reinstoffe nicht den Strom leiten. Sie unterliegen jedoch einer elektrolytischen Dissoziation im Wasser. Die Leitfähigkeit basiert auf der Bildung von freibeweglichen, positiv geladenen Teilchen, den *Kationen* und negativ geladenen Teilchen, den *Anionen*.

Basen sind Verbindungen, die in Wasser zu *Hydroxidionen (OH^--Ionen)* und zu *Kationen+* dissoziieren.

Einfach ausgedrückt, geht es hier um chemische Vorgänge im Körper beim Binden oder Lösen von Salzen, man spricht in diesem Zusammenhang auch vom pH-Wert.

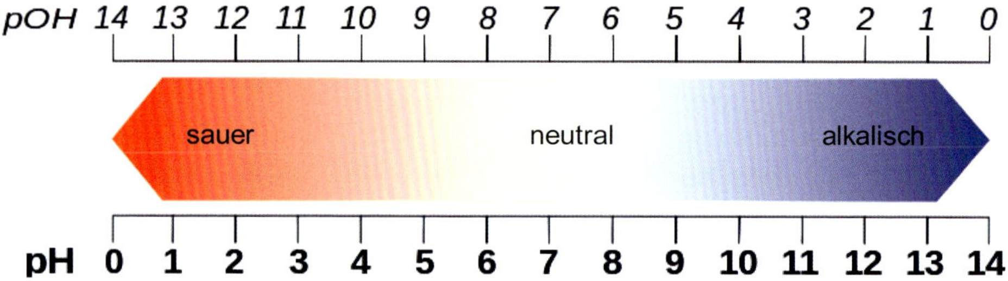

Der Organismus versucht ständig, eine Balance zwischen Säuren und Basen im Blut, im Bindegewebe, in Zellen zu halten. Dabei sollte der Säureanteil nicht mehr als 20%, der Basenanteil 80% betragen. Verändert sich diese Balance zu Ungunsten der Basen (zu kleiner Basenanteil), dann spricht man von einer Übersäuerung bzw. einer Azidose. Hierbei kommt es zu extrazellulären und intrazellulären Übersäuerungen. Bei der intrazellulären Übersäuerung kommt es zu einem Spannungswechsel der Zellflüssigkeit, d.h. gesunde Zellen haben eine leicht negative Spannung von ca. 60 mV, übersäuerte Zellen dagegen eine positive Spannung von mehr als 60 mV.

Nervenenden reagieren nur auf höhere positive Spannungen, dadurch kommt es zu Schmerzempfinden - eine Übersäuerung wird „spürbar“.

Sind die Zellen übersäuert, so kommt es zu keinem Austausch von Stoffen mehr, d.h. der Stoffwechsel wird stark reduziert oder ganz eingestellt. Folge sind Mangelerscheinungen, die sich mit unterschiedlichsten Erkrankungen auswirken können. Mangel an Mineralstoffen, Vitaminen und Spurenelemente führen zum Ausfall ganzer Regionen und zu Entzündungen, die zu weiteren, weitaus schlimmere Erkrankungen führen können. Fast 95% aller Erkrankungen sind auf eine intrazelluläre Übersäuerung zurückzuführen.

Bislang wurde der Übersäuerung eine falsche oder unausgewogene Ernährung zugrunde gelegt, da man über den Magen-Darm-Trakt nicht hinausgedacht hat. Tatsächlich ist unsere Ernährung nicht grundlegend falsch, eher die Ernährungsweise. Wir nehmen zu viel von den säuernden Produkten, wie z. B. Zucker, Milcheiweiße, tierische Fette und Genussmittel (Alkohol, Nikotin, Süßigkeiten) zu uns. Allerdings ist dies nur ein kleiner Teil der Ursachen für die Übersäuerung.

Der Einfluss von Umweltgiften und unser eigenes Umfeld (Arbeitssituation, Familie, Stress, Ärger) ist viel größer, als bislang angenommen. Elektrosmog, Strahlenbeeinflussung und Verkehrssmog tragen ebenso bei, wenn wir **„unter Strom stehen"**, wie eine ständige Einnahme von Medikamenten. Freie Radikale zerstören die Immunabwehr des Körpers und führen zu Übersäuerung.

Aufgrund der Ionisierung von immer mehr an Wasserstoff gebundenen Molekülen werden immer mehr *H-Ionen* freigesetzt, die durch die Kanäle in das Zellinnere gelangen und dort eine Übersäuerung verursachen.

Das Dilemma dabei ist, dass kranke, übersäuerte Zellen ebenfalls positiv geladen sind und somit die wertvollen Stoffe abstoßen, die so dringend benötigt werden. Diese werden dann nicht ausgeschieden, sondern abgelagert und können selbst wiederum zu speziellen Krankheitsbildern wie z. B. Steinen u. ä. führen. Deshalb ist der Glaube, mit basischen Wickeln oder Bädern eine Zell-Entsäuerung herbeiführen zu können fragwürdig, denn **die Haut ist ein Ausscheidungsorgan und kein Verdauungsorgan!**

Der erste Schritt zur Stabilität ist, durch eine pH-Verschiebung innerhalb der Zelle eine Umkehr der Ladung zu erreichen. Dies gelingt durch eine Versorgung der Zellen mit negativ geladenen *Hydroxidionen* (OH^-), die sich in der Zelle mit den H^+-*Ionen* zu neutralem Wasser verbinden. Durch diesen Ladungstausch wird die positive Spannung der Zelle umgekehrt. Die positiv geladenen Mineralstoffionen können wieder in die Zelle gelangen und zur Aufrechterhaltung des Stoffwechsels dienen. Gleichzeitig werden Schlacken gelöst und abtransportiert. Hier können erfolgreich Nahrungsergänzungen eingesetzt werden. Neutralisierte Zellen nehmen wieder am „Stoffwechselprogramm" des Körpers teil und tragen zur Verstärkung der Immunabwehr bei. Schmerzen verschwinden ebenso wie Entzündungen. Zellen erreichen wieder den Status, den sie vor Beginn der Übersäuerung hatten.

Fermentierte Topinambur und Bitterkräuter wirken basisch, bauen Übersäuerungen ab, stabilisieren das Immunsystem, unterstützen das Abfangen freier Radikale und helfen den Blutzucker zu stabilisieren.

Alles andere als Quacksalberei

Schon als Sportstudentin interessierte sich **Heike Plail,** angesichts der Auseinandersetzung mit Handycaps und Beschwerden des Bewegungsapparates, für alternative Heilmethoden. Da ihr paralleles Germanistikstudium nicht so war wie sie sich es vorgestellt hatte, entschied sie sich für die Ausbildung auf einer Münchner Heilpraktiker-Schule.

Die ersten praktischen Erfahrungen sammelte sie in einer bekannten Nürnberger Heilpraktiker-Praxis, in der u. a. auch prominente Fußballer betreut wurden. Ihr Gesundheitsbewusstsein sowie die ersten Erfahrungen brachte sie mit in ihre Ehe und waren Grundlage, dass die 4 gemeinsamen Kinder (17–28 Jh.) gesund erwachsen wurden.

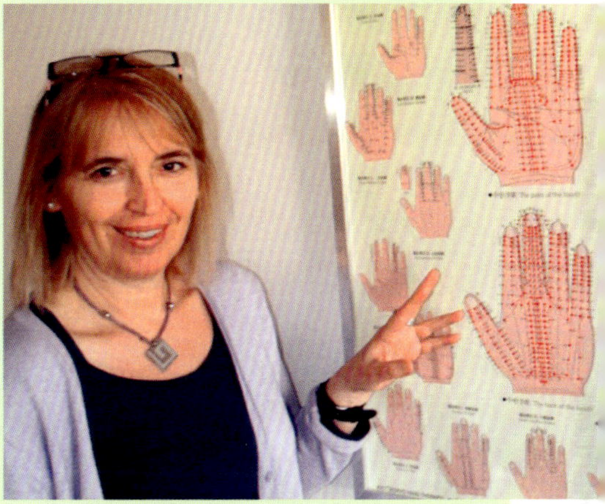

Seit 16 Jahren praktiziert sie nun selbstständig als **Heilpraktikerin in Nabburg/ OPf.** Nach Weiterbildungen in **Hypnosetherapie und Koreanischer Hand-Akupunktur** nahm sie in Vereinbarung mit Haushalt und Kindererziehung Patienten zunächst nur sukzessive an. Ausschließlich mit Empfehlungen und Mundpropaganda vergrößerte sich ihr Patientenkreis und bis heute lässt sich Frau Plail nicht unter Termindruck setzen. ***„Zeit für Hilfesuchende ist die Basis einer Therapie“***, so die Heilpraktikerin.

Die Patienten kommen aus dem gesamten süddeutschen Raum und lassen sich offensichtlich erfolgreich von Heike Plail behandeln.
„Die Handakupunktur wird u. a. erfolgreich bei Rücken-, Schulter– und Nackenschmerzen oder bei Gallenkoliken eingesetzt. Stoffwechsel- und Darmbeschwerden, Unverträglichkeiten und Allergien hängen zumeist mit der Ernährung und der Lebensweise zusammen“, weiß die „erwachsene“ und bodenständige Heilpraktikerin, deren Persönlichkeit man durchaus als „sympathisch-souverän“ bezeichnen kann. Ihre innere Überzeugung suggeriert alles andere als Quacksalberei.

„EM kannte ich bereits von meiner Gartenpflege, bevor ich Jürgen Amthor vor rund 4 Jahren bei einem Vortrag erlebte. Seine verständlichen und überzeugenden Aussagen bewogen mich, nach Eußenheim zu fahren. Seither bin ich dankbar, dass ich meinen Patienten ProTop-Produkte als

effektive Hilfe und zur wirksamen Unterstützung mancher Therapien anbieten kann. Es ist beinahe unglaublich, wie beispielsweise das ProTop-Mund- und Hautspray Zahnstein verhindert und Wunden oder Geschwüre verheilen lässt. Selbst beim Hund des Nachbarn, der sich lange mit einem offenen Geschwür quälte, weil nichts half, wirkte das Spray sofort.

Insbesondere über das ProTop-Antioxidans höre ich von meinen Patienten ausschließlich von positiver Wirkung. Das Antioxidans aus Eußenheim ist ein „Selbstläufer" bei Darmbeschwerden, Allergien usw. Selbst bei Säuglingen wirkt es, wenn auch verdünnt, wie ein „Allheilmittel" und sorgt für eine gesunde Darmentwicklung.

Einer Patientin mit chronischen Darmproblemen half es so gut, dass die danach ins Labor geschickte Darmanalyse, eine perfekte Darmflora aufwies. Ein Mann mit extremer Laktoseintoleranz konnte nicht einmal eine halbe Kugel Speiseeis zu sich nehmen. Nach einer ProTop-Kur in Verbindung mit Akupunktur genießt er nun ganze Eisbecher ohne Beschwerden. In erster Linie Menschen, die durch Antibiotika oder Chemotherapie geschwächt sind, stabilisieren dankbar ihr Immun- und Darmsystem. Selbst einer der hier ansässigen Ärzte empfiehlt mich deshalb manchen seiner Patienten weiter.

Zudem bin ich begeistert von der EM-Keramik, vor allem bei meiner Keramik-Zahnkrone. Sie fühlte sich sofort wie die eigenen Zähne an und nicht wie ein Fremdkörper.

Das Begreifen sowohl das Bewusstsein um probiotische Zusammenhänge und die daraus resultierenden Erfolge überzeugen ganz ohne abgehobenes Wunderdenken. Das verbindet mich mit Jürgen Amthor, woraus sich eine wunderbare Synergie ergeben hat."

Frau Plail hat außerdem eine **Methode zur Fermentierung von Vitalsalz mit sEM** entwickelt, welches durch ein besonderes Trocknungsverfahren hergestellt wird. Es entsteht ein **Schwingungsmuster**, das vom menschlichen Körper sehr gut aufgenommen wird. Der Körper wird so an seinen natürlichen, gesunden Schwingungszustand erinnert, was ihm die Möglichkeit gibt, sich selbst zu regulieren.

Heilpraktikerin Heike Plail
Hirtenleite 15
92507 Nabburg/ Diendorf
09433 / 6972

8. Körperpflege, Hygiene

Wie schon erwähnt, ist die Haut unser größtes Ausscheidungsorgan und erzeugt deshalb Schweißgeruch. Zudem ist sie unsere Schutzhülle gegen alle Umwelteinflüsse.

Wir stimulieren und stabilisieren den mikrobiologischen Film auf unserer Haut vorwiegend durch unsere Ernährung.

Im Vergleich zur Evolutionsgeschichte der Erde sind wir Menschen gerade mal einige Sekunden auf dieser Welt, geschätzte 2 Mio. Jahre. Aus diesem Zeitraum sind uns Hilfsmittel der Körperhygiene, sprich Seifen, maximal 7000 Jahre bekannt, also erst seit „neulich". Von Sumerern und auch Germanen weiß man, dass sie mit Asche vermischte Öle und Fette benutzten, zumindest die Wohlhabenden. Aus Indien und dem alten Ägypten kennt man die Vorstufe des Parfüms, als Weihrauch und Duftöl.

Während den ersten 98% der menschlichen Evolutionsgeschichte kannten wir außer Wasser keine Körperhygiene, allerdings auch keine Umweltgifte.

Araber begannen erstmals im 7. Jh. Öl und Lauge miteinander zu verkochen und schufen somit die Seife in ihrer heute bekannten Form. Rasch breitete sich dieses Wissen über Europa aus. Frankreich und Spanien gehörten später zu den Zentren der Seifenherstellung weltweit.

Zur Herstellung werden Fette mit einer Lauge (wie Natronlauge oder Kalilauge, früher auch Pottasche oder Soda) gekocht. Man nennt dieses Verfahren *Seifensieden*, die chemische Reaktion: Verseifung. Die Fette werden dabei in Glycerin und in Alkalisalze der Fettsäuren (die eigentlichen Seifen) zerlegt. Die Herstellung erfolgte früher in offenen Kesseln.

Heute werden Seifen bei großtechnischer Herstellung in geschlossenen Anlagen in kontinuierlichem Betrieb gewonnen. Längst werden künstliche, chemische und auch synthetische Stoffe den Körperhygieneprodukten beigefügt.

So finden sich in modernen Seifen, Duschgels, Shampoos, Deos oder Cremes Stoffe wie: *Diethanolamine (DEA), Sodium Lauryl Sulfate (SLS), Sodium Laureth Sulfate (SLES), Talg (Tierfett), Diethylphthalat , LAS-Tenside , Oxybenzon , Propylenglykol, , Propylenglykol, Benzophenone, Mineralöl, Petrolatum, Lanolin, Glycerin, künstliches Parfüm, Hexamethyl-Zusammensetzungen* wie die Nervengifte *Acetyl, Hexamethyl, Dimethyl, Aspartic, Acid, Formaldehyd (bes. in Nagellacken),* ***Aluminium****, Butane* und *Propane*. All diese Stoffe sind gesundheitlich bedenklich, einige hochgiftig und andere nachweislich krebserregend.

Wenn sich auch Mikroorganismen schnell anpassen können, so ist es unserem Gesamtorganismus nicht möglich, in so kurzer Zeit mit all diesen künstlichen Stoffen fertig zu werden. Das Gleiche gilt im Übrigen für unsere moderne Ernährung und all unserer Umweltgifte. Hier sind wir wieder bei den

Zivilisationskrankheiten angekommen.
Zu allem Übel sind viele Hygienemittel auch noch desinfizierend, also keimtötend. So wird das natürliche Immunsystem der Mikroorganismen, das uns bei der Aufarbeitung und Ausscheidung von Giften unterstützen soll, auch noch geschädigt.

Natürlich sind wir froh, dass wir heute nicht mehr „stinken wie die Wandalen", doch anstatt unseren Fortschritt probiotisch zu entwickeln, trieben wir ihn bisher antibiotisch (gegen das Leben) voran, was abstrahiert ausgedrückt absolut mörderisch ist.

„Du solltest deiner Haut nichts anderes zur Nahrung geben, als das, was du auch mit dem Mund zu dir nehmen würdest!"
Hippokrates

Nicht anders, nur mit noch schlimmeren Giften, verhält es sich bei Reinigungs-, Putz- und Waschmitteln, mit denen wir nicht nur unser persönliches Umfeld belasten, sondern die gesamte Umwelt. Seife (Tensid) war z. B. bis etwa zur Mitte des 20. Jh. das wichtigste Waschmittel. Dieses vor allem auf nachwachsenden Rohstoffen basierende *oleochemische* Produkt wurde zunehmend von ***petrochemisch*** hergestellten Tensiden verdrängt. Mit solch „sauber geputzten" Wohnräumen beispielsweise schaffen wir abermals ein Ungleichgewicht des mikrobiologischen Raum- und Atemluft-Milieus. Insbesondere unsere Haut reagiert darauf sensibel.

Jährlich werden in deutschen Haushalten 1,3 Mio. Tonnen Wasch- und Reinigungsmittel (~16 kg pro Einwohner) verbraucht und so in die Umwelt gebracht - Tendenz steigend. Wohlgemerkt, nur in Deutschland und in lediglich 1 Jahr, dabei sind die scharfen Reinigungsmittel, Säuren und Laugen von Gewerbe und Industrie noch gar nicht berücksichtigt. Alleine diese Umweltbelastung spricht für sich.
Wenn auch aufbauende Mikroorganismen in der Lage sind, Gifte zu neutralisieren, zu zersetzen oder umzuwandeln, so schaffen sie das nur schrittweise und nur in einem ausgeglichenen Milieu. So werden heute beispielsweise aufbauende Mikroorganismen vermehrt auf Müllkippen, zur Bodenregeneration oder Wasserbelebung eingesetzt.
Auch probiotische Mittel für Körperhygiene und Haut erfreuen sich steigender Nachfrage, da auch Schulmediziner mittlerweile gesunde natürliche Art und Stoffe der Körperhygiene sowie das hygienische Umfeld immer mehr berücksichtigen. Es liegt auf der Hand, dass Zivilisationskrankheiten vom leichtfertigen Umgang mit chemischen, synthetischen und

antibiotischen Stoffen herrühren. Am deutlichsten erkennen wir das an Hautproblemen und Allergien.
Unser von der Industrie suggerierter Hygienewahn ließ und lässt uns noch immer auf fatale Weise in den natürlichen Kreislauf des positiven mikrobiologischen Lebens zerstörerisch einwirken.
Körperhygiene-, Wasch-, Putz-, und Reinigungsmittel mit künstlichen Inhaltsstoffen, die wir der Natur nie zumuten dürften, sowie Desinfektionsmittel und künstlich erzeugtes Antibiotika sind die wahren Killer und nicht unsere Mikroben.
Ca. 60 000 Wasch- und Reinigungsmittel von rund 4500 Firmen sind auf dem deutschen Markt erhältlich. Seit 1990 sind über 10 000 direkte Vergiftungsfälle im Zusammenhang mit Reinigungsmitteln bekannt. 2009 waren ca. 18 000 antibakterielle Biozid-Produkte gemeldet und 2010 waren 2789 verschiedene Antibiotika in Deutschland nur für den Menschen zugelassen, woraus 8000 antibiotische Substanzen bekannt sind. Antibiotika für Tiere, die wir ebenfalls in Umlauf bringen, dürften diese Zahlen nochmals mehr als verdoppeln.
Eine weitere Belastung für unser ganzes System ist Plastik in allen Formen. Die meisten synthetischen Kunststoffe bestehen aus Erdöl als Ausgangsstoff. Um dieses Material mit den gewünschten Eigenschaften zu versehen, werden diverse Zusatzstoffe wie Weichmacher, Stabilisatoren, Flammschutzmittel oder Füllstoffe beigemischt. Diese Stoffe sind im Plastik meist nicht fest gebunden und können mit der Zeit an die Umwelt abgegeben werden (*flüchtige Stoffe*, Gase). Sie gelangen dann in Lebensmittel, den Hausstaub, die Atemluft und werden auch über die Haut vom menschlichen Körper aufgenommen. Die meisten dieser Zusatzstoffe sind extrem gesundheitsschädlich.

Obwohl wir unser Heim, unsere Wäsche sowie uns selbst möglichst sauber halten wollen, sollten wir dennoch „Keime nicht im Keim ersticken", sondern für ein ausgeglichenes mikrobiologisches Milieu sorgen. Wo aufbauende Mikroorganismen eingesetzt werden, besiedeln sie auf gesunde Weise alle Flächen und lassen somit keine anderen Keime zu. Durch ihre sauerstofferzeugende und antioxidativ wirkende Kraft helfen sie auf fast allen Ebenen eine aufbauende und umweltfreundliche Atmosphäre auf unserer Haut, in unserer Wohnumgebung sowie in unserer Umwelt zu erzeugen.

9. Lebenselixier Wasser

Das Lebensmittel Nr. 1 ist Wasser. Es ist die Grundlage und Verbindung allen Lebens auf der Erde. Es durchdringt alle biologischen Körper sowie unsere Atemluft, egal ob in Form von Süß– und Salzwasser, als Grundwasser, Dunst oder als Wolke ist es das Wasser des Lebens oder bedeutet Leben selbst.
Der moderne Begriff Trinkwasseraufbereitung war noch von wenigen hundert Jahren unbekannt, genauso wie der Begriff Trinkwasser. Warum diese Begriffe heute unabdingbar sind, braucht man dank unserer modernen „Zivilisation" wohl nicht mehr zu widerholen. Der Leitsatz der deutschen Trinkwasserverordnung DIN 2000 kann allerdings nicht oft genug wiederholt werden:

„Trinkwasser ist durch nichts zu ersetzen".

Im Durchschnitt benötigt jeder Erwachsene 2 l Trinkwasser täglich um zu überleben und 3 l um seine Gesundheit zu stabilisieren (Pro-Kopf-Verbrauch in Deutschland z. Z. 122 l, in vielen Ländern über 220 l). Zu wenig Wasser bedeutet zunächst Dehydration von Organismus und Haut, also beschleunigte Alterung. Umgewandeltes Wasser in diversen Säften und Getränken zählen je nach Inhaltsstoffen individuell und manchmal auch nur bedingt zum menschlichen Wasserbedarf.
Die lebenswichtigen Aufgaben des Wassers im Körper bestehen in der Hauptsache aus dem Versorgen der Zellen mit Flüssigkeit, der Auflösung und dem Transport von Nährstoffen, dem Lösen und Abtransportieren von Schlacken, der Wärmeregulierung, der Vermittlungsfunktion sowie der Übertragungsfunktion von z. B. Botenstoffen. Trinkwasser sollte eine Mindestkonzentration an Mineralstoffen enthalten. Die am häufigsten im Trinkwasser gelösten Mineralstoffe sind die Kationen Calcium (Ca^{2+}), Magnesium (Mg^{2+}) und Natrium (Na^{+}) und die Anionen Carbonat (CO_3^{2-}), Hydrogencarbonat (HCO_3^{-}), Chlorid (Cl^{-}) und Sulfat (SO_4^{2-}). Die Summe der Konzentrationen von Calcium und Magnesium wird als Wasserhärte bezeichnet.
Wasser ist die beste Medizin für die Natur – aus der Natur. Viele Krankheiten bedeuten einen „Schrei" nach Wasser. Auch wenn wir in Deutschland die strengste Trinkwasserverordnung haben, finden sich doch Spuren von Blei oder Kupfer aus Rohrleitungen sowie Chlor, Kalk und viele unbekannte Spurenelemente aus der Petro-, Chemie- und Pharmaindustrie in unserem Trinkwasser, eben fast alles was wir in den biologischen Kreislauf bringen.
EM-Keramik sorgt dafür, dass Wasser seine energetische Wirkung verstärkt, die Wasserspannung (Härte) sinkt, sich Substanzen leichter binden und Gase schneller verflüchtigen. Das Milieu wird positiv verändert, es werden elektromagnetische Resonanzwellen erzeugt, die wiederum dafür sorgen, dass sich Wasserkluster verkleinern und die Oxidation verringert.

Wasser ist die wichtigste Grundlage unserer Ernährung und sollte weit mehr beachtet werden. Am besten trinkt man, unabhängig von anderen Getränken, täglich mindestens 2 l Wasser. Aufbereitet mit EM-Keramik beugt man so vielen Mangelerscheinungen vor, bleibt vital und nach Pfarrer Kneipp heilt es auch.

„Die Menschen sind wie das Wasser, manchmal glatt und freundlich, manchmal stürmisch und tückisch, aber in der Hauptsache nur Wasser."

Albert Einstein

Entwicklung der Krankheiten

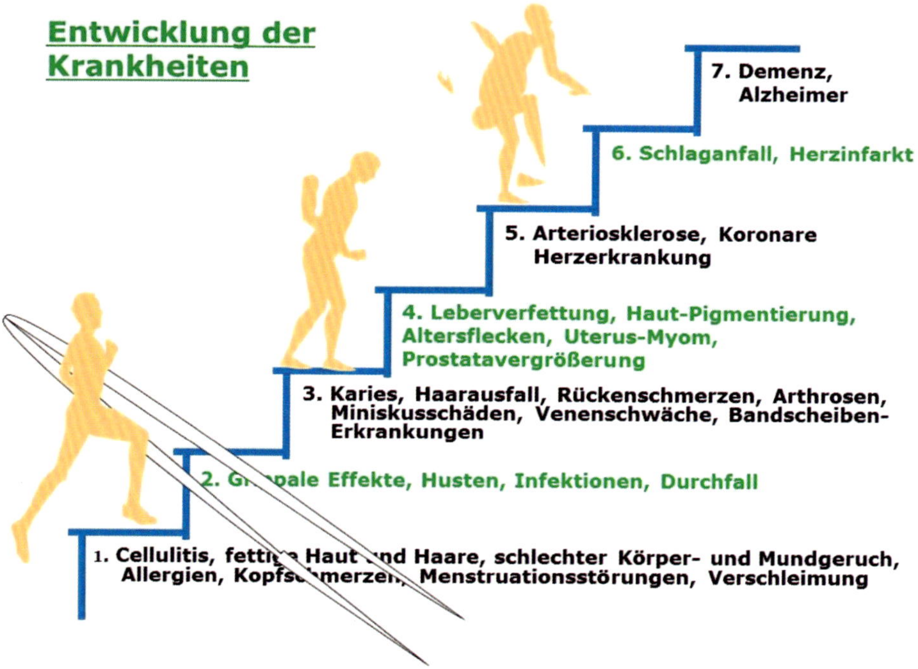

Wege zur Gesundheit

Die Grundpfeiler zur Gesundheit

10. Ernährung

Wie Wasser entnehmen wir auch unsere feste Nahrung aus dem Kreislauf Natur oder daraus, was wir aus ihr gemacht haben. „Die Ernährung" gibt es nicht, denn alle Essgewohnheiten, Verträglichkeiten und Esskulturen sind weltweit und individuell verschieden. Massenweise Kalorien und Fett können von einem Organismus verarbeitet werden, der sich körperlichen Höchstbelastungen aussetzt, wobei dies bei einem anderen zu Krankheit führen kann. Manche Völker essen so scharf, dass andere sich den Magen verbrennen würden. Die Auswahl mancher für uns exotischen „Spezialitäten" führen eher zu Brechreiz, als dass sie unseren Appetit anregen.
Darüber hinaus haben sich unterschiedliche Ernährungsformen entwickelt, oft aus kulturellen oder religiösen Überzeugungen: z. B. die bei uns bekannte Anthroposophie oder Ayurveda (Indien), Fünf Elemente (China), Harmonische Ernährung (Dr. Weise), Hay´sche Trennkost, Makrobiotik (Zen-Buddhismus), Rohkost (Konz, Burger usw.), Vegetarismus (Pythagoras), Vollwertkost (Kolath, Schnitzer, Bruker usw.) zeigten unterschiedliche Wirkungen, Krankheitsentwicklungen und Alterserscheinungen.

Mit zunehmendem, globalem Konsum allerdings, ändern sich mit den Essgewohnheiten auch Verträglichkeit bzw. Unverträglichkeit. So überwinden die Asiaten beispielsweise derzeit ihre frühere Laktose-Intoleranz, wobei Milchprodukte und Käse sowieso nicht zu unseren Urnahrungsmitteln gehören.
Die gesündeste Basis sind am Ende Nahrungsmittel, die schon seit zigtausend Jahren zur Verfügung stehen und solche woran sich unser Organismus und unsere Verdauung über die ganze Zeit der menschlichen Evolution gewöhnt hat. Das sind Körner, Nüsse, Obst, Beeren, Kräuter, div. Grünpflanzen, Wurzeln, Wildfleisch und auch Fisch - basta! Nach der längsten Ära des Jägers und Sammlers begann der Mensch „vor kurzem", mögen es höchstens 10 000 Jahre sein, mit Ackerbau und Viehzucht. Pflanzen wurden kultiviert und Tiere zur Mast ge- und verzogen. Schon damals haben wir uns von der „natürlichen" Ernährung verabschiedet. Doch auch die gesundheitsfördernde Wirkung durch Fermentation (Vergärung) in Met oder Kraut wurde innerhalb dieser Zeit schon entdeckt.
Immerhin hat es nochmals ~9900 Jahre gedauert, bis wir es fertig brachten, manche Nahrungsmittel mit künstlicher Beimischung „attraktiver", haltbarer bzw. schmackhafter zu machen und sie künstlich zu vergrößern oder zu vermehren. So brachten wir in den Kreislauf der Natur und unsere Ernährung Gifte ein, unter denen wir heute leiden. Offensichtlich werden wir neuerdings zwar immer älter, aber auch immer kränker.

Viele dieser Gifte, angefangen von der Luftverschmutzung über die Bodenbehandlung, Pflanzen und Nutztiere bis auf unseren Teller und in unseren Darm, bleiben konstant oder erhöhen sich im Laufe der weiteren Technisierung. Unser Organismus und unsere Verdauung sieht sich trotz Anpassungsfähigkeit einem Schock durch künstlich erzeugte Nahrung gegenüber. Dies macht sich durch den gleichzeitigen Anstieg vieler Krankheiten bemerkbar, die auf Ernährungs- und Verdauungsprobleme zurückzuführen sind.

Nichtsdestotrotz sollten wir darauf achten, zumindest mit dem verfügbaren Angebot, uns ausgewogen zu ernähren. Alles was wir zum Leben brauchen wird in unserem Darm körpergerecht aufgearbeitet. Hier werden die Vitamine, Mineralien, sekundäre Pflanzenstoffe, Spurenelemente, Amino- und Fettsäuren usw. extrahiert und dem Blut zugeführt.

Um all diese Stoffe über die Nahrung aufzunehmen, sollten wir an eine Grundregel denken: Wir benötigen pro Tag neben 2 l Wasser, 1 Hand voll Früchte wie Äpfel, Orangen, Bananen oder Pfirsiche, 2 Hände voll kleiner Beerenfrüchte, 1 Hand voll unzerkleinertes Gemüse wie Kohlrabi, 2 Hände voll zerkleinertes Gemüse wie Brokkoli oder Salat, 1 Hand voll getrocknete Hülsenfrüchte wie Bohnen oder Erbsen und 1 Hand voll Nüsse sowie 5 Stück Trockenfrüchte.

Die regelmäßige Aufnahme fermentierter Produkte mit ausgewählten Mikrobenstämmen führt zu einer signifikanten Zunahme physiologischer Darmkeime im Stuhl sowie zu einer Verringerung pathogener Keime. So wird die Verwertung und Wirkung wertvoller Stoffe aus der Nahrung gefördert bzw. verstärkt und viele Schadstoffe abgebaut, neutralisiert oder eliminiert.

Fleisch, Milchprodukte, Zucker, Mehlspeisen, Alkohol, Zigaretten, Medikamente, Stress und Umweltgifte führen zur Übersäuerung des Gewebes, deshalb sollte man hier den Konsum zumindest bewusster einschränken. Zur Neutralisation benötigt der Körper pflanzliche Mineralstoffe. Sind nicht genügend pflanzliche Mineralien vorhanden, holt der Körper sie aus den Knochen, den Zähnen, den Haaren und dem Bindegewebe, um Säuren zu neutralisieren. So entstehen die nach außen bekannte Mangelerscheinungen. Auch die Ergiebigkeit gekochter oder verkochter Nahrungsmittel ist mangelhaft, weshalb so viel wie möglich roh oder angedünstet verzehrt werden sollte.

Wir geben hier keine Ernährungsratschläge, sondern orientieren uns an allgemeinen neuen Erkenntnissen der Nahrungsmittelkunde. Wir spezifizieren unsere Produkte für diesen Bedarf, insbesondere für eine stabile Darmflora und somit für die richtige und effektive Verwertung der Nahrung im Darm.

Vitalität aus der Oberpfalz

Im oberpfälzischen Pfreimd haben Ingrid Elsner-Hoyer und Ehemann Rüdiger eine Oase für gesunde Lebensweise geschaffen. Vor rund 10 Jahren hat sich die Industriekauffrau entschlossen, ihre Karriere in Handel und Vertrieb zu Gunsten der Weiterentwicklung des ortsansässigen Bioladens in einen modernen, aber sehr individuellen Biomarkt mit Wohlfühlatmosphäre einzutauschen.

Ehemann Rüdiger unterstützte dieses zukunftsorientierte Vorhaben als Dipl.-Volkswirt von Anfang an und übernimmt heute im „BIOLINO" neben dem kaufmännischen Bereich, vor allem Aufgaben in der Sortimentsentwicklung, im Einkauf und der Disposition.

Nicht zuletzt Dank des professionellen Engagements der Hoyers hat sich das BIOLINO mittlerweile zu einer überregional angesehenen Einkaufsadresse entwickelt.

Das BIOLINO liegt sehr verkehrsgünstig am Autobahnkreuz Oberpfälzer Wald. Die Kunden kommen vorwiegend aus einem Umkreis von ~50 km, aber auch aus dem Raum Regensburg, Nürnberg und sogar München. Frau Elsner-Hoyer bietet darüber hinaus den überregionalen Kunden auch kostenlose telefonische Beratung.

„Anstelle eines Online-Shops bevorzugen unsere Kunden die individuelle und persönlichere Bestellform."

Das BIOLINO wurde besonders durch die hervorragende Beratung der Inhaberin in Fragen der Gesundheit, Ernährung und positiver Lebensweise zur bekannten Anlaufstelle für gesundheits- und ernährungsbewusste Menschen. Für ihre vorbildliche und vor allem fachlich kompetente Beratung wurde das BIOLINO bereits mit einer Bronzemedaille und 2014 sogar mit einer Goldmedaille vom Bio-Verlag Schrot&Korn ausgezeichnet.

"Nach 30 Jahren bewusster Ernährung, intensivem Literaturstudium und regen Erfahrungsaustausch mit meinen Kunden, weiß ich, bescheiden ausgedrückt, ganz gut Bescheid. Einfache und anschauliche Erklärungen helfen mir, dem Kunden Zusammenhänge zu erklären. Nur wenn die Menschen die gesundheitlichen, ernährungsbedingten und emotionalen Zusammenhänge verstehen, lassen sie sich für einen bewussten, ganzheitlichen Richtungswechsel motivieren. Zu unseren dankbaren Kunden zählen vor allem ernährungs- und qualitätsbewusste Menschen, für die Entspannung Essen

mit Genuss bedeutet, verantwortungsbewusste Mütter, junge Familien, Idealisten jeden Alters, aber auch viele Menschen mit gesundheitlichen Anliegen. Im Rahmen des bayerischen Schulfruchtprogramms beliefern wir auch zahlreiche Schulen und Kindergärten mit frischem Obst und Gemüse sowie Milchprodukten in Bioland- oder Demeter-Qualität".

Das BIOLINO bietet ein Vollsortiment biologisch zertifizierter, regionaler und mediterraner Lebensmittel *(selbstverständlich auch für Veganer und Vegetarier)*, umweltfreundliche Öko-Reinigungsmittel, zertifizierte Naturkosmetik, Nahrungsergänzungsmittel und natürlich alles rund um das Thema effektive Mikroorganismen – von der Literatur über sEM, Bokashi, Keramik, probiotischen Reinigungsmitteln bis hin zu ProTop-Produkten.

„Vor allem die kleinen ‚Mikros' sind zu einer Besonderheit unseres Hauses geworden, mit denen wir uns spätestens seit Gründung des BIOLINO beschäftigen. Effektive Mikroorganismen für den Garten und die Landwirtschaft hatte nämlich bereits meine Vorgängerin in ihrem Sortiment. Es war von Anfang an eine Selbstverständlichkeit, diesen und auch die für andere Anwendungsbereiche verfügbaren sEM-Produkten einen besonderen Stellenwert im Biolino einzuräumen. Wir erinnern uns gerne an die zahlreichen sehr kompetenten, informativen aber auch unterhaltsamen Vorträge von Herrn Jürgen Amthor aus Eußenheim, der von Anfang an einen großen Beitrag zum steigenden Interesse an Mikroorganismen in unserer Region leistete.

Wer die Ganzheit seiner Ernährungs- und Lebensweise in Zusammenhang mit den allgegenwärtigen Umweltbelastungen und Herausforderungen verstanden und das Glück hatte, mit den wichtigen revitalisierenden Eigenschaften der sEM Erfahrungen zu machen, der putzt, wäscht, nährt und pflegt sich letztendlich auch mit ihrer Hilfe gesund. Diese positiven Eigenschaften der ProTop-Produkte schätzen mittlerweile auch viele Heilpraktiker in unserer Region. Sie empfehlen ihren Patienten bei Unverträglichkeiten, Immunschwächen oder Darmsanierungen ProTop und schicken sie meist zu uns."

Mo - Fr: 9:00 - 18:30 Uhr durchgehend; Sa: 9:00 - 12:30 Uhr

Bio MARKT Biolino

Ingrid Elsner-Hoyer

www.biolino24.de
Landgraf-Johann-Str. 6 92536 Pfreimd
info@biolino24.de Tel. 09606-8305

11. Wir werden statistisch und „künstlich“ immer älter

Die Aussage, dass wir immer älter werden, bezieht sich auf den statistisch erfassten demografischen Wandel und einem Altersdurschnitt von 44,9 Jahren (2011). Somit zählt Deutschland zu den Ländern mit der ältesten Bevölkerung auf der Welt. Das heißt nicht automatisch, dass der einzelne Mensch älter wird, sondern das es immer mehr über 50-jährige im Vergleich zu immer weniger 20-jährigen gibt.

Zum Einen liegt dies daran, dass wir in den letzten Jahrzehnten in Deutschland, im Gegensatz zur ersten Hälfte des 20. Jh. nicht durch Kriege dezimiert wurden. Diesen fielen vorwiegend Erwachsene zum Opfer, also begannen wir 1945 als relativ „junge“ Bevölkerung von Neuem.

Zum Anderen wurde schon ab den 60ern (Pillenknick) die Alters-Statistik durch einen ~**50%igen Rückgang von Geburten** während der letzten 50 Jahre erheblich erhöht. Eine hier nicht zu unterschätzende Auffälligkeit ist auch eine aktuell zunehmende Zeugungsunfähigkeit bzw. Unfruchtbarkeit durch Umwelteinflüsse. 6 Mio. Männer und Frauen in Deutschland zwischen 25 und 59 Jahren sind ungewollt kinderlos, das ist ca. 1/6 dieser Altersgruppe. Das entspricht bei einem Bundesdurschnitt von derzeit rund 1,4 Kindern pro Frau 4,2 Mio. Geburten in ca. 30 Jahren, was die Geburtenrate pro Jahr um 20% erhöhen würde.

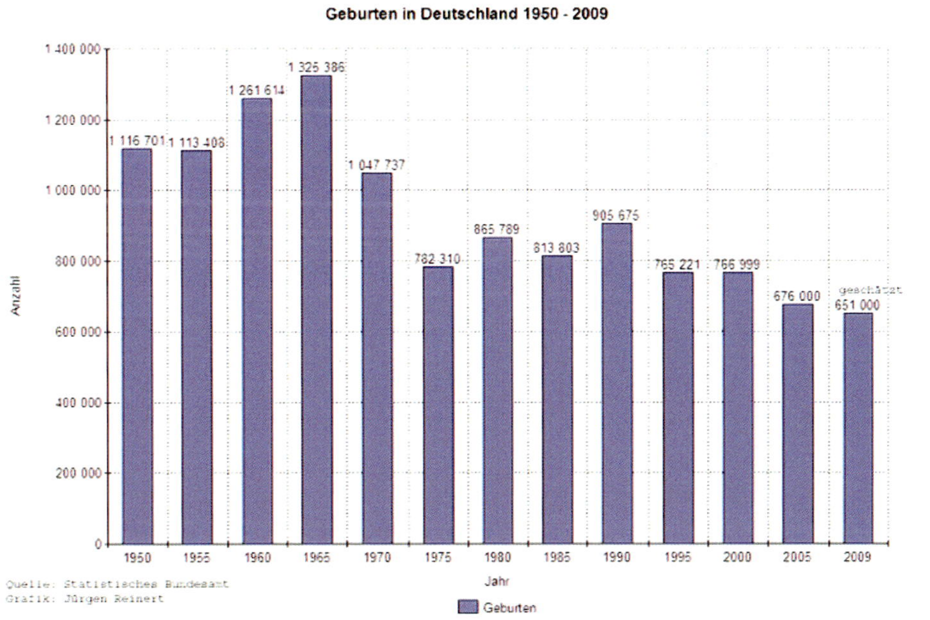

Mit dem technischen und medizinischen Fortschritt und somit einer verbesserten Krankheitsanalyse sowie verbesserter medikamentöser, analytischer und technischer Behandlungsmethoden wurde zudem die Lebenserwartung älterer Menschen verlängert. Das moderne Versorgungsnetz und die Hygiene-Standards spielen dabei eine Rolle, aber auch der Wegfall ehemals schwerer körperlicher Arbeit und einseitiger Ernährung. Hier wird auffällig, wie uns eine Statistik aus der Schweiz zeigt, dass es kaum natürliche Todesursachen mehr gibt. Altersschwäche beispielsweise zeigt sich dank moderner medizinischer Analyse heute als Herz-, Nieren- oder Kreislaufversagen aufgrund eines schwachen Organismus, also statistisch als Krankheitsfall.

Nicht zu vergessen ist die häufige und umstrittene Vergreisung in Heimen oder das glücklose Dahinvegetieren von sog. „Austherapierten" unter permanentem Medikamenteneinfluss sowie die vieldiskutierten, menschenunwürdigen, lebensverlängernden Maßnahmen bei Todkranken.

Wenn man alle diese Fakten aus wissenschaftlichen Erhebungen sowie aus den bundesamtlichen Statistiken zusammenfügt, ergibt sich ein völlig anderes Bild als nur „Älterwerden". Einerseits ist es eine wunderbare Vorstellung 100 Jahre alt zu werden und dabei gesund zu bleiben. Andererseits kann das Altwerden auch nicht enden wollendes Leid bedeuten. Im Hinblick auf die Alten- und Pflegeindustrie sowie deren Milliardenumsätze, die wie in vielen anderen Bereichen zu allerletzt bei Patienten, Ärzten und Pflegern ankommen, ist es fragwürdig ob es für die meisten von uns einen Segen bedeutet uralt zu werden.

Wieviel Menschen beenden ihr Leben durch Altersschwäche?

In der Schweiz wurde eine Untersuchung mit folgendem Ergebnis durchgeführt.

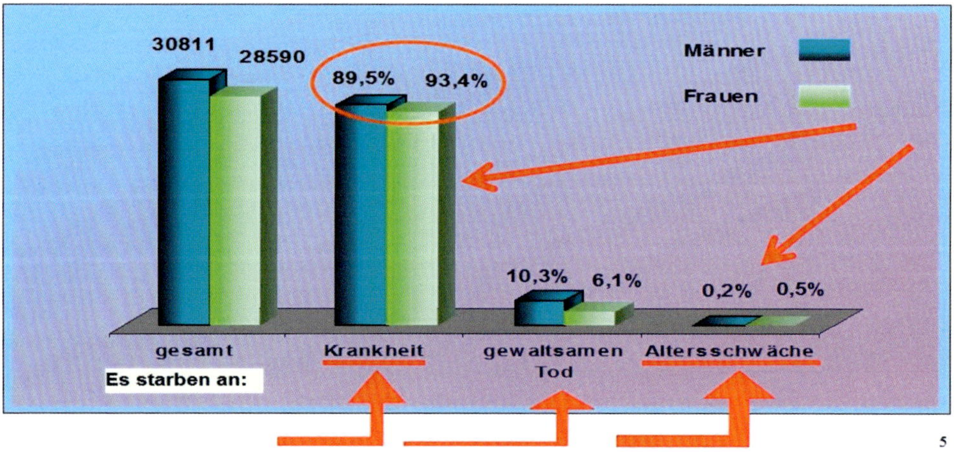

Mit der Altersstatistik ist auch ein signifikanter Anstieg der Zivilisationskrankheiten zu verzeichnen. So werden wir statistisch und „künstlich" älter.
Der Anstieg von psychischen Erkrankungen und Demenz nimmt ebenso vehement zu: Wir werden also nicht nur vermeintlich älter, sondern auch kränker und für die Pharmaindustrie profitabler.

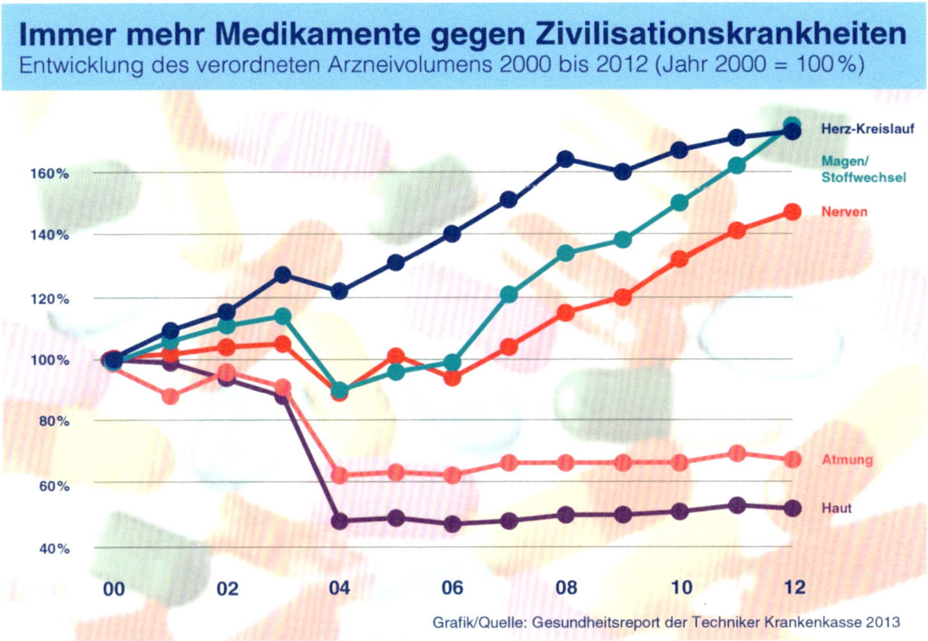

„Lieber gesund 80 als krank 100", ließ mich ein betagter Senior wissen, wobei die amerikanische Gesundheitsindustrie mit dem Slogan „the 70th are the new 50th" wirbt und uns suggeriert, dass wir 20 Jahre jünger und vitaler werden können. Das mag im Übrigen für einige Reiche unter uns bedingt zutreffen, was u. a. aus Statistiken nach sozialen Schichten hervorgeht.
Das Wichtigste an dieser ganzen Diskussion und Argumentation ist allerdings, dass jedem Einzelnen die individuelle Entscheidung selbst überlassen werden muss. Gott sei Dank gibt es heute eine lebensrettende Medizin und auch viel mehr Wissen um die Gesundheit. Doch künstliche, lebensverlängernde Maßnahmen sollten wir kritischer betrachten.
Jedes Menschenleben sollte ein natürliches Ende finden dürfen. Das künstlich verlängerte Leben von Todkranken entspricht jedenfalls nicht dem ganzheitlichen Denken.

Eine natürliche hohe Lebenserwartung bietet *(oder bot vor Fukushima)* beispielsweise das Leben auf der japanische Insel Okinawa, die aufgrund ihrer besonders langlebigen Bevölkerung **"Insel der Hundertjährigen"** genannt wird. Den Gründen für die hohe Lebenserwartung in Japan sind die Forscher auf der Spur. Ins Spiel gebracht werden unter anderem das Klima, der Lebensstil, geistige und körperliche Betätigung sowie Schlafgewohnheiten. Ziemlich sicher spielt aber die gesunde und häufig probiotische Ernährung mit eine große Rolle: Die japanische Küche gilt allgemein als fettarm und ausgewogen. Viel Gemüse, wenig Fett und Salz – diese Kombination ist sicher allen zu empfehlen, die lange fit bleiben wollen. Auch in Tibet, Sibirien, Bolivien, Bulgarien, auf Sardinien und in anderen naturbelassenen Regionen soll es auffällig viele 100-jährige geben. Oftmals werden hier als probiotischer Ernährungsbestandteil neben Fisch und Gemüse auch häufig **Ziegenkefir, Joghurt und andere Gärprodukte** erwähnt, also viel Produkte mit organischen Mikroorganismen. Mit Kräutern und überlieferten Naturheilmitteln geht man wie selbstverständlich um, wobei moderne Medikamente bei diesen Menschen eher unbekannt sind. In fast allen diesen Ländern und Gebieten hält sich die Industrie- und Umweltbelastung zudem noch weit unter unseren Werten. Das diese Menschen ein „probiotisches" Verhältnis mit der Natur pflegen, braucht man hier wohl nicht noch mal extra anzuführen. wk

Mikroorganismen für Umwelt und Natur

Spezifische, effektive Mikroorganismen können fast alles und doch sind sie kein vielgepriesenes Wundermittel. Man kann mit natürlichen Mikroben kaum solche Gewinne optimieren, wie mit im Labor erzeugten, künstlichen Spezialmitteln. Sie sind wie Gras, Wasser und Luft sowieso überall vorhanden. Den Menschen einzugestehen, dass man nicht viel braucht, um gesund zu leben, wäre für unser Konsum-Marketing kontraproduktiv.

Und dennoch: sEM können Boden und Ernten verbessern, Müll kompostieren, Wasser und Luft reinigen, Heilung erzeugen, Fußpilz kurieren, Gestank beseitigen und Fenster zum strahlen bringen. Die Kosten für organische sEM als Dünger, Reinigungsmittel und andere professionell kultivierte sEM-Produkte liegen in der Regel preislich unter den üblichen, künstlichen Marktprodukten. Dennoch sei hier Vorsicht bei verdünnten Produkten oder bei unprofessionell vermehrten Bakterien geboten.

Das Bewusstsein um den Kreislauf von gesundem Wachstum über die gesunde Ernährung sowie von der Ausscheidung über die Kompostierung wieder zum Wachstum ist die Voraussetzung für die Gesundheit von Mensch und Natur. Das ist im Sinne der natürlichen Biologie, so auch im Sinne der Mikroorganismen. Diese wollen nur, was sie schon immer getan haben. Sie wollen ihre probiotische Arbeit verrichten, indem sie sich zum eigenen Überleben ein positives Umfeld schaffen.

Wie viel oder wie wenig Gifte wir in unsere Lunge, auf unserer Haut oder in unseren Verdauungstrakt lassen, liegt zunächst an uns selbst. Über die Ernährung wurden bereits tausende Bücher geschrieben. Wir wundern uns, dass wir trotz Biogemüse und disziplinierter Essgewohnheiten immunologische Schwächen zeigen und krank werden. Kein Wunder, denn obwohl wir schädliche Stoffe nicht bewusst essen, so konterminieren wir unser Alltags-Umfeld schon durch unsere Putzgewohnheiten intensiv und permanent damit.

Die Natur weggeputzt!

Jährlicher Verbrauch an Wasch-, Putz-, Reinigungs-, und Pflegemittel in Deutschland:
Ausschließlich private Endverbraucher: 1,3 Millionen (16,25 Kg pro Bürger).
Davon sind

630 000 t Waschmittel

220 000 t Weichspüler

480 000 t Reinigungs- u. Pflegemittel

Sie enthalten rund 50 % chemische Gifte wie Tenside, Phosphate, Phosphonate, Silikone, synthetische Aufheller, synthetische Duftstoffe, Enzyme usw.

Schärfere Reinigungsmittel für Gewerbe und Industrie sind hier noch gar nicht berücksichtigt.

Quelle: UmweltbundessEMt

„Ich benutze z. B. seit rund 6 Monaten Uni-Sapon Geschirrspülmittel für das Geschirr, zum Hände und Haare waschen sowie als Duschgel. Es riecht gut nach Zitrone und löst Fett, basta!
Wunderbar, günstig, einfach und weder für die Haut, noch für die Umwelt schädlich!" wk

1. Haushalt

Wir benutzen allerorts Reinigungsmittel, mit denen wir nicht nur die Mikroorganismen angreifen, sondern auch uns selbst. Vom Wasch- oder Geschirrspülmittel, über Teppich- und Polsterschaum bis hin zum Allzweck-, Toiletten- oder Metallreiniger u.v.m. lesen sich die Inhaltstoffe der unterschiedlichen Mittel wie ein Rezept zur Apokalypse:
Alle Art Phosphate, Ammoniak, Glykolether, Natriumsulfat, synthetische Duft - und Farbstoffe, chlorierte Kohlenwasserstoffe, Formaldehyd, Testbenzin, Phenole, Tenside, Ameisensäure, Metallsalze, Ester, Chlor, Enzyme, Benzin, Toluol, Lanolin, Ätzkali, Alkohole, Dichlorbenzole sowie diverse scharfe Säuren, Laugen und andere giftige Chemikalien sind enthalten. Wenn man beispielsweise WC- und Sanitärreiniger gleichzeitig oder kurz hintereinander einsetzt, entsteht Chlorgas.
Auf vielen Behältnissen befindet sich der Warnhinweis: „Für Kinder unzugänglich aufbewahren". Schön, dass alle so um unsere Kinder besorgt sind, denen wir die Gifte dann auf „vergifteten" Kinderstühlen, Böden, Glastischen, Möbeln und in ihrer Bettwäsche eben nur langsamer verabreichen. Um den Giftcocktail abzurunden, erhalten sie ganz fürsorglich noch die Reste des Geschirrspülmittels auf ihrem Kinderteller, um sie ans „Erwachsenen-Gift-Milieu" langsamer zu gewöhnen. Als ob all diese Inhaltsstoffe für Erwachsene ungefährlicher wären.
Hinzu kommen flüchtige Gase, organische Stoffe sowie Toxine aus Lösungsmitteln in Klebstoffen, Lacken und Farben sowie Kunststoff-Belägen, die begünstigt durch die warme Zimmertemperatur ausgasen. Hier kann man u.a. feststellen, dass diese Belastungen bei alten oder antiken Handwerksmöbeln kaum zu verzeichnen sind, wogegen moderne Billigmöbel und Plastik meist giftig „dünsten" (Näheres unter: Baubiologie).

Auch wenn wir zunächst vielen Umweltgiften scheinbar machtlos ausgeliefert sind, so können wir zumindest im persönlichen Umfeld unseres Haushaltes ein probiotisches, gesundes Milieu erzeugen. Dies wirkt sich nicht nur auf unsere eigene Gesundheit positiv aus, sondern wir dezimieren der Natur zuliebe auch die Vergiftung des Abwassers.
Wenn Sie außer Wasser nur einen Schuss entsprechendes sEM in Ihren Putzeimer geben, werden nicht nur die gereinigten Flächen glänzen, sondern auch Ihre Augen.
Der Schmutz löst sich leichter und die Flächen bleiben länger sauber. Selbst Kalkflecken und Ablagerungen im Bad und auf Armaturen lösen sich leichter und bilden sich weniger schnell neu. Das liegt, wie wir bereits gelesen haben daran, dass sich die Mikroben überall ansiedeln und unsichtbar

ununterbrochen mitarbeiten. Das Gleiche gilt für Fettschichten in der Küche,

Schimmelspuren zwischen Fliesen und Kacheln sowie allen anderen gefährdeten Schmutzstellen. Auf Teppiche oder Polster gesprüht, lässt sich der Schmutz später bestens absaugen und auch bei der Fleckenbehandlung „schaffen" die Bakterien fast jede Herausforderung. Selbst Rostflecken auf fast allen Materiealien lösen sich dank der antioxidativen Wirkung auf.

Polster und vor allem Vorhänge, die mit Mikroorganismen besprüht werden, fangen weniger Staub ein, vertilgen einen Teil des Schmutzes gleich selbst und sorgen so für längere Sauberkeit. Hotels profitieren durch sEM erheblich, da Vorhänge und Polster weit seltener gereinigt werden müssen. Insbesondere für die Gastronomie rechnet sich deren Einsatz in allen Bereichen.

Beim Wäschewaschen erreichen sEM einen erstaunlichen Sauberkeitsgrad und ersetzen den Weichspüler, denn die Wäsche bleibt weich und „verbrettert" nicht.

Nicht nur Schmutz, sondern auch Gestank, flüchtige Gase, Schweiß- oder Nikotingeruch, muffige Gerüche in Schuhen bzw. Textilien aber auch unangenehme Gerüche eingenässter Kinder - oder Seniorenmatratzen beseitigen unsere mikroskopisch winzigen Haushaltshelfer und sorgen gleichzeitig für ein gesundes Raumklima.

Viele **Hausstauballergiker und Asthma-Belastete** berichten mittlerweile von deutlichen Verbesserungen oder gar dem Ausbleiben der Beschwerden. Ebenso dankbar sind unsere Putzhände, die ganz ohne Handschuhe dabei auch noch eine weichere und geschmeidige Haut bekommen.

Wer vor seiner Urlaubsreise sEM in seine Abflüsse kippt, wird bei seiner Heimkehr überrascht sein, wie perfekt Ablagerungen und Schlämme zersetzt wurden. Dem Schimmel, der gern bei Feuchtigkeit und in Wärme-Kälte-Situationen gedeiht, lassen die Mikroorganismen kaum Chancen sich zu entwickeln.

Auch z. B. Stubenfliegen und ähnliche Mitbewohner meiden mit sEM gereinigte Stellen, da keine abbauenden Substanzen mehr vorhanden sind.

Nicht nur im Wohnbereich, sondern auch insbesondere im Auto verhelfen sEM zu einem positiven Raum-Milieu.

Die PKW-Innenräume enthalten geradezu einen Giftcocktail aus

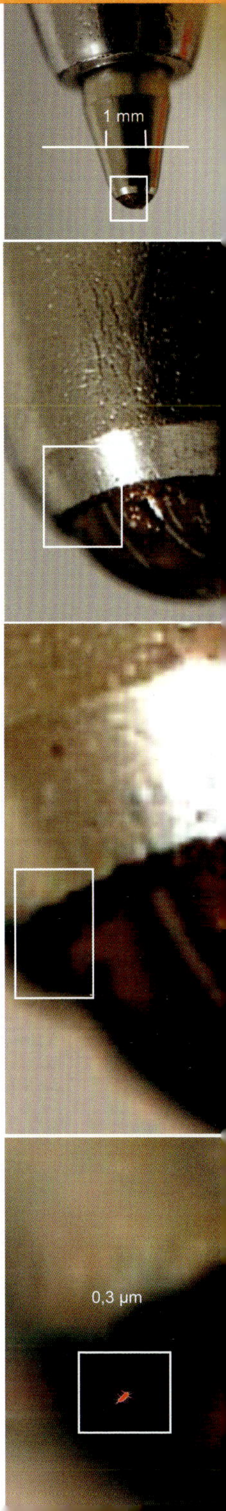

hunderten von Chemikalien, die aus den Materialien, Kunststoffen und PVC strömen. Diese Chemikalien enthalten z.B. *Chlor, Blei, Schwermetalle* und *Brom*. Hinzu kommen die über die Lüftung herein geblasenen Feinstäube der Abgase, die abermals eine lange Liste an giftigen Stoffen enthalten.
Für Polster, Scheiben und Kunststoffe im Auto gilt das Gleiche wie im Wohnraum. Mikroorganismen verändern das Milieu - sie fressen, verwandeln, zerteilen Gifte und sorgen dafür, dass die Materialien weniger Staub anziehen.
Ob angelaufenes Silber wieder in hellem Glanz erstrahlt oder stumpfe Messer wieder scharf und blank werden ist beim Einsatz von sEM kein Hokuspokus, es zeugt von der hervorragenden Antioxidanzkraft der Mikroben.
In Zusammenarbeit mit der biozertifizierten Firma **UNI SAPON** wurden von Jürgen Amthor auch spezifische Bakterienstämme für Reinigungsmittel wie beispielsweise Geschirrspülmittel u v m. kultiviert und vermischt.

Leitungswasser im Haushalt, egal ob Spül-, Wasch- oder Trinkwasser
kann mit Flüssig-sEM und/oder **EM-Keramik** so aufbereitet werden, dass es spezifische Eigenschaften aufweist. Es kann Kalk lösen und sorgt dafür, dass sich Chlor oder andere Gase verflüchtigen und erreicht eine ausgezeichnete und wohlschmeckende Trinkqualität. Außerdem verhindert es beispielsweise das Anbräunen von geschältem Obst bzw. gewaschener Salate, vertreibt die Obstfliegen u v m.
Auch Aquarienbesitzer sind begeistert. Mit sEM behandeltes Wasser bewirkt eine langsamere Algenablagerung und eine leichtere Reinigung an den Scheiben. Die gesamte Fisch- und Pflanzenwelt im **Aquarium** wird gesünder und vitaler.
Weil wir unser Heim möglichst hygienisch rein halten wollen, sollten wir nicht versuchen alle Keime „im Keim zu ersticken." Mit antibakteriellen, desinfizierenden und antibiotischen Giften zerstören wir auch das gesunde Mikroben -Milieu, anstatt es zu unterstützen. Die Einsatzmöglichkeiten für aufbauende Mikroorganismen sind noch längst nicht alle ergründet - so kann man nur empfehlen: alles ausprobieren!
Viele Berichte von erfinderischen Anwendern bringen ausschließlich positive, überraschende, neue Ergebnisse.
Zu dem Schluss, dass Reinigungsmittel mit desinfizierender Wirkung für den täglichen Gebrauch im Haushalt überflüssig, ja eher destruktiv sind, kam mittlerweile auch das Bundesinstitut für gesundheitlichen Verbraucherschutz.
Eine „Überdosis" von Mikroorgansimen würde im Übrigen bei einem Kind allerhöchstens für einen „flotten Durchgang" sorgen.

Das ist Zukunft

Marion Reichart kennt keine Kompromisse in Sachen Umweltschutz.
Die Österreicherin aus Vorarlberg ließ sich zur Masseurin und zur ärztlich geprüften Aromatherapeutin ausbilden. Vorbelastet durch ihren **Vater Franz Reichart**, der ebenfalls als Aromatherapeut praktizierte und schon in den 70ern zum **„Ökorebellen"** wurde. Er agierte vehement gegen Synthetik und Kunststoffen in Kosmetik und Reinigungsmitteln. 1984 gründete Franz die Firma **UNI SAPON** und begann damit ökologische Reiniger für große Markenfirmen herzustellen. 1984 brachte der „Öko-Pionier" sein erstes **Wasch-, Putz- und Reinigungsmittel-Sortiment, ausschließlich aus pflanzlichen und mineralischen Stoffen**, auf den Markt. Bekannt durch Fernsehsendungen und ausgestattet mit einem Innovationspreis legte er einen Meilenstein in Sachen umweltschonende Reinigungsprodukte. 2016 erhielt Marion den „Green Brands Austria", den Österreichischen Umweltpreis.

Wenn sie heute einen ihrer vielen Vorträge hält, geht sie stets auf die Grundprinzipien ihres Vaters ein, welche Marion offensichtlich verinnerlicht hat. Zu seiner Zeit wurde ich Vater oft noch als „grüner Spinner" tituliert, doch heute weiß man längst um die Schädigung von Umwelt und Gesundheit durch künstliche Stoffe und Gifte. Da Ihr Vater leider früh verstarb, sah sich Marion veranlasst die Firma 2009 zu übernehmen und die ökologische Technologie als wichtiges Erbe gemeinsam mit ihrem Mann **Peter Metzler** weiter zu betreiben. Der gesamte Firmenauftritt sowie das Marketing wurden sodann, neudeutsch: „gepimpt" und den Herausforderungen des modernen Marktes angepasst. So werden die Reinigungsmittel ohne Schadstoffe für Mensch und Umwelt **ausschließlich als Konzentrate** auf den Markt gebracht. Warum, das erklärt die „Öko-Tochter" auf überzeugende Weise:

„Da schließlich jeder Wasser zu Hause hat, macht es keinen Sinn, die Mittel gebrauchsfertig mit Wasser zu verdünnen wie das die Industriehersteller machen, das kann jeder selbst. Anstatt Wasser zu verkaufen, wird z. B. der Allzweckreiniger ums´ 125 fache zu Hause zum Gebrauch verdünnt. So ersparen wir unserer Umwelt 125 Plastikflaschen, deren aufwändigen

Transport und dem eigenen Geldbeutel viel Geld! Zudem kommen fast alle Rohstoffe aus Europa, selbst unsere Kunststoffflaschen lassen wir nach möglichst ökologischen Gesichtspunkten von einschlägigen Firmen in Deutschland und Holland herstellen. Nichts kommt hier aus Übersee oder Asien. Umwelt- und gesundheitsschonende Reinigungsmittel sind nicht nur wichtig weil wir jedes Jahr alleine in Deutschland 1,3 Millionen Tonnen synthetische Dusch-, Bad-, Putz- und Reinigungsmittel durch den Abfluss in die Umwelt bringen, sondern auch weil wir unsere Gesundheit damit schädigen. Die synthetischen und teilweise hochgiftigen Stoffe in manchen Reinigungsmitteln werden von unseren Haustieren, aber auch von unseren Kleinkindern, die beispielsweise die Zunge an die Fensterscheibe drücken oder alles von Boden in den Mund nehmen wollen, aufgenommen.“

Mit der konsequenten Müllvermeidung sowie der gradlinig-transparenten ökologischen Philosophie und Produktion, verdiente sich das Unternehmen die **strengsten internationalen Zertifizierungen.** Auch, dass nicht jeder Fleck ein eigenes Putzmittel braucht, wie uns das die Industrie weismachen will, führt die Vegetarierin überzeugend an: „***Alles was wir im Haushalt und auch in der Industrie benötigen setzt sich aus den wenigen kalk- und fettlösenden Komponenten sowie Scheuerpasten zusammen.“***

Mit den umweltschonenden UNI SAPON-Produkten: Allzweckreiniger, Kalklöser, Fettlöser, Geschirrspülmittel, Waschkonzentrat sowie den geeigneten Sprühflaschen und den Mikrofasertüchern ist das Produktangebot schon fast erschöpft, aber dennoch für alles ausreichend.

Marion litt ihr Leben lang an Darmproblemen. Dank ihres Mannes Peter, der selbst überzeugter EM-Berater war, stieß sie auf die ProTop Produkte aus Eußenheim.

„Mich faszinierte schon die interessante strahlen- und lichtresistente Glasflasche, da ich niemals ein Gesundheitsprodukt aus Plastikflaschen zu mir nehmen würde. Das ProTop Antioxidans schlug extrem gut an und nach wenigen Wochen waren meine Darmprobleme Vergangenheit. Das überzeugte mich dermaßen, dass ich mit Jürgen Amthor Kontakt aufnahm um den Einsatz von sEM in Reinigungsmitteln zu eruieren.

Nach intensiven Tests stellte Jürgen fest, dass die Mikroorganismen in unseren Reinigungsmitteln überleben und aktiv bleiben, so impfte er zunächst unsere Produkte mit sEM. Seit 2010 vermehrt Peter mit den Eußenheimer Bakterienstämmen die Mikroorganismen selbst im Betrieb und so produzieren wir unsere ganze Linie von Anfang an ökologisch und mit sEM.

Das Wasser zur Produktion wird durch Keramikspiralen (nach Viktor Schauberger) ***verwirbelt und in unseren Pasten setzen wir EM-Keramikpulver ein.***

Die durch sEM erhöhte probiotische Aktivität unserer Produkte wird uns permanent positiv bestätigt.
Die wunderbare Synergie mit Jürgen Amthor hatte zur Folge, dass wir heute unsere Produktpaletten gegenseitig bestens koordinieren und komplettieren konnten. So vertreiben wir seine Eußenheimer sEM-Produkte für Gesundheit und Garten in Österreich und Jürgen vervollständigt sein Sortiment mit unseren Reinigungsprodukten. Faszinierend wenn man weiß, dass dieselben Kleinstlebewesen für uns alle ihre probiotische Arbeit verrichten und die Gesundheit von Mensch und Natur fördern.
Die ProTop Produkte aus Eußenheim finden eine steigende Anhängerschaft, auch von Therapeuten in Österreich erfahren wir begeisterte Rückmeldungen. So weiß ich von einem schwerbehinderten Mädchen, welches durch das „Dandy Walker Syndrome" nicht selbständig Stuhl ausführen konnte - nach der Einnahme von ProTop Antioxidans ging es tatsächlich. Viele Krebspatienten bestätigen, dass sich die Einnahme von ProTop während und nach der „Chemo" hervorragend für die Verträglichkeit und zur Stabilisierung des Immunsystems eignet.
Ohne dabei eigennützig ans Geschäft zu denken wünsche ich mir, dass bald alle Menschen begreifen, dass wir und unsere Umwelt nicht nur das Umdenken benötigen, sondern dass wir auch unser Verbraucherverhalten dringend ändern müssen."

Renaissance des Gärtnerns

Kommentar

Die neue „Green Gym" Fitnesswelle soll auch gegen Einsamkeit und seelische Probleme helfen. Ein Fitnessprogramm bei dem das Gärtnern und Unkrautzupfen sowie das anschließende Picknick im Mittelpunkt steht (Aha, „tolle neue Erfindung" :-)). Überhaupt erlebt das Gärtnern und somit auch die Hinwendung zur Natur eine **neue Renaissance**. Auch weil die Wissenschaft kürzlich die „allerneueste Erkenntnis" bekannt gab, dass Menschen durch Gartenarbeit nachweislich gesünder und länger leben. Nicht zuletzt auch wegen der längst tragenden Angst vor „vergifteten" Industrielebensmitteln.

Ich erinnere mich an meine Kindheit, in der das Meiste vom Esstisch noch aus dem eigenen Garten kam, in welchem die Beschäftigung der ganzen Familie zum Selbstverständnis gehörte. Ihm wurden unsere Speisereste auch wieder zugeführt, nachdem unser Schwein sie verdaut hatte. Daraus wuchs dann unser neuer Salat, das Obst und Gemüse, welches den gleichen Kreislauf vor sich hatte. Warum sollten wir uns deshalb Gedanken machen, welche „nicht deklarierten Inhaltsstoffe" darin waren, schließlich sind wir alle gesund und ohne seelische Probleme groß geworden.

Oma wurde 89, „hackelte" bis drei Wochen vor ihrem Tod noch im Garten, kochte jeden Tag das Essen für uns Enkel, obwohl sie krumm und bucklig war und kaum mehr laufen konnte. Ihre Augen strahlten, wenn sie uns Kinder und die schönen Zwiebeln oder Erdbeeren aus dem Garten betrachtete und allem die gleiche liebevolle Hingabe widmete. Vielleicht (ich bin mir sogar sicher) wurde sie deshalb nie ein Pflegefall oder dement.

Aber das kennt ja schließlich jeder der das Glück hatte auf dem Lande in einer intakten Familie aufzuwachsen... wk

2. Garten

„Ethik besteht darin, dass ich mich verpflichtet fühle, allem Leben die gleiche Ehrfurcht entgegenzubringen wie dem eigenen Leben."
Albert Schweizer

Deshalb zielt der Einsatz von sEM auch im Garten nicht auf das Töten, sondern auf das Verhindern von „Schädlingen". Mit einem effektiven Bakterienmilieu entziehen wir ungeliebten „Schädlingen" die Lebensgrundlage. Es sorgt dafür, dass sie das Weite suchen bzw. erst gar nicht ankommen. Pflanzenschutz heißt nicht gleichzeitig Schädlingsvernichtung, denn „Schädlinge" tauchen in der Regel meist da auf, wo es gilt Krankes und Faules wegzuräumen (z.B. Sturmschäden im Wald, bei Monokulturen, humusarmen Böden). Das massenweise Auftreten von Schädlingen zeugt von einem Ungleichgewicht in der Umgebung. Wie bei Raubtieren, denen zunächst schwächere oder kränkliche Beutetiere zum Opfer fallen, verhält es sich auch bei den Pflanzen: geschwächte Pflanzen werden zuerst befallen.

Der Boden ist der wichtigste Lebensraum unserer Welt und ist ebenso unersetzlich wie Wasser. Hier findet das Wachstum der Pflanzen statt, der Grundlage jeglichen Lebens und unserer Ernährung; dorthin kehrt auch alles Leben am Ende zurück.
Ein wenig Bodenerde kann jeder Mensch pflegen, auch wenn er keinen Garten hat. Ein paar Blumentöpfe oder Balkonpflanzen, jeder noch so kleine, natürliche Lebensraum trägt zum gesamten organischen Kreislauf des Lebens bei. Der Boden (auch der „Darm" der Natur) war schon immer die Wiege der Mikroorganismen, hier zeigen sie ihre Wirksamkeit am effektivsten.

Im Garten ist die praktische Anwendung einfach, man gießt die Mikroorganismen, versprüht sie auf Pflanzen, mengt sie dem Kompost bei und verzichtet dabei auf künstliche und chemische Düngemittel. Auch Saatgut und organische Abfälle können mit Mikroorganismen präpariert werden, hier wird sich ein gesundes Wachstum sowie eine positive Umwandlung zeigen.
Auch wenn wir Erfahrungswerte zur Anwendung vorlegen, so kann man hier eigentlich nichts falsch machen, denn es gibt keine Überdüngung. Es ist wunderbar zu beobachten, wie wenig Zeit die Bakterien brauchen, um sich zu vermehren, zu formieren und ihre positive Arbeit zu verrichten. Jeder hat irgendwo im Garten oder bei Topfpflanzen ein Problem, das er mit sEM beheben kann. Dabei ist Kreativität ausdrücklich erwünscht, aber auch ein wenig Geduld.

Um einen Boden perfekt und gesund zu regenerieren und so den Pflanzen zu einem stabilen Immunsystem zu verhelfen, vergehen je nach Boden 2–4 Jahre, wenn wir auch schon im ersten Jahr von guten optischen Ergebnissen begeistert sein werden.
Die in chemischen Kunstdünger enthaltenen Substanzen wirken zu einseitig, töten wie überall auch die Nützlinge und lassen den Boden auf lange Sicht sterben. Zudem nehmen die Nahrungspflanzen viele Gifte und Substanzen auf, die wir wiederum über die Nahrungskette zu uns nehmen.
Aufbauende Mikroorganismen helfen uns organischen Dünger in Form von „Bokashi" (Jap.: fermentiertes, organisches Mikrobenallerlei) zu produzieren. Hierbei übernehmen sie durch Fermentation die gleiche Aufgabe wie seit 3 Mrd. Jahren: sie schaffen gehaltvolle Nahrung für den Boden und sorgen so für eine gesunde und ausgeglichene Wachstums-Atmosphäre. Das nennt man deshalb aufbauendes Milieu im Gegensatz zu einem abbauenden, wodurch Fäulnis entsteht, Schädlinge angezogen werden und Nährstoffe verloren gehen.

Ein Kreislauf besteht immer aus Geben und Nehmen, wir dürfen uns auch beim Boden nicht einbilden, dass wir hier nur nehmen können - das wäre selbstmörderisch. Der Organismus Boden braucht ebenfalls Nahrung, genau wie wir selbst.
Futter für den Boden, Kompost, Mist, organische Küchen- oder Pflanzenreste fermentiert mit sEM nennt man in der Technologie mit Mikroorganismen, **Bokashi.** Mist kann im wahrsten Sinne des Wortes auch „Mist" für den Garten sein, falls er von einer konventionellen Tierhaltung stammt. Dieser ist nicht nur mikrobiell fast wertlos, er enthält die uns mittlerweile bekannten degenerativen Stoffe, die das gesunde Wachstum negativ beeinflussen. Anders verhält es sich mit Mist aus Tierhaltung mit aufbauenden Mikroorganismen. Es gibt inzwischen genügend Landwirte und Pferdehalter, die mit effektiven Mikroorganismen im Stall arbeiten. Dieser Festmist ist ein wahrer Segen für den Boden. Das Kompostieren oder „Bokashieren" von z. B. Küchenabfällen erfährt durch sEM eine neue Renaissance, es bietet uns hervorragenden, selbstgemachten Humus und reduziert den Inhalt der Bio-Abfalltonne erheblich. Die aufbauenden Mikroorganismen im Gießwasser fördern zudem die positive Lebenssymbiose im Boden.
Regenwürmer (*Lumbricidae*) sind beispielsweise mit die wichtigsten „Agrararbeiter". Abstrahiert ausgedrückt ist ihre ganze Länge ein einziger Darm, also ein Verdauungssystem. Sie ernähren sich von vermoderten Pflanzenresten und fressen sich kreuz und quer durch alle Bodenschichten.
Die dabei aufgenommene Erde enthält Detritus-Bestandteile, Bakterien, Pilzsporen und zahlreiche Einzeller, die verdaut und als Nahrung genutzt

werden können. Manche Arten verzehren auch Aas.
Durch die Beschaffenheit der Erde, die der Regenwurm hinterlässt, wenn er die mit gefressenen Bodenbestandteile wieder ausscheidet, werden die für den Boden nützlichen Mikroorganismen gefördert. Die bodenfeindlichen Bestandteile werden eingedämmt, z. T. sogar vernichtet. Zudem erzeugen sie Steinmehl, da sie kleine Steinchen oder Sandkörner während ihres Verdauungsvorgangs zermahlen. So tragen die Regenwürmer signifikant zur Bodengesundheit bei. Dass sie Chemie verschmähen, weil sie dadurch absterben, brauchen wir hier wohl nicht nochmal extra anzuführen.

Das „Füttern" des Bodens mit organischem Dünger dankt er uns sehr schnell, wenn wir ihn nur auftragen und leicht unterheben. Umgegraben wie bisher wird nicht mehr, denn mit dem Umgraben stören wir die Regenwürmer bei ihrer guten Arbeit und zerstören das Netzwerk des Bodenorganismus.
„Verkaufen Sie Ihren Spaten und kaufen sie sich einen Liegestuhl dafür", ist der Lieblingsspruch von Adolf Daenekes, einem angesehenen Spezialisten nach der Devise: *„Lassen Sie die Mikroben unterirdisch arbeiten, anstatt sie unter Rückenschmerzen dabei zu stören."* Der Waldboden bietet dafür das beste Beispiel: Blätter werden am Boden allmählich von Kleinstlebewesen zu einer wunderbaren und weichen Erde umgewandelt, ohne das je etwas umgegraben wird. Die pfluglose Bodenbearbeitung wird auch in der Landwirtschaft immer aktueller.
Mikroorganismen sind in der Lage selbst harte Lehmböden langfristig in fruchtbare Erde umzuwandeln. Es entwickelte sich beispielsweise durch das luftdichte Abdecken eines „armen" Bodens, der vorher organisch gedüngt und mit aufbauenden Mikroorganismen begossen wurde, nach einiger Zeit zu einem hervorragenden, lebenden und weichen Bodenorganismus. Hierbei werden Unkrautwurzeln oder auch die Grasnarbe zersetzt.

Wer Fäulnis sät, wird auch Fäulnis ernten!

Schlecht gereifter Kompost oder z. B. durch N-P-K-(Kunst-) Dünger wasseraufgeblasene, immungeschwächte Pflanzen und Früchte sowie alle faulenden Substanzen senden starke Signale aus, dass etwas entsorgt werden muss. Genau wie die Aasgeier, werden Schädlinge und auch Schnecken angezogen.
Wie schon angesprochen, dezimieren die effektiven Mikroorganismen Schädlinge, indem sie ihnen die Nahrungsgrundlage entziehen. Doch es gibt noch weitere Beweise ihres wunderbaren Wirkens.

Effektive Mikroben bilden beispielsweise im Nahrungsvorrat der Ameisennester ein fremdes Zymogen, welches Ameisen nicht mögen und die Entwicklung ihrer Eier stoppt. Die Ameisen verlegen dann ihre Nester dorthin wo sie bessere Bedingungen vorfinden.
Pilze wie Mehltau, Krautfäule, Rost, Monilia, Flugbrand an Getreide oder Schorf werden von den Mikroben gerne gefressen. Fäule, Blattflecken oder Befall von Tomaten und Gurken verlieren den Schrecken. Auch Insekten wie Läuse, Zünsler, Wickler oder Motten finden kein geeignetes Opfer mehr. Fliegenlarven werden nicht mehr ausreichend mit Hormonen versorgt und können sich nicht entwickeln. Schädlinge wie Nematoden, Spinnmilben und die weiße Fliege schlüpfen gar nicht erst aus ihrer Eiablage.
Schnecken finden das energiestarke Wachstum reizlos und bleiben größtenteils aus.

Wer der Natur Gutes tut, wird auch Gutes ernten!

Pflanzen reagieren auf sEM-Gaben mit gesundem Grün und Blüte. Längst ist der weltweite Beweis angetreten, dass auch Früchte und Feldfrüchte eine höhere Qualität, mehr Vitalstoffe sowie eine bessere Lagerfähigkeit aufweisen.

Prof. Manfred Hoffmann, Emeritus der FH Weihenstephan, wies sowohl im Boden als auch in dessen Feldfrüchten eine erhebliche Qualitätsverbesserung durch effektive Mikroorganismen nach.

Bei einem Vergleichsanbau von japanischem Senfspinat zeigte der mit sEM gewachsene Spinat mehr Nährstoffe und Vitamine, dafür aber weniger Nitrat in den Blättern als die konventionell gedüngten Vergleichspflanzen.
Mit sEM gegossene Topfpflanzen, ob für den Innen- oder Außenbereich, zeigen ein stärkeres, stabileres Wachstum, halten und blühen länger.

Samen oder Setzlinge, die mit sEM behandelt wurden, treiben schneller aus und Keimlinge sind resistenter gegen Schädlinge sowie Temperaturschwankungen. Dies gilt für die Schalenkultivierung ebenso wie auf dem Beet. Auch die Mischkulturplanung bei Gemüse wird einfacher, da Unverträglichkeiten zwischen den einzelnen Gemüse nicht mehr so sehr ins Gewicht fallen. Zudem erhalten die Gemüse ein kernigeres Pflanzengewebe und mehr Vitalstoffe als herkömmlich behandelte Gemüse. So lassen sie sich besser und länger einlagern. Insbesondere Rosenliebhaber werden ihre Freude mit sEM haben, denn die anspruchsvolle Pflanze verliert dabei einiges an Überempfindlichkeit.
Wer selbst Pflanzenjauchen mit z. B. Brennnesseln ansetzt, wird mit der Zugabe von sEM feststellen, dass er deren Wirkung verstärkt. Der üble Geruch durch Fäulnisreduktion nimmt ab und somit haben auch Stechmücken keine Lust mehr, hier ihre Eier abzulegen.

Das Staunen nach den ersten Anwendungen im Garten bleibt nicht aus. Volle Flora, vitale Obstbäume, gehaltvolles, gesundes Gemüse - alles duftet und schmeckt aromatischer und die Farben leuchten kräftiger. Strapazierte Böden werden wieder zu dem regeneriert, was sie im ungestörten Naturparadies einmal waren. Alle Gärtner, Hobbygärtner, Zimmer- und Topfpflanzenliebhaber sind begeistert und glücklich.
Dass Gartenarbeit unter anderem auch glücklich, gesund und fit macht, sogar das Risiko von Lungenkrebserkrankungen deutlich reduzieren kann, bewies das angesehene *M.-D.-Anderson-Krebsforschungs- und Behandlungszentrum an der University of Texas* mit einer Studie.

Spezifische, effektive Mikroorganismen

- beseitigen Fäulnis
- bereichern den Boden mit Stickstoff
- bauen Humus auf
- sind eine natürliche und bessere Alternative zu Kunstdünger, Chemie und Gentechnik
- verbessern die Harmonie der Bodenlebewesen
- lassen organische Materialien mehr Düngewirkung entfalten (Bokashi)
- verbessern die Bodenstabilität sowie die Wasser- und Nährstoffspeicherung
- ernähren Pflanzen und verbessern deren Wurzelbildung
- fördern die Keimfähigkeit von Samen und verkürzen die Keimdauer
- steigern das Abwehrsystem der Pflanzen
- steigern Qualität und Menge von Früchten, Gemüsen und Blütenständen
- reichern Pflanzen mit Vitaminen, Mineralien, Enzymen und Antioxidanzien an

Gesunder Boden, gesunde Pflanzen, gesunde Tiere und Menschen, denn Gesundheit fängt im Boden an.
Die Natur ist angefangen vom Boden über die Pflanzen, bis hin zu den Därmen aller Lebewesen, ein einziges Verdauungssystem, in dem immer wieder frische Lebensstoffe in ihre Reinform zersetzt und aufs Neue bereitgestellt werden.
Die effektiven und aufbauenden Mikroorganismen bewältigen diese Aufgabe der Schöpfung als einziges System, als Bewusstsein der Natur, seit der Entstehung des Lebens.

Ökologisches „Gartenfeuerwerk“

Bei **Astrid Späth** geht einem das Herz auf; wie ihre Gartenpflanzen und Blumen, strahlt die sympathische **„Bio-Gärtnerin“** auch selbst. Die ehem. Musikpädagogin war schon immer ein „Öko-Mädel“ und hat ihre Sinnfindung durch die Natur in Glück und Harmonie sichtlich sowie spürbar abgeschlossen.

Passend zu ihrer Lebenseinstellung fand sie in NRW den richtigen Ehepartner, den **versierten Heilpraktiker Bernhard Späth,** mit welchem sie mit zwei Kindern (12 u. 14 Jahre) glücklich ist. Man war sich von Beginn an über ein möglichst naturnahes Leben sowie über bewusste Ernährung und weitere ökologischen Belange einig.

Nach der Geburt von Theresa wollte Astrid nach dem Abstillen ihre Tochter möglichst natürlich ernähren und begann selbst Gartengemüse anzubauen. Auf 2000 m² Garten war ihr Unterfangen mangels ausreichender Erfahrung anfangs eher „glücklos“ wie sie erzählt, bis sie den benachbarten Landwirtschaftsmeister **Adolf Daenecke,** einen überzeugten „EM-Pionier“ kennen lernte. Dieser ließ es sich nicht nehmen ihr die Gartennatur zu erklären, ihr zu helfen alles optimal umzustrukturieren und sie vor allem von der wunderbaren Arbeit aufbauender Mikroorganismen zu überzeugen. Dass man beispielsweise mit der „Planentechnik“(s. u) und ohne Umgraben eine gänzlich andere Bodenkultur schaffen kann, überzeugte die junge Mutter. Fortan sollte der Gartenbau, „infiziert“ durch sEM, als Faszination ihr Leben bestimmen.

Da die Kinder davon unabhängig, langfristig nicht im industrialisierten Düren/NRW aufwachsen sollten, suchte die Familie nach einer Region mit gutem Gartenklima um aufs Land zu ziehen. So fand sich ein geeignetes Anwesen im fränkischen Lohr am Main/Sackenbach, in dem die Familie seit rund 5 Jahren lebt.

Mittlerweile selbst zum „Gartenprofi" avanciert, lebt Astrid ihre Gartenbegeisterung seither hier aus und steckte viele Nachbarn damit an. Fasziniert von der bunten Vielfalt und dem herrlichen Gedeihen von Blumen und Gemüsepflanzen trat sie im Ort **eine Renaissance des Bauerngartens** los. Nachbarn boten ihr deshalb weitere Flächen zur Bewirtschaftung an. Plötzlich ist der Bauern- oder Nutzgarten wieder in aller Munde. Wenn Astrid darüber spricht ist ihr die tiefe Verbundenheit und Liebe zu Natur und Garten anzumerken. **Auf 750 m² hat Astrid Späth einen Mustergarten für effektiven, rein biologischen Gartenbau erschaffen und hat ihr Ziel zum Selbstversorger erreicht.**

*(**Planentechnik:** z. B. Rasenfläche wird mit sEM behandelt und über den Winter möglichst dicht mit luftdichten Planen abgedeckt. Darunter zersetzen sich die Graswurzeln zu hervorragendem lockerem Humusboden).*

Astrid beweist nun in jeder Saison, dass man ohne Umgrabearbeiten, mit Liebe und Verständnis für Pflanzen, Insekten und Boden sowie **dem Einsatz aufbauender Mikroorganismen**, das Schönste und Beste lediglich durch die Kräfte der Natur erzeugen kann. Der Schädlingsbefall reduziert sich ohne Pestizide, die Pflanzen sind resistenter ohne Kunstdünger und die Früchte schmecken gehaltvoller.

Liebend gerne gibt sie Ihre Erfahrungen aber auch ihre Begeisterung weiter, führt **Beratungen und Workshops** durch und zeigt Interessierten die

wichtigsten Vorgehensweisen für ein gesundes Wachstum. Sie erklärt beispielsweise das „Bokashieren“, um selbst Dünger biologisch und günstig herstellen zu können.
Außerdem ist sie bei **Gartenbauvereinen** eine beliebte Referentin und auch andere **Grüppchen** schließen sich zusammen um die „probiotische Gärtnerin“ in Lohr in ihrem **Schaugarten „Füllhorn“** zu besuchen.
Anhand des bunten „Blumenfeuerwerkes“ für die eigenen Bienen, der vielen gesunden Salat-, Obst- und Gemüsepflanzen wie Kohlrabi, Erbsen, Bohnen, Zuckerschoten, Mangold, Möhren, Tomaten, Rote Beete, Gurken, Paprika, Lauch, Zwiebeln, Erdbeeren, Himbeeren, Brombeeren und Äpfel, beweist sie, dass man sich sein eigenes Paradies schaffen kann indem man die Natur versucht zu verstehen und fördert, anstatt sie zu belasten.

Jürgen Amthor und Astrid kennen sich von einer Öko-Veranstaltung, man hatte wie alle Freunde der Ökologie und der Mikroorganismen sofort ein symbiotisches Verhältnis. Astrid freut sich mit der Eußenheimer Manufaktur in Franken ihren Besuchern einen Lieferanten für **die spezifischen aufbauenden Mikrobenstämme** sowie die hervorragenden **ProTop Produkte** empfehlen zu können.

„Es können nicht genug Menschen von dieser probiotischen Technologie begeistert werden. Mir ist es ein allerhöchstes Anliegen, meine Erfahrungen und Erfolge mit möglichst vielen zu teilen. Deshalb freue ich mich über jeden, der mich besuchen möchte. Ich versichere, es ist ein tolles Lebensgefühl die Natur in sein Leben einzubinden. Es macht zufrieden und glücklich. Umso mehr, wenn man genießt, dass dies ganz ohne Chemie funktioniert.“

Die Naturliebhaberin bietet zudem auch ein **perfektes Produkt fürs biologische Wäschewaschen** an. Die **EM-Energiewaschkugel** wäscht mindestens genauso sauber als jedes Industriewaschmittel, kostet weit weniger und ist völlig schadstofffrei.

Ehemann und **Heilpraktiker Bernhard Späth, qualifiziert für Akupunktur, Homöopathie und Dorntherapie** hat sich mit seiner Naturheilpraxis auch in Franken mittlerweile einen guten Namen gemacht. Wie könnte es bei soviel Naturbewusstsein und Erfahrung anders sein.

*Der **Schaugarten „Füllhorn“** kann jederzeit, sinnvoll zwischen April und Oktober begangen werden. Auch für Beratungen steht Astrid Späth bei vorheriger Anmeldung (telefonisch zwischen 7:30 u. 8:30 Uhr) gerne persönlich zur Verfügung.*

(siehe auch Anwenderfibel Garten)

Astrid Späth Schaugarten „Füllhorn“
Sackenbacherstraße 22
97816 Lohr am Main/ Sackenbach
09352 / 5004016
www.astridspaeth.jimdo.com

Naturheilpraxis
Heilpraktiker Bernhard Späth
Sackenbacher Str. 22
97816 Lohr am Main/Sackenbach

3. Wasser für Gärten, Teiche, Gewässer, Zisternen

Wasser trägt alle Wandlungsprozesse und bedeutet Leben: Ohne Wasser wäre die Erde so gut wie tot. Wir alle teilen gemeinsam das Wasser der Erde. Was ein Einzelner Wasser antut, beeinträchtigt den gesamten Lebenskreislauf. Wo immer wir Wasser vom Zivilisationsschmutz reinigen, tun wir ein gutes Werk für den Gesamtorganismus der Erde. Schmutz aber auch Reinigung überträgt sich durch den ständigen Fluss allen Lebens und den Verdunstungskreislauf überall hin.

Mikroorganismen verstoffwechseln was Wasser an Schmutz und Giften mit sich führt, klären Abwässer und führen die Qualität des Wassers zurück auf seine reine Form.

Weltweit werden Mikroorganismen zur Wasseraufbereitung oder Wasserbelebung eingesetzt. Angefangen von Naturschwimmbädern und anderen stehenden Gewässern über Fischwässer bis hin zu Stauseen und insbesondere Kläranlagen. Der intensive Einsatz von sEM wird fast jeder Verschmutzung Herr und erzeugt am Ende mit Trinkwasserqualität. Auch unser Leitungswasser führt je nach Region und Aufbereitung diverse Mengen an Schadstoffen und Kalk mit sich. Diese kann man mit der Aufbereitung von EM-Keramik neutralisieren, auch der Geschmack verbessert sich spürbar.

Der Wasser-Mann

Mit *Polyarthrose* (chronische Gelenkentzündung) musste **Manfred Stooß aus Lengfurt** mit 54 Jahren in den Vor-Ruhestand entlassen werden. Manfred gab sich mit dieser Endgültigkeit, mit der ihn seine Krankheit konfrontierte, nicht zufrieden. So gibt es kaum einen Spezialisten in Deutschland, den er nicht aufsuchte. Dennoch ging es ihm immer schlechter. Neugierig belas er sich wo er konnte über dieses Thema und stieß auf das Buch: ***"Sie sind nicht krank, Sie sind durstig"***. Hier erfuhr er, dass er zu wenig und auch das falsche Wasser trank. Nur Wasser ohne Kohlensäure und möglichst ohne Hydrogen, Karbonat und Kalium sowie mit wenig Kalk wäre das einzig Richtige. Manfred begann fortan sein Leitungswasser mit „Eclypsi" und EM-Pipes zu energetisieren. Von nun an trank er mindestens 2 Liter aufbereitetes Wasser täglich. Nach vier Monaten entschlackte er „spürbar", wie er berichtet. Seine Gelenke ließen sich freier und mit auffallend weniger Schmerzen bewegen. Die folgenden 15 Jahre konnte er so gut mit seiner Krankheit leben und schwerwiegende Operationen vermeiden. Nun hat er sich erstmalig am Knie operieren lassen, was ohne seine „Selbstheilung" mit Sicherheit schon viel früher nötig gewesen wäre und wie bekannt, endlose Folgebehandlungen nach sich gezogen hätte.

Überzeugt von EM-Keramik und aufbauenden Mikroorganismen konzentrierte er sich seither auf seine Hobbys und seinen Garten. Als Bekannter von Jürgen Amthor besuchte er die informativen Stammtische der Eußenheimer Manufaktur und begann sEM auch für den Haushalt und im Garten einzusetzen.

Zunächst bereitete der Wasser-Profi ausgediente Öltanks aus Plastik für die Gartenwasseraufbereitung vor.

„Ich habe die stinkenden Tanks nur einmal gründlich mit sEM behandelt und schon nach 3 Tagen war der Geruch und der restliche Schmutzfilm verschwunden."

Seinen Koi-Karpfenteich, der stets mit Grünalgen belastet war und regelmäßig ausgeschöpft werden musste, bereitete Manfred Stooß nun ebenfalls mit EM-Keramik und Mikroorganismen auf. Der Erfolg ließ nicht lange auf sich warten. Das Wasser wurde klar und die Algen verschwanden gänzlich. Dafür entdeckte er eine größere Vielfalt von Klein- und Kleinstlebewesen im Teich.

Heute sieht man die herrlichen Muster der faszinierenden Fische selbst in 3 Metern Tiefe strahlend und deutlich.
Über einen Würzburger Bekannten erfuhr Herr Stooß, dass auch die Stadt Würzburg Probleme mit Algen in diversen städtischen Gewässern hat. So mussten viele Teiche jedes Jahr abgelassen, gereinigt und neu gefüllt werden. Gerne nahmen die Verantwortlichen die Ratschläge sowie die aktive Hilfe des Wasser-Mannes an. Manfred sanierte beispielsweise den Teich mit der Fontäne im Bahnhofspark am Röntgenring, sowie den großen Teich im Gelände der ehemaligen Landesgartenschau (Dieser ist z. B. sehr der Sonne ausgesetzt).
Seither sind diese Gewässer klare und gesunde Biotope und die Stadtverwaltung erspart sich viel Aufwand und Kosten.
Auch vielen anderen konnte Manfred Stooß in Sachen Wasser- und Teichrevitalisierung schon helfen. So erzählt er beispielsweise noch von einer Gärtnerei, in der vielleicht auch wegen Pflanzenstoffen und Düngemitteln eine tote, unansehnliche Brühe Teich genannt wurde. ***„Heute baden sie in ihrem Teich“***, strahlt Manfred.
„Für den Gärtner im Residenzgarten habe ich nur mal zum Test 3L sEM-Teich in den Brunnen mit dem großen Naturstein hineingekippt, das Wasser wird hier nicht ausgetauscht, sondern nur gesiebt und umgewälzt. Nach wenigen Tagen waren die Grünalgen am Stein verschwunden. Einem Schweinezüchter, dem sein Tränkewasser in der ehemaligen Güllegrube regelmäßig „umkippte“, konnte ich mit sEM ebenso helfen - heute bleibt das Wasser klar und frisch.
Mit aufbauenden Mikroorganismen und guten Wasser brauchen wir keine Chemie. Es wird höchste Zeit, dass die Menschen das begreifen, denn in Sachen Umwelt ist es längst Fünf nach Zwölf!“
Begeistert und souverän spricht Manfred über Wasser aber auch beängstigt wegen der hohen Konzentrationen künstlicher, chemischer und

synthetischer Stoffe in unserer Natur. **„Wo es doch so einfach ist“**, betet er beschwörend nach.
Zunächst geht Manfred Stooß einige Wochen zur Reha wegen seiner Knie-OP, jedoch nicht ohne sein **ProTop** wie er uns unbedingt noch wissen lassen will.
„ProTop ist für mich zum Darmaufbau das Non plus Ultra. Als ich jüngst bei einer Darmspiegelung war, sagte der Arzt: Kommen Sie in 20 Jahren wieder!“

Die Bachforelle zeigt ein sehr empfindliches Verhalten in Bezug auf die Wasserqualität. Sie ist quasi das „Barometer für die Wasserreinheit. Bachforellen lieben aufbauende Mikroorganismen.

4. Obst- und Weinbau

Es hat sich unter Fachleuten schnell herumgesprochen, dass bei Obst- und Weinbau die sEM-Technologie auf dem Vormarsch ist. Die Früchte sind gehaltvoller, aromatischer und zeigen eine bestechende Farbe. Auch Weintrauben gewinnen eindeutig an Qualität und Güte. **Nach der Redoxpotential-Analyse von Prof. Dr. M. Hoffmann, Weihenstephaner FH, konnten deutlich höhere Werte der Lebensmittelqualität nachgewiesen werden.**
Früchte bleiben aus sEM-Kulturen lange frisch, gehaltvoll und zeigen eine bessere Lager- und Transportfähigkeit. Selbstverständlich bedarf es dafür auch einer intensiven Umstellung des Boden-Milieus.
Kranke und durch Umweltverschmutzung geschädigte Bäume können durch sEM wieder regeneriert und zu neuer Blüte geführt werden. Ebenso wird bei neuen Bepflanzungen unter Zugabe von sEM das gesunde Wachstum gefördert, vor allem in Böden in denen vorher keine Bäume wuchsen. Verjüngungskuren und Wachstumsförderung, beides wird durch aufbauende Mikroorganismen möglich.
Ein österreichischer Obstbauer konnte auf einer Tagung versichern, dass er nach 5 Jahren Umstellung gänzlich ohne Chemie auskommt. Nicht nur, dass seine Früchte besser gedeihen, sie werden auch größer und wachsen gleichmäßiger.
Auch konnte er eine bessere Lagerfähigkeit bestätigen. Insbesondere mit der Obstkrankheit Feuerbrand haben er und seine ebenfalls mit sEM arbeitenden Kollegen beste Erfahrungen gemacht. Als sie die Bäume mit den Mikroben gespritzt hatten, kapselten sich die befallenen Triebe ab und die neuen Triebe wuchsen durch sie hindurch. So mussten im Gegensatz zu chemisch gespritzten Bäumen keine wegen Krankheit gefällt werden. Um bei Befall schnell sEM ausbringen zu können, wurde ein Heugebläse zu einem sEM-Gebläse umfunktioniert.
Egal welches Obst, alles gedeiht störungsfrei, gehaltvoll und hocharomatisch.

Beim Weinbau gelten die gleichen Voraussetzungen: Zuerst den Boden regenerieren und das Milieu mit sEM ins Gleichgewicht bringen. Aufgrund der Sonneneinstrahlung in Weinbergen ist die UV-Strahlung besonders stark. Hier wirkt das Spritzen mit spezifischen Mikroorganismen milder als bei herkömmlichen Essigbehandlungen und die Blätter verbrennen weniger. Der Befall von Pilzen aber auch von Schädlingen geht zurück wenn sich der Boden in die aufbauende Dominanz wendet. Die Vollreife von Frucht und Traubenkern wird mit sEM früher erreicht.

Rebstöcke werden durch sEM vitaler, was sich sichtbar auf das Traubenwachstum auswirkt. Es gibt weniger faule Beeren, der Wein wird reiner und haltbarer. Das Fruchtaroma fällt gegenüber herkömmlichem Anbau ausgeprägter aus - der Wein ist voller lebendiger, energetischer Fülle. Ebenso verläuft die Reifung im Fass gleichmäßiger und sicherer.
Auch wenn sich alle Lebensmittelhersteller, Winzer, Landwirtschaftsbetriebe und Obstbauern werbetechnisch mit „naturnahen" Aussagen und alter Anbautradition sowie mit dem inflationären Begriff Nachhaltigkeit schmücken, bleibt dies, angesichts vieler Mio. Tonnen Gift, völlig unglaubwürdig. Chemie- und Lebensmittelindustrie ziehen in großem Stil am gleichen Strang, bei der schöpferische Biologie als störend empfunden wird.
Die Anzahl der ehrlich-naturliebenden, rücksichtsvollen und bewussten Bindeglieder des unumstößlichen, biologischen Kreislaufs wächst in gleichem Maße wie die Anzahl der bewussten Kunden. Aus dem Erkennen und Erforschen aufbauender Mikroorganismen ergeben sich ungeahnte, aber auch eigentlich längst bekannte sowie vergessene Lösungen. Zudem ist die Anwendung günstiger, was der Industrie natürlich missfällt.

„Ich habe den richtigen Weg gefunden“

Seit über 10 Jahren setzt **Maurizio Maranjoni** als Leiter vom **Obsthof Büchold**/Arnstein aufbauende Mikroorganismen im Bio-Obstbau und bei seinen Bienen ein.

„Ich habe sehr gute Erfahrungen gemacht“, berichtet der gebürtige Italiener. „***Auf der Suche nach weiteren Alternativen im Obstbau besuchte ich einen Vortrag von Jürgen Amthor im benachbarten Eußenheim, der bei mir großes Interesse weckte. So begannen wir mit sEM die Apfelbäume und den Boden zu spritzen.***

Nach dem Absetzen von Leichtchemie (Kupfer, Schwefel) ***erweiterte sich zunächst die Schorfbildung, was jedoch nur im ersten Jahr auffällig war. Dennoch zeigten die Bäume schon von Anfang an eine deutliche Vitalitätssteigerung. Der Schädlingsbefall reduzierte sich deutlich, es wuchsen mehr Blätter und Blüten. Daran konnte man das bessere Immunsystem der Bäume erkennen. Im Herbst verrotteten die Blätter am Boden besser, was den Kreislauf im Boden von der Wurzel an förderte. So haben wir im Laufe der Jahre den Einsatz intensiviert. Die deutlichsten und schnellsten Erfolge von sEM zeigten sich allerdings zuerst auf unseren Streuobstwiesen.***

Dass wir auf den kultivierten Plantagen aufwändiger und langfristig umgestellt haben, liegt natürlich daran, dass die Bäume dort eng und klein gehalten, also nicht richtig „erwachsen“ werden und empfindlicher sind. Zudem muss man sich während der Umstellung entscheiden, wie viele Äpfel für den Verkauf und wie viele für die Weiterverarbeitung für beispielsweise Apfelsaft eingesetzt werden sollen. Aus verständlichen wirtschaftlichen Gründen setzen wir bei den Kulturen derzeit noch Leichtchemie ein, da der Kunde eben optisch makellose Früchte erwartet und Spritzen deshalb in Kauf nimmt. Früchte mit der kleinsten Schorfbildung, wenn sie sich auch auf den Geschmack und die Genießbarkeit in keiner Weise auswirkt, lassen sich eben nicht verkaufen.

Dennoch reduzieren wir den Einsatz von Schwefel und Kupfer mit einer verstärkten Anwendung von aufbauenden Mikroorganismen. Wir behandeln mit unserer selbst fermentierten Pflanzenlaugen von Jahr zu Jahr und sehen, dass sich auch die Kulturbäume immer mehr vitalisieren und weniger Leichtchemie zum Schutz brauchen.

Ich kann die sEM-Technologie jedem empfehlen, der wie ich ehrlich versucht, gewissenhaft und verantwortungsvoll mit der Natur umzugehen und für wirksame Alternativen offen ist. Die Kollegen sollten auch wissen, dass obwohl der Arbeitsaufwand nicht größer wird, sich die Kosten dennoch deutlich reduzieren.“

Durchschlagende Ergebnisse im Feldversuch mit sEM

In der **Bayerischen Landesanstalt für Weinbau und Gartenbau** in Veitshöchheim werden seit 2002 Anbauversuche mit Tafeltrauben durchgeführt. Seit 7 Jahren konzentriert sich der **Weinbautechniker Josef Engelhart** im Sachgebiet Weinbau- und Qualitätsmanagement auf den Bio-Anbau von Tafeltrauben.

Bei einem Kollegen, der Tafeltrauben anbaut, erkannte er die gute Wirkung von sEM aus der Eußenheimer Manufaktur auf die Tafeltrauben. So wird nun seit 2012 ein 3-jähriger Düngungsversuch mit 3 verschiedenen Bodendüngern im Veitshöchheimer Tafeltraubenversuch durchgeführt. Auf jeweils 400 m² gleichem Mutterboden, bestockt mit der Sorte „Muscat Bleu", wurde zeitgleich jeweils „Blaukorn", „Maltaflor" und „sEM mit Bokashi +400 Pellets" als Dünger ausgebracht. Dabei ist kein zusätzlicher Humus eingesetzt worden. Das Ergebnis war durchschlagend, wie uns Josef Engelhart berichtet:

„Schon bei der ersten Ernte im September 2012 zeigte sich ein verbesserter Geschmack der Tafeltraubenfrüchte vom sEM behandelten Boden. Der Boden wurde locker, krümelig und roch nach süßer Walderde, während bei den beiden anderen Varianten der Boden nach starken Niederschlägen eine harte und verkrustete Oberfläche zeigte und muffig roch. Auch zeigten die Rebstöcke der sEM behandelten Variante im Gegensatz zu den Konkurrenten kein Pilzbefall am Fruchtholz. Gänzlich überrascht war ich allerdings vom weit besseren Geschmack der sEM-Trauben: Sie schmeckten fruchtig-süß, reifer und lebendiger als die der beiden anderen Düngervarianten. Sowohl die Beerenhaut, die Kerne und das Fruchtfleisch der sEM gedüngten Muscat Bleu-Trauben machten einen reiferen und angenehmeren Eindruck. Seit diesem überraschenden Ergebnis dünge ich auch unsere Topf- und Containerreben mit sEM und stelle fest, dass die Topferde dadurch sehr locker wird und eine höhere Wasserspeicherkapazität besitzt. Außerdem befinden sich seitdem Regenwürmer in der Topferde. **Mittlerweile benutzen wir sEM auch zu Hause bei unseren Topfpflanzen, Obstbäumen und auch als Reiniger im Haushalt – wir sind absolut begeistert von der guten Wirkung."**

(weitere Quellen: Jahresbericht v.15.05. LWG Abteilung Weinbau 2012)

Josef Engelhart, Weinbautechniker Sachgebiet Weinbau und Qualitätsmanagement
E-Mail: josef.engelhart@lwg.bayern.de
Bayerische Landesanstalt für Weinbau und Gartenbau An der Steige 15, D-97209 Veitshöchheim

Ganzheitlich erfolgreich

Wenn jemand mit ganzheitlichem Denken und Handeln, ökologisch und ehrfürchtig mit dem Leben und der Natur umgeht und dadurch auch noch erfolgreich ist, so ist dies ohne Zweifel die Winzerfamilie Butz aus Hochstadt/Pfalz.

Christian Butz und Sandra Louis-Butz sind seit 2007 verheiratet und haben zwei Kinder, sie verband von Anfang an die ganzheitliche Lebensphilosophie.
Bevor der **staatl. geprüfte Weibautechniker Christian** die ehemals gemischte Landwirtschaft mit Weinbau vom Vater übernahm, sammelte er vorher Eindrücke und Erfahrungen mit Praktika im Weinbau in Neuseeland, Südafrika und Australien. Mit erweitertem Horizont und viel Innovation übernahm der experimentierfreudige „Newcomer" 2006 den väterlichen Betrieb und gründete das **kleine, aber feine Weingut Christian Butz**.
Von Anfang an waren für den Winzer Nachhaltigkeit und die Liebe zur Natur die tragenden Prämissen. In den Weinbergen wurde schon immer auf Herbizide verzichtet und so konnte Christian seine Philosophie der Ganzheitlichkeit auf gutem Boden weiter ausbauen. Christians Weinlagen bieten einer Vielzahl von Insekten und Pflanzen Lebensraum. Durch die Förderung von Nützlingen wird der Schädlingsbefall unter der Schadensschwelle gehalten. Eine ständige Untersuchung des Bodens und das Pflegen der Kleinstlebewesen bilden ein natürliches Ökosystem für die Natur und für die Reben um sich zu entfalten. Das Biotop Boden ist für Christian Butz sein größtes Kapital, ihm widmet er zuerst seine Aufmerksamkeit.
Als Mitglied der **KUW** (Kontrolliert umweltschonender Weinbau e.V.) hat er sich zu einem naturnahen Anbau verpflichtet, der strengere Vorgaben aufweist als die staatlichen und **unterwirft sich freiwillig regelmäßigen Kontrollen.** Wenn möglich passt der Winzer die Arbeitsschritte im Weinberg dem **Mondphasenkalender** an. Dem nicht genug, hat er sich auf das spektakuläre Experiment der **Weinbeschallung** in Zusammenarbeit mit **Dirk Kolberg** (studierter Musiker, Freund und Heilpraktiker) eingelassen.
Nachdem er die edle Essenz der Natur im Keller hat, versuchte er der her

kömmlichen Veredelung noch eins draufzusetzen. Er beeinflusst den Gärprozess im Keller über die **Resonanz klassischer Musik im Fass** positiv. Siehe da, der Erfolg gibt ihm recht.

Schon die Universität in Florenz bestätigte dem toskanischen Winzer Cignozi ein vitaleres Wachstum der Reben und mehr Aroma in den Trauben durch die Beschallung von Mozartmusik in den Weinbergen, im Gegensatz zu jenen die im Stillen wuchsen. Zudem belegte die Universität, dass Schädlinge die beschallten Weinlagen mieden. Der deutsche Winzer Martin Meßmer nutzt die energetische Schwingung der Musik seit vielen Jahren um den Wein im entscheidenden Entwicklungsstadium zu prägen. Blindverkostungen bestätigen ihm regelmäßig das bessere Abschneiden der „musikalischen“ Weine.

Der ganzheitliche „Überzeugungstäter“ Christian Butz, dessen Augen sich beim Resümieren über seine erfolgreiche **Beschallungsgärung** begeistert erweitern, ist mittlerweile im europäischen Weinland populär. Wer unter „Weinbeschallung Butz“ googelt, findet massenweise **Berichterstattungen aller großen Medien** über das Weingut in Hochstadt. Schwieriger wird es allerdings an die Weine des Extraklasse-Winzers heranzukommen. Seine häufig mit Gold und Silber prämierten Weine sind im Handel und in der Gastronomie nicht zu haben, sondern nur direkt vom Weingut, vorausgesetzt sie sind nicht ausverkauft, was nicht selten der Fall ist.

stern.de

http://www.stern.de/lifestyle/lebensart/mit-schallwellen-zum-edlen-tropfen-
Erscheinungsdatum: 17. Juni 2013, 11:40 Uhr

Mit Schallwellen zum edlen Tropfen

Ein Winzer aus der Südpfalz beschallt seinen Wein während des
gute Produkt noch besser machen. Die Nachfrage gibt ihm recht.

„Ich bin schon seit langem davon überzeugt, dass alles Energie ist, alles schwingt - jede Zelle, jede Pflanze, jedes Atom, da gibt es wohl mehr Zusammenhänge als Zufälle,“ erklärt der Weinmacher. ***„Durch die Schwingung der Musik wird z. B. die Hefe während der Vinifizierung ständig in Bewegung gehalten, schon das wirkt sich positiv auf den Geschmack aus.***

Nicht durch Gewinn- und Produktionsoptimierung erfahren wir die wunderbaren Geschenke der Natur, sondern durch Achten und Geben. Genuss ist für mich die Quelle aller Kreativität und nicht der Profit.

Deshalb gebe ich meine Weine auch zu fairen Preisen ohne Zwischenhandel weiter. Es soll, sowohl der Erzeuger als auch der Weintrinker davon profitieren und nicht unser ausschließlich auf Gewinnoptimierung ausgelegtes Konsumsystem. Erfolg definiere ich mit dem was aus meinen Visionen „erfolgt" und davon habe ich noch eine Menge."

Christian lässt keinen Zweifel an seiner Überzeugung und auch die bezaubernde Vinothek sowie der Weinkeller, ja sogar der Hund im Hause Butz zeugt von einer lebensbejahenden und ganzheitlichen Gradlinigkeit und Harmonie.

Ehefrau Sandra ist für das Marketing und den Verkauf im Weingut zuständig. Von Kindheit an kämpfte sie mit einem schwachen Immunsystem und quälte sich mit Neurodermitis, Asthma, Morbus Crohn und manch anderen Leiden. Bei der „Austherapierten" war die Schulmedizin mit ihrer Weisheit am Ende. Keine Anwendung und kein Medikament konnte ihr wirklich helfen. Aus diesem Grunde beschäftigte sie sich mit Alternativen aller Art, bis ihr die Heilpraktikerin **Juditha Vrabl** aus München ProTop zur Darmsanierung empfahl. Relativ schnell ging es Sandra in allen Bereichen spürbar besser. Seither ist sie von ProTop begeistert und nach und nach tauschte sie auch ihre Putzmittel gegen sEM-Reinigungsmittel aus.

Keine Frage, dass Sandra und Christian die Philosophie des naturbewussten, ganzheitlichen Lebens und Denkens miteinander verbunden hat. Als das Ehepaar 2012 Jürgen Amthor auf der Paracelsus-Messe in Wiesbaden trafen kam das Gespräch schnell zum Weinbau und auf sEM für Landwirtschaft und Garten. Nach intensivem Hinterfragen war auch der „Naturwinzer" Christian von den effektiven Mikroorganismen „infiziert".

So brachte er im April 2013 sEM-Dünger in flüssiger und in Form von Pellets an seinen Weinstöcken aus und zwar von Hand an jeden einzelnen.

Christian Butz und Jürgen Amthor

Begeistert von **sEM** berichtet Christian Butz: ***„Die Trauben blieben länger gesund und fingen nicht so früh das Faulen an wie die anderen. Auch der Geschmack der Weintrauben war gehaltvoller. Lockere Böden hatten wir schon, aber wenn Du jetzt rausfährst, kannst du unsere Lagen alleine durch ein sattes Grün von den anderen unterscheiden. Das Ergebnis waren hoch ausgezeichnete und gehaltvolle Spitzenweine. In diesem Jahr werde ich den Dünger selbst mit sEM ansetzen und zusammen mit Bokashi + 400 von der Eußenheimer Manufaktur ausbringen, auch die Reben werden zukünftig mit sEM gespritzt. Mein Ziel ist es, dadurch die Pflanzenschutzbehandlung auf ein absolutes Minimum zu reduzieren."***

Ehefrau Sandra ergänzt: ***„Auch unseren Garten haben wir mit sEM gedüngt, darauf ereignete sich ein unglaubliches Blütenfeuerwerk, die Dahlien an der Garage wurden beinahe doppelt so hoch wie im Jahr zuvor, fette Regenwürmer und Insekten lebten wie in einer grünen Hölle. Im letzten Jahr legte ich ein EM-Keramikstück in unser abgesägtes Fass, welches ich als Schilftrog benutze. Das Wasser ist noch jetzt im Februar klar."***

Die Butz´ens sind an ehrlicher und ausgeglichener Menschlichkeit kaum zu übertreffen. Hier steht eben der Mensch und die Natur sowie der Genuss im Mittelpunkt und nicht der Profit. Positiv denken und Arbeiten heißt eben:

„Sorge dich nicht schon jetzt um die Ernte, sondern kümmere dich zunächst um die richtige Bestellung deiner Felder"

(Konfuzius)

Dies beweist sich hier auf anschauliche Weise im Weingut Butz in Hochstadt durch die hochprämierten Spitzenweine.

5. Haustiere

23 Mio. Hunde und Katzen, Meerschweinchen und Kaninchen, Vögel und Frettchen leben in deutschen Wohnungen – Pferde, Fische und Exoten nicht mitgerechnet. Mehr als 3 Mrd. € lassen sich Frauchen und Herrchen ihre tierischen Begleiter kosten. Zuwendung und Sorge um die animalischen Familienmitglieder hat bei vielen den Status eigener Menschenkinder erreicht.

Säugetiere haben die gleichen Sinnesorgane wie Menschen: sie riechen, hören, sehen, schmecken und reagieren auf Berührung. Allerdings sind die Sinnesorgane unterschiedlich sensibel, so sehen z. B. Hunde nicht besonders

gut, nehmen allerdings Gerüche 100-fach genauer wahr als Menschen. Zudem reagieren die meisten Haustiere auf elektromagnetische Felder ihrer Umgebung, auf Stimmen und Geräusche, auf ihr gesamtes, optisches, spürbares und riechbares Umfeld.

Da bei Hunden Gehör und Nase weit sensibler sind als bei Menschen, erfassen sie ihr Umfeld nicht weniger detailliert als wir mit unserer besseren Sehkraft, aber eben auf eine andere Art.

Auch wenn wir das menschliche Leben in der Hierarchie höher bewerten als jenes der Tiere, muss man an dieser Stelle auch die Kehrseite unserer Intelligenz, die Dummheit erwähnen, die nicht von Tieren erfunden wurde. Mit sog. Zivilisationskrankheiten, die es im ursprünglichen natürlichen Lebensraum der Tiere nicht gab, infizieren wir seit langem

auch unsere Haustiere. So werden beispielsweise Diabetes, Übergewicht, Gicht, Darmkrankheiten, Tumore und Krebs auch bei Haustieren immer häufiger.
Überzüchtung und falsche Tierhaltung führen von vorne herein zu einem schwächeren Immunsystem, bekannter weise sind extreme Zuchten am anfälligsten.

Vor einer Menschgeneration bekamen die Haustiere die Reste aus der Küche und ab und zu Fleischabfälle. Heutzutage wird uns mittels Werbung klar gemacht, dass es unverantwortlich leichtsinnig sei, ein Tier mit dem zu ernähren, was ihm und uns seit Jahrhunderten gut bekommen ist. Wir sollen für die Familie kochen, da das Essen aus der Dose oder Tiefkühltruhe nicht den Wert des „Selbstgekochten" erreiche, muss viel Frisches auf dem täglichen Speiseplan stehen. Für Hunde und Katzen gelten jedoch andere Maßstäbe: Man kocht gesunde Nahrung für die Familie und füttert nun das Haustier mit Industrienahrung, die die Gesundheit der Tiere nachhaltig untergräbt. Wie pervers dieses Vorgehen ist, zeigt sich daran, **dass Hundekot in Tierheimen in separaten Tonnen für viel Geld als Sondermüll entsorgt werden muss.**

Dr. Aschenbach, Tierarzt vom Institut für Veterinär-Physiologie der Veterinärmedizinischen Fakultät der Universität Leipzig schreibt beispielsweise zur „Pansen-Azidose", einer verbreiteten Krankheit bei Wiederkäuern: *„Hinter dem Namen Pansen-Azidose verbirgt sich eine der sog. Zivilisationskrankheiten, die dann auftreten können, wenn sich der tierische Organismus nicht an eine Lebensweise anpassen kann, die vor allem den menschlichen Bedürfnissen geschuldet ist."*
Ein anderer anerkannter Tierarzt schreibt u. a., dass Hunde Trockenfutter nie selbst hätten erfinden wollen, weil sie die Menge des dazu nötigen Wasserbedarfs nie trinken könnten.
Nun wissen wir natürlich um die „Verbiegung" von Tieren bzw. Haustieren nach unseren Vorstellungen. Jeder Tierhalter glaubt für seinen Liebling das Richtige zu tun, oft leider nur, weil das Hundchen sich scheinbar und niedlich bedankt.
Erinnern wir uns, dass wir Menschen uns im Verhältnis zu unserer zeitlichen Entwicklung erst seit wenigen Sekunden „modern" ernähren und unserem Organismus einen „Akkord-Umstellungs-Schock" zumuten. Zunächst waren unsere Haustiere jedoch noch damit verschont. Erst vor rund 50 Jahren begannen wir, dank der irreführenden Werbung, unsere Haustiere mit unnatürlicher Nahrung, chemischen Mittelchen und Medikamenten vollzustopfen und somit die Krankheitsspirale anzufachen.

Diese kurze Umstellungsphase birgt Lebensgefahr für jedes Tier. Alleine diese Tatsache müsste uns zum Einlenken bewegen, zurück zur Natur, also den Mikroorganismen.
Aufbauende Mikroorganismen sorgen auch bei unseren Haustieren für probiotische Gesundheit. Genau wie bei Menschen, ergibt sich die Bakterienbesiedlung bei Tieren während der Geburt, aus der Nahrung und den Mikroben-Milieus des Umfeldes. Die wenigsten von uns fürchten sich vor Körperkontakt, dem Berühren oder Schmusen mit einem Haustier, also auch nicht vor dessen Bakterien. Dafür gibt es auch keinen Grund.
Bakterienvielfalt ist, wie wir bereits gelesen haben, gesund - vorausgesetzt wir achten darauf, dass das Milieu sich positiv im Gleichgewicht befindet. Dies erreichen wir bei Tieren wie bei Menschen über die Nahrung, aber auch über das Milieu im Haushalt. So sollte Tiernahrung ebenso wenig chemische Stoffe und Säuren enthalten wie unsere eigene Nahrung, um eine gesunde Darmflora zu gewährleisten. Bei Mangelerscheinungen bietet sich z. B. die Möglichkeit, spezifische Mikroorganismen dem Futter beizumischen. Veränderungen des Fells oder der Haut können ebenso mit sEM behandelt werden. Sehr wirksam sind Mikroorganismen auch vorbeugend oder bei Befall mit Zecken (gilt auch für Halter).
Da wäre noch die Giftaufnahme durch empfindliche Nasen und Mäuler. Stellt man sich vor, dass ein Hund mit seinem höchst sensiblen Geruchssinn, 2/3 seines Lebens scharfe, chemische und synthetische Dämpfe einatmen muss, braucht man sich über Verhaltensstörungen und Krankheiten nicht zu wundern. Das zunächst nach synthetischen Veilchen duftende Salmiakputzmittel mag unseren Nasen Frische suggerieren, für einen Hund muss das eine Folter sein. Hinzu kommt, dass wir dies nach mehreren Stunden nicht mehr wahrnehmen. Dem Hund brennt dies allerdings noch weit länger in der Nase, während er notgedrungen alle Gifte einatmet. Auch beim Leckon an Möboln odor am Bodon, was Hundo und Katzon gorno tun, nohmen Tiere all die Gifte auf, mit denen wir „sauber" gemacht haben. Deshalb sollten nicht nur die Wohnung, sondern auch Käfige oder Schlafstellen mit sEM gereinigt werden.
Bei allen Lebewesen fördert ein ausgeglichenes positives Mikroben-Milieu in der Raumluft, auf den Flächen sowie im und am eigenen Körper die Gesundheit. So gilt auch für die Haustiere, was bereits in den Kapiteln Gesundheit und Haushalt angesprochen wurde.
Mit sEM verbessert sich der Stoffwechsel und das Immunsystem der Tiere, das Fell wird glänzender, weich und gleichmäßig, die Ausscheidungen verlieren ihren stinkend aggressiven Geruch, Verletzungen heilen besser und es treten weniger Parasiten auf. Die Tiere zeigen Ausgeglichenheit und Vitalität.

Es gibt zahllose Beispiele von Haustieren, Pferden und Nutztieren, denen es rundum besser geht, seit ihre Bakterienbesiedlung mit Hilfe von sEM bereichert, korrigiert und harmonisiert wurde. Auch das Heilen vieler Krankheiten durch sEM ist belegt und alte kranke Tiere wurden dadurch häufig revitalisiert.

Pferde nehmen in unserer Gesellschaft auch in Sachen Mikroorganismen eine besondere Stellung ein. Ursprünglich war das Pferd ein Steppentier, ständig am kargen aber auch kräuterreichen Gras rupfend, fortwährend in Bewegung. Sie konnten so mit den Kräutern die für den Darm so wichtigen Mikroorganismen aufnehmen. Zunächst war das Pferd ein Transport- und Arbeitstier, heute hat es bei uns seinen Platz hauptsächlich in der Sport-, Kultur- und Freizeitszene.

Es fehlt heutzutage allerdings auf den meisten Weiden an artenreichem Bewuchs. Kunstdünger verhindert die Mikrobenpopulation, zudem stehen die Pferde mehrzeitlich im Stall. Vorbestimmte Futterrezepturen sowie Futterzeiten erwirken eine widernatürliche Lebenssituation und erhöhen bei diesen sensiblen Tieren die Anfälligkeit für Erkrankungen aller Art.

Sägemehl, Stroh und Heu sind für den zusätzlich belastenden Staub verantwortlich, den die Pferde durch ihre großen Nüstern inhalieren. Schimmelnester im Heu oder in der Silage verbreiten zudem große Mengen Schimmelsporen, die insbesondere beim Fressen eingeatmet werden. Da Pferde wie auch in anderen Nutztierstallungen zeitweise im eigenen Kot stehen, sind sie Ammoniak und einer Vielzahl von Parasiten ausgesetzt (ganz abgesehen von der „Qualität“ des Kots, der ebenso schädlich belastet sein kann). Dieses Stallumfeld ist für die meisten Krankheiten, Immunschwächen und Infektionen verantwortlich.
Durch Sprühen mit spezifischen Mikroorganismen wird der Feinstaub gebunden und Fäulnisprozesse sowie Schimmelbelastungen reduziert; dies lässt die Tiere im wörtlichen Sinne aufatmen. sEM eignen sich ebenso hervorragend für Zaumzeug und Geräte. Mit sEM behandeltem Futter aller Art sorgen wir für die Aufnahme aufbauender Mikroorganismen im Körper des Pferdes und so auch für einen gesunden Organismus sowie eine gesunde Darmflora. Wenn der Kreislauf Futter–Stall–Pferd–Weide–Mist durchgehend mit sEM besetzt ist, reagieren die sensiblen Tiere erfreulich schnell und intensiv. Weniger Fäulnis bedeutet im Übrigen auch weniger Fliegen.
Bei Tierzüchtungen wie **Süßwasserfischen**, aber auch **Bienen**, zeigt der Einsatz von sEM hervorragende Ergebnisse. Bei stehenden Gewässern sind Aufbauende Mikroorganismen z. B. besonders effizient, denn diese sind quasi ihre „Ursuppe“. Der Einsatz von spezifischen Mikroben führt auch bei der Fischzucht zur Verminderung von Zusatzstoffen und Medikamenten, verbessert die Wasserqualität und führt zu einem vitalen Leben mit weniger Anfälligkeiten. In der Tier-Hygiene kann man viel regulieren, schneller als im gesamten Ökosystem.

Das es hier schon „5 nach12“ ist, müssen wir leider auch immer wieder von den Imkern erfahren.

Bienenvölker sind ein Barometer unseres kranken Ökosystems. Sterben die Bienen, ist auch unser eigener Fortbestand in akuter Gefahr und der Biene geht es schlecht! Jürgen Amthor von der Eußenheimer Manufaktur ist selbst Imker und führt Folgendes an:

„In Deutschland starben in den letzten Jahren bis 20% der Bienenvölker, in Europa teilweise sogar bis 30%. Es leiden immer mehr Bienenvölker an den Auswirkungen der modernen Landwirtschaft und der Klimaveränderung.
Das Immunsystem der Bienen wird massiv durch Giftcocktails der chemischen Landwirtschaft in Form von Spritzmitteln sowie genmanipulierten Pflanzen gestört. Die Varroamilbe und andere Krankheiten machen sich breit. So gräbt sich der Landwirt sein eigenes Grab und somit auch das unsere.
Mittlerweile gibt es zwar schon Programme für beispielsweise Bienenwiesen

und andere Ökoaktionen, doch die Beeinträchtigung des gesamten Ökosystems ist dermaßen akut, dass diese noch verhaltenen Aktionen nicht ausreichen werden.
Weltweit beträgt die Bestäubungsleistung der fleißigen Bienen 265 Mrd. $ pro Jahr. 1/3 von allem was wir essen, würde es ohne die Bestäubung von Insekten nicht geben. Außerdem sorgen sie für die Vermehrung zahlreicher Wildpflanzen, die anderen Tieren und Insekten als Lebensraum und Nahrung dienen.
Jeder der ein Stück Garten sein Eigen nennt, kann gezielt Bienenweiden aussähen und die aufbauenden Mikroorganismen im Garten ausbringen. Chemische Spritzmittel sind beim Einsatz von sEM tabu und nicht nötig. Jeder m² Boden der giftfrei ist, trägt zum Erhalt der Bienenvölker bei. Weiterhin setzen meine Imker-Kollegen und ich zur Immunstärkung und beim Füttern sEM ein. Dadurch wird das Immunsystem der Bienen gestärkt. Der Einsatz von sEM ersetzt allerdings eine Varroabehandlung mit einschlägig bekannten Mitteln nach unseren Erfahrungen noch nicht ganz.
Doch es sind Verbesserungen erkennbar und wir forschen weiter daran.“

„Wenn wir keine Bienen mehr haben,
gibt es auch bald keine Menschen mehr.“
Albert Einstein

Die Anwendungsmöglichkeiten von sEM sind für Tiere, bei unterschiedlicher praktischer Umsetzung und differenzierter Dosierung, die Gleichen.

Wir haben keine Wunder zu erwarten, wenn nicht jene der Natur!

„Für meine Norweger nur sEM"

Die **Pferdewirtschaftsmeisterin Kathrin Fischer (36) züchtet seit 11 Jahren norwegische Fjordpferde.**

Schon als Kind wurde sie durch das Reiten und Pferdepflegen zur Pferdenärrin. Um ihrer Berufung nachzukommen absolvierte sie eine Ausbildung zum Pferdewirt und 1999 ihre Meisterprüfung.

Seither wirkte Kathrin als Säule des Pferdehofes „Vogelsmühle" in Arnstein/Büchold.

Gemeinsam mit ihrem Lebensgefährten, dem Schweizer **Reto Zaugg**, erstand sie 2012 das alte Gut **„EIDENBACHER HOF" in Gräfendorf/Rhön,** womit sich beide ihren Traum erfüllten. Nebst der großen Herausforderung historische Gebäude wieder zu erstellen, bieten sie den Tieren hier ein Pferdeparadies auf weiter Flur. Auf den rund 4 ha Koppeln, Stallungen und Übungsplatz fühlt sich das Dutzend Fjordpferde sichtlich wohl. **Auch Pensionspferde** werden hier in beste Hände aufgenommen und **Wanderreiter** finden ebenfalls ein Willkommen.

Kathrins Freund **Reto** verdingt sich als gelernter Handwerker und **Spezialist für Gestaltung von Außenanlagen, Natursteinmauern, Pflaster, Hügelbeete und Permakulturen. Kathrin** ist der Profi für alles was die Pferde betrifft. Neben dem Züchten der Fjordpferde gibt sie **Reitunterricht, bildet Pferde aus und reitet sie zu - auch außer Haus.** Sie gestaltet **Ferienprogramme mit Kinderreiten** und organisiert **Kindergeburtstage.** Verkauft werden die Tiere an Privatpersonen aber auch häufig als **Therapiepferde.**

Kathrin Fischer:

„In einer Pferde-Fachzeitschrift las ich über den Einsatz von EM in der

Das **Fjordpferd** gilt, wie auch die meisten Ponyrassen, als robust, anspruchslos, ausgeglichen, gelehrig und langlebig. Es war das Allround-Pferd Norwegens, das für alle Arbeiten eingesetzt wurde. Bis heute wird der, auch unter schwerer Last ausgezeichnete Kletterer von den norwegischen Gebirgstruppen als Packpferd verwendet.
Fjordpferde werden heute von **Freizeitreitern** eingesetzt, sie eignen sich für **Wanderritte, das Distanzreiten, Rallyes und Geschicklichkeitsturniere.** Häufig werden sie als **Therapiepferde** eingesetzt. Darüber hinaus sind sie **gutmütige Kinderreitpferde.**

Kathrin´s grauer Deckhengst „Haakon"

Pferdehaltung und war von den Aussagen verblüfft. Also testete ich die Mikroorganismen zunächst, schließlich war es rein biologisch und konnte also nicht schaden. Zu meiner Überraschung traf alles genau so zu wie ich es gelesen hatte. Bald bezog ich sEM regelmäßig aus der biozertifizierten Manufaktur in Eußenheim und nicht nur meine Tiere danken es mir.
Mittlerweile wende ich sEM auch im Haushalt und Garten sowie für meine Gesundheit an. Durch einen Zeckenbiss vor rund 11 Jahren bekam ich eine Borrelien-Infektion (Spirochäten). ***Sie schwächte mein Immunsystem und verursachte Fieberschwankungen, häufige Erkältungen und Schlappheit. Seit 6 Jahren nehme ich sEM zusätzlich zu meinen homöopathischen Mitteln. Seither zeigen sich wesentlich bessere Werte und ich habe die Infektion viel besser im Griff. Ich hoffe, dass ich so die Borrelien vielleicht ganz los werde, warten wir´s ab.***
Bei unserem Einzug im Eidenbacher Hof haben wir u. a. die Wandfarben mit EM-Keramikpulver vermischt, das Raumklima ist dadurch hervorragend.
Auch bei der Tierpflege und im Stall möchte ich nie mehr auf sEM verzichten. Das Stallklima ist erfrischend gesund für die Tiere, Futter und Wasser werden mit sEM behandelt und die Tiere besprüht. Wenn ein Tier einen auffällig schlechten Eindruck macht, verabreiche ich ihm die Mikroorganismen pur ins Maul, dass lieben sie im Übrigen besonders, danach sind sie umso vitaler. Ein recht kränkliches Pferd habe ich mit sEM pur und Propolis behandelt, so kamen plötzlich Würmer und Gifte raus. Nach einer Woche war das Tier wieder quitschfidel. Blessuren und kleinere Verletzungen verschwinden mit sEM genauso schnell und die Mauke (Hautkrankheit in der Fesselbeuge) ***bringe ich damit auch bei den Pensionspferden in wenigen Tagen weg. Unsere Tierärztin, die wir seither fast nie brauchen, lässt die Ställe ihrer Kunden ebenfalls mit sEM einsprühen. Selbstverständlich versetze ich auch meinen Mist mit effektiven Mikroorgansimen, so wird er zum hochwertigen, organischen Biodünger.***
Ich will meine Überzeugung von sEM hier gerne bestätigen und freue mich, insbesondere auch für meine Tiere, dass ich durch die Mikroorganismen auf Chemie und Medikamente gänzlich verzichten kann. Zudem wirkt es sich positiv auf mein Umfeld, unser Umland und die gesamte Umwelt aus.“

Pferdeliebe und Mikroorganismen

Werner Hartmann, (65) aus Erlabrunn wurde 1995 während eines Ungarnurlaubs zum Pferdeliebhaber und ein Jahr später zum **Pferdebesitzer.**
Mit viel Liebe und viel Zeit widmet sich der Frührentner gemeinsam mit **Ehefrau Christa** heute seinen 3 Pferden im eigenen Stall und auf eigenen Koppeln. Sein besonderer Stolz gilt dem Araberhengst „Ozmin".

1988 musste Werner als Magen-Krebspatient eigene Erfahrungen mit medizinischen Behandlungen und einer schweren Krebsoperation machen. Seither interessiert ihn alles was mit alternativen Gesundheitsmethoden zu tun hat, insbesondere auch für seine Pferde.
So belas er sich und hinterfragte alle Alternativen. Ein Vortrag **„Rund um das gesunde Pferd"** brachte ihn auf **sEM und zu Jürgen Amthor**.
Seit über 10 Jahren setzt der Pferdeliebhaber **sEM in allen Kreisläufen für Pferde, Haushalt und Garten ein.**
Stall und Tiere sowie das Futter werden regelmäßig mit entsprechenden sEM gespritzt, auch der Pferdemist wird damit fermentiert und wider auf die Koppeln ausgebracht. Werner bestätigt, dass der Ammoniakgestank seither nicht mehr vorhanden ist, die Tiere haben weniger Zecken, es gibt kaum Fliegen im Stall und das Fell der Tiere ist gesund und glänzend. Merklich vitaler und ausgeglichener seien die Pferde seit er mit sEM arbeitet. Mit großem Enthusiasmus berichtet er von den Erfolgen:
„Der Hengst kommt mit den Stuten auf die Koppel, ohne dass es Unruhe gibt - das ist er allerdings seit Kindheit an schon aus Ungarn gewohnt. Die Ausgeglichenheit durch sEM trägt allerdings auch einen Teil dazu bei. Bei meinem ersten Hengst hatte ich mit zunehmendem Alter Probleme mit dem Fell, der 23 jährige bekam beim alljährlichen Fellwechsel im Frühjahr immer mehr kahle Stellen, die nicht mehr zuwachsen wollten. Nachdem ich alle möglichen Salben ergebnislos verschmiert hatte, habe ich die Stellen das Jahr hindurch immer

kräftig mit sEM eingesprüht. Das Jahr darauf war das Fell wieder perfekt. Auch wenn sich meine Pferde durch Grasmilben über den Hufen wundgeleckt haben, stelle ich sie mit dem Bein in einen Eimer aus sEM-Lösung und wasche sie mit einem Schwamm täglich ab, nach 8 Tagen ist alles wieder ok. Das gilt auch für kleinere Schrammen oder Verletzungen.
Im Übrigen entwurme ich die Tiere mit Propolis. Das erspart ihnen und mir das Prozedere mit der Wurmpaste. Nur 3 mal im Jahr bekommen sie es ins Futter und so sind keine Würmer vorhanden. Zudem kostet mich so ein Propolis-Fläschchen gerade mal 14 €, das reicht für alle drei Pferde zwei Jahre lang."

Propolis ist eine von Bienen hergestellte harzartige Masse mit *antibiotischer, antiviraler* und *antimykotischer* Wirkung, sie wird auch „Bienenharz" genannt.

Die Revitalisierung ausgemergelter Tiere

Dem Software-Entwickler und Hundetrainer **Lutz Stamm** aus Coburg hatten es Tiere schon immer angetan. Gemeinsam mit seiner Lebensgefährtin eröffnete er 2003 eine Tierpension. Die Liebe zu den Tieren und deren Schicksale, mit welchen er immer häufiger konfrontiert wurde, brachten Lutz dazu sich hauptberuflich damit zu beschäftigen. Er engagiert sich heute als freier Mitarbeiter bei **„Pro Animale für Tiere in Not e.V."** in Schweinfurt und erweiterte die **Tierpension in Völkershausen Vacha** Lkr. WAK, zum Gnadenhof für Tiere.

Die **Tierpension „Unter der Linde"** (Heike Gottwald) und der **„Gnadenhof Rhönwiese"** sind nahe der fränkischen Grenze mittlerweile weithin bekannt. Rund 4 Dutzend Tiere wie Minischweine, Minischafe, Miniponys, Enten, Katzen, Hunde und sogar ein Stachelschwein fanden hier Zuflucht vor dem Schlachter oder vor unverantwortlichen Tierhaltern. Rund die Hälfte sind Hunde, welche aus den verschiedensten Gründen abgegeben werden. Oft gelingt es den Betreibern auch Tiere an seriöse Liebhaber zu vermitteln. Als „sEM-Überzeugungstäter" berichtet Lutz Stamm:

„2004 wurde bei Pro Animale über sEM diskutiert und das Thema interessierte mich so sehr, dass ich mich darüber schlau gemacht habe. Überzeugt begann ich relativ schnell und mit überraschendem Erfolg Mikroorganismen auf unserem Anwesen einzusetzen. Mit Jürgen Amthor aus Eußenheim fand ich in der Region bald einen guten Kommunikationspartner zum Erfahrungsaustausch und einen adäquaten Lieferanten für sEM.

Wir verwenden sEM in allen Lebensbereichen, für uns selbst, im Haushalt und Garten und natürlich in der Tierhaltung und Pflege. Ställe und Schlafplätze werden mit sEM gereinigt, das Futter, egal welches und auch alle Tiere werden damit besprüht.

Wenn oft ausgemergelte oder kranke Tiere mit Mangelerscheinungen aber auch Verletzungen aus den schlechtesten Verhältnissen zu uns kommen, ist es unglaublich mit anzusehen, wie und wie schnell sich die Tiere durch eine intensive sEM-Behandlung erholen. Das Fell wird wieder voll und

glänzend, kleinere Verletzungen verschwinden binnen weniger Tage und die Tiere werden ausgeglichener und vitaler. Meinen Schafen habe ich beispielsweise eine alte Matratze als weichen Boden in den Stall gelegt. Durch das regelmäßige Sprühen ist sie in 9 Monaten weder nass noch modrig. Gestank gibt es auf unserem Anwesen nirgendwo, denn der sEM-Kreislauf beseitigt die fauligen und beißenden Gerüche, deshalb haben wir auch keine Fliegenplagen im Sommer.

Das Fermentieren des Mistes und auch den des Hundekots führe ich regelmäßig selbst durch. Da Hundekot normalerweise in Tierheimen als Sondermüll für teures Geld entsorgt werden muss, entwickelte ich durch sEM eine Methode, damit er geruchlos und schadstofffrei kompostiert werden kann. So mische ich Grünabfälle und Mist mit dem Hundekot und fermentiere das ganze mit sEM. Wenn ich abermals Pferdemist, Steinmehl und sEM beifüge, erhalte ich sogar beste Blumenerde.

Zunächst hatten sich Nachbarn beschwert, da ich den Hundekot auf den Kompost bringe. So lud ich das Ordnungs- u. Veterinäramt, sowie Bürgermeister und Bürger ein, meinen Kompost zu begutachten. Alle waren begeistert von meinem wunderbaren, knochentrockenen und Gestank freien Humus. Daraufhin erfolgte gar eine löbliche Gegendarstellung in der regionalen Zeitung. Derzeit führen wir auch bei „Pro Animale" ein Pilotprojekt bezüglich des Hundekots in Tierheimen mit sEM durch.

Außer zur Entwurmung benötige ich keinerlei Medikamente für die Tiere und der Tierarzt kommt lediglich einmal im Jahr zur Kontrolle."

Lutz Stamm
Mob: 0160 561 02 08

www.tierpension-unterlind.de

Kaninchenzucht mit sEM wieder gesund

Daniela Hofstetter aus Hundsbach/Ufr. (verh. 3 K.) hatte Probleme mit der Schilddrüse. Nachdem sie begann, sich mit ProTop aus Eußenheim zu therapieren und ihr Trinkwasser mit EM-Keramik aufzubereiten, trat eine spürbare Besserung ein. Sie verspürte mehr Energie, wurde fitter und die Funktionen der Schilddrüse besser. Nach einiger Zeit konnte sie auf Medikamente ganz verzichten.

Nach der Devise, „*was für den Menschen gut ist kann für Tiere nicht schlechter sein, solange es um Biologie geht*", überzeugte sie ihren Vater, den Kaninchenzüchter mit dem treffenden Namen **Egon Haas**, sEM auch bei seinen Kaninchen einzusetzen.

Bei allen Kaninchenzüchtern bekannt ist die gefürchtete *Enterocolitis,* eine Darmerkrankung bei Neugeborenen, die meist nach dem Absetzen der Säugung eintritt. Die Jungtiere verenden mit Bauchkrämpfen und Durchfall auf grausame Weise.

Egon, der bereits 30 Jahre Kaninchen züchtet, verlor dadurch teilweise bis zu 60 % seiner neugeborenen **Rhön-Kaninchen** mit welchen er ansonsten regelmäßig im Bezirk mit Preisen ausgezeichnet wird.

Zunächst misstrauisch gab er dem Drängen seiner Tochter Daniela nach und begann sEM-Technologie einzusetzen. Das Trinkwasser für die Tiere wurde mit EM-Keramik aufbereitet und sEM dem Futter beigemischt. Die Tiere wurden mit sEM besprüht und die Ställe damit gereinigt. Auch das Futter für den Winter wurde mit sEM bokashiert und so der gesamte Kreislauf der Tierhaltung umgestellt. Egon verzichtet heute gänzlich auf Medikamente oder Aufbaumittel für seine Kaninchen.

Der ganze Stall verlor seinen üblen Geruch, die Tiere wurden vitaler und das Fell schöner. Wenn früher von jährlich 150 Jungtieren rund 90 nicht durchkamen, sind es heute maximal 20 Neugeborene die es nicht schaffen. WK

Prophet der Mikroben

Erwin Göpfert aus Unterpleichfeld/Ufr. war Landwirt und Schweinezüchter mit Leib und Seele. Heute ist der vitale 80jährige ein „Prophet“ für Mikroorganismen. Ausgeglichen und bestens gelaunt berichtet der „Hobby-Hühner- u. Kaninchenhalter“ begeistert von spezifischen Mikroorganismen. ***„Als ich die Schweinezucht aufgab und meine Güllegrube geleert hatte, wollte ich sie als Regenwasserbecken nutzen. Doch den Gestank wäre ich so nie los geworden, ätzende Säuren oder Chemie wollte ich nicht einsetzen.***

Damals las ich über EM und bestellte mir im württembergischen EM-Keramik und flüssig-EM, obwohl ich zunächst misstrauisch war, es wird ja viel dummes Zeugs angeboten. Doch nach zwei Tagen war das Wasser in der Grube klar und geruchlos, das überzeugte mich. Selbst als Gießwasser für meinen Garten zeigte sich, dass die Pflanzen sich besser entwickelten. Seit ich dann vor rund 7 Jahren Jürgen Amthor bei einem Vortrag in Würzburg kennen lernte, gehe ich in der Eußenheimer Manufaktur ein und aus. Die spezifischen Mikroorganismen aus Eußenheim werden seither bei mir überall eingesetzt. Ich kann Ihnen sagen, wer´s nicht macht ist selber schuld. Meine Hühnerrassen und Kaninchen sind kerngesund, ich behandle das Futter mit sEM, bokashiere alles selbst, besprühe auch das Biolege-Korn und setze die Grassilage mit sEM an. Natürlich reinige ich auch die Ställe damit. Dass die Eier meiner Hühner auffallend gut schmecken, bestätigen mir die Leute jedes Mal.
Ich setze EM-Keramik wo es möglich ist ein und habe sie mittlerweile auch in meinem Trinkwasserzulauf installiert. Auch im Garten nutze ich sEM überall und meine Frau kennt keine anderen Reinigungsmittel mehr.
Meinen Goldfischteich habe ich damit saniert, die Goldfische waren offensichtlich hoch begeistert, denn das Wasser wurde glasklar. Dadurch hatte allerdings ein Fischreiher bestes Blickfeld und leichtes Spiel, das war der Nachteil. Dennoch tummeln sich hier Molche und Frösche, die woanders selten geworden sind.
Bei Lebensmitteln wirkt es tatsächlich Wunder. So wusch meine Frau z. B. einen schon weichen, angewelkten Kopfsalat mit sEM behandeltem Wasser und legte einen Plastikdeckel auf die Schüssel. Dieser hob sich nach rund einer Stunde an, weil der Salat wieder knackig und fest wurde. Wenn ich beispielsweise Äpfel aus dem Keller hole, die wegen der Lagerung weicher

geworden sind, lege ich diese in einen Eimer mit etwas sEM-Wasser. Nach einem Tag sind sie knackig und hart. Mittlerweile lagere ich jedes Obst in diesem Wasser, egal ob Bananen oder anderes Obst, es bleibt viel länger frisch - probieren Sie´s ruhig mal aus.

Seit langem habe ich angeschlagene Bronchen und muss deshalb ab und an antibiotische Medikamente nehmen damit ich keine Lungenentzündung bekomme. Gut vertragen habe ich die nie, Verdauungsprobleme und Durchfall waren jedes Mal die Regel. Seit ich ProTop Antioxidans dazu einnehme, bleiben die Beschwerden der Unverträglichkeit völlig aus und es zehrt auch nicht wie vorher an meiner Vitalität.

Ich kann mich noch gut erinnern, vor rund 50 Jahren war in der Landwirtschaft soweit noch alles in Ordnung, Wachstum und Fruchtfolge haben gestimmt, bis man vermehrt mit dem Spritzen von Chemie begonnen hat. Das Unkraut wurde jedes Jahr mehr, also spritzte man mehr. So steigerte sich die Spirale bis heute und den ganzen Dreck essen wir jetzt mit. Wenn ich nochmal von Vorne anfangen könnte, würde ich von Anfang an mit sEM arbeiten. Mit Mikroorganismen könnte man sehr viel gegen diese Entwicklung tun, davon bin ich überzeugt. Doch es gibt ja kaum noch Bauern, die Industrie kauft Land in großem Stil und hängt mit der Chemieindustrie zusammen. Diese entsprechenden Betriebe wachsen alle auf weit über tausend Hektar. Feld- u. Pachtpreise werden so für Kleinere zu teuer und sie müssen wegen schlechter Rentabilität meist aufgeben. Feldverkauf an solche Investoren ist Sünde an die Heimat und man sollte erkennen, dass es am Ende nur ums „Fressen“ geht - und da wollen sie uns packen!“

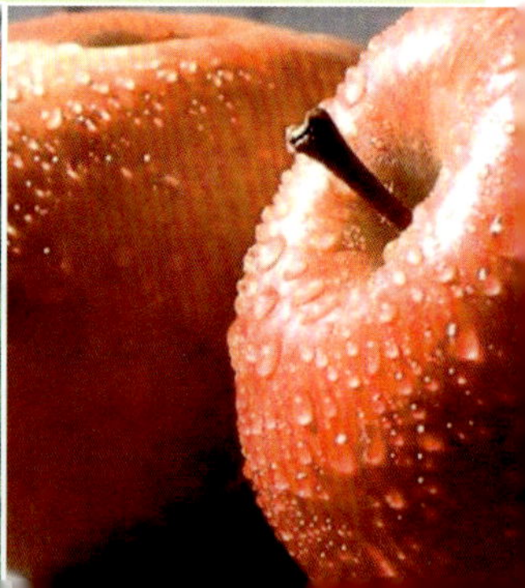

6. Viehzucht

Wie schon bei den Pferden beschrieben, ist auch bei der Viehzucht der Stall ein maßgebliches mikroorganisches Zentrum. Massentierhaltung entspricht am wenigsten den naturgemäßen Lebensbedingungen von Nutztieren, ist aber unserem hohen und oft leichtfertigen Fleischverbrauch geschuldet.
Der Stress beeinflusst die Tiere von Anfang bis Ende, dem entspricht auch die Qualität der Produkte, die für den menschlichen Verzehr bestimmt sind. Wie wir wissen, verursacht Stress Oxidation, folglich fast alle negativen Erscheinungen in unserem Lebensmittelkreislauf. Auch hier wurde im Laufe der Jahre die Gift- und Tötungsspirale beschleunigt. Angefangen von teils kriminellen Hormonbehandlungen bis hin zu massenweisem Antibiotika-Einsatz und chemischen Keulen gegen immer neue Resistenzen, womit sich die Natur gegen künstliche Ein- und Angriffe wehrt. Dem nicht genug, wird selbst totes Fleisch von der Industrie unter Zusatz von ekelerregenden Mittelchen noch in Farbe und vermeintlicher Genießbarkeit erhalten. Diese „falschen“, für viele Lebensebenen tödlichen Stoffe gelangen so in unseren Lebenskreislauf. Mittlerweile belegt jeder halbwegs aufgeschlossene Wissenschaftler dieser Welt, das offizielle Verbrechen an unserer Natur. Das ist auch für „Otto-Normalverbraucher“ längst kein Geheimnis mehr.
Mit einem lächerlichen Aktionismus und offensichtlicher Rücksicht auf die Industrielobby, versuchen Regierungen „Gifthöchstgrenzen“ für den menschlichen Verzehr festzulegen und eine Deklarationspflicht zu installieren, die einem schon beim Lesen zuwider gehen. Die „moderne“ Ernährung der Bevölkerung führt zu einem Anstieg von Unverträglichkeiten und Krankheiten, welche nach immer neuen und stärkeren Medikamenten verlangen. Diese neuen und für die Natur schädlichen Giftcocktails wiederum

sichern der Pharmaindustrie steigende Umsätze.
Wie naiv ist es zu glauben, dass sich Gifte, wenn auch in einzelnen Produkten, in „unbedenklichen Höchstgrenzen“ halten und nicht im gesamten Essen summieren!

„Die Dummheit ist des Menschen gut, kein Tier hat sie erfunden … und die Spirale der Dummheit potenziert sich scheinbar laufend!“

Noch bevor Fleisch, sei es von Rindern, Schweinen oder Geflügel, auf unserem Tisch landet, waren die Tiere bereits dieser Medikamenten- und Giftspirale weit höheren Dosen ausgeliefert, als sie für Menschen zugelassen sind. Auch hier müsste mittlerweile Mist und Gülle als Sondermüll entsorgt werden, würde man es genau nehmen.
Doch auch hier tut sich etwas: Landwirte und Biobetriebe, welche auf artgerechte Tierhaltung wert legen und mit allen Mitteln versuchen Medikamente und andere künstlichen Stoffe zu vermindern oder ganz wegzulassen haben zumindest bei bewussten Endkunden Konjunktur. Schon hier zeigt sich ein deutlich entspannteres Bild in den Ställen und bei den Tieren.
Mittlerweile steigt auch die Anzahl der Land- u. Tierwirte, welche sich die wunderbare Wirkung von aufbauenden Mikroorganismen bewusst gemacht haben und seither gänzlich auf Medikamente sowie Chemie verzichten können.
Angefangen von der Bodenbehandlung für den Futteranbau, über die Behandlung von Silage und Futter bis hin zur Stallhygiene durch spezifische Mirkroorganismen. Man erreicht einen probiotischen, stabilen und gesunden Kreislauf, anstatt die Umwelt zu belasten.
Viehzuchtbetriebe werden mit sehr viel unterschiedlichen Voraussetzungen und Zielen bewirtschaftet. Deshalb braucht man dafür ein individuelles sEM -Konzept. Es haben sich in der Zwischenzeit viele Einsatzmöglichkeiten mit überzeugenden Ergebnissen entwickelt.
Ob Hühner-, Schweine-, Milchkuh-, Bullen-, Schaf- oder Ziegenställe - bei vielen Tierwirten gehören Krankheiten bei Vieh und Geflügel zum Alltag. Die damit verbundenen Kosten und Ausfälle gehören bereits zu den festen Kalkulationsposten. Die Vorstellung, dass es auch ohne Medikamente und Tierarztbehandlungen gehen kann, erscheint vielen immer noch absurd.
Mit dem Einsatz von sEM und unterstützender Homöopathie sowie organisch gedüngten Äckern kann die Gesundheit von Kühen ein Normalzustand werden. Dies führte schon bei manchen Betriebsinhaber zu Aha-Erlebnissen.
Bei einem Rinderzüchter sind mit dieser entsprechenden Behandlung die Tierarztkosten von 50–60 € pro Jahr und Tier, im 2. Jahr auf 30 €,

im 4. Jahr auf 14 € und im 5. Jahr auf 3 € zurückgegangen.

Hier sieht man, dass gesunde Mikrobenmilieus im gesamten landwirtschaftlichen Betrieb sich - außer positiv auf die Gesundheit von Mensch und Tier sowie die Qualitätssteigerung von Futter und Fleisch - insbesondere auch noch erheblich auf die Kosten auswirken.

Tränkewasser entwickelt sich probiotisch, wenn man es mit spezifischen Mikroben impft. Geimpfte Gülle und Mist verlieren ihren beißenden Geruch, denn der gasförmige Stickstoff (Ammoniak) entweicht nicht mehr als Umweltbelastung, sondern bleibt für den Boden erhalten.

Materialien nutzen sich in mit sEM ausgespritzten Ställen weniger ab. Die aggressive Ammoniakbelastung fällt weg, da die antioxidative Wirkung keine Korrosion mehr zulässt. Wenn Böden, Decken, Ecken, Ritzen und Gerätschaften gut ausgespritzt werden, wird die Streu auf diese Weise gleich mit geimpft.

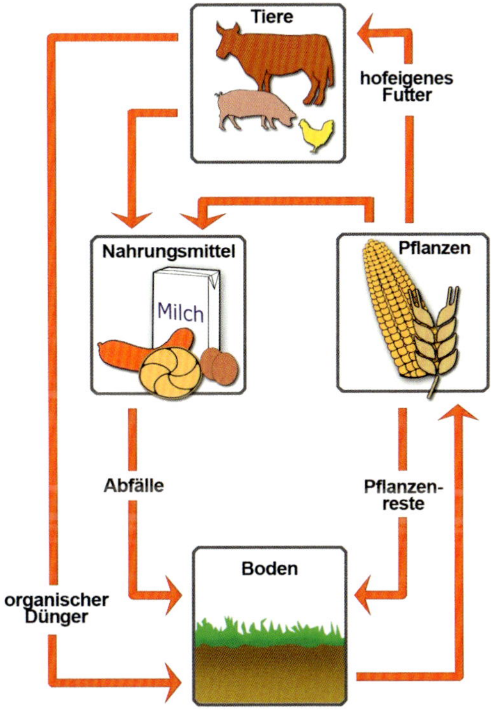

Die Milliarden kleinen Arbeiter machen sich sofort ans Werk und binden Ammoniak, der durch den Mist entsteht. Sie fressen und zersetzen andere giftige Verbindungen, verhindern Fäulnis und reduzieren deutlich den Gestank. Das hat wiederrum zur Folge, dass sich die Fliegenpopulation auf ein für die Tiere erträglicheres Maß verringert und die Tiere freier atmen können.

Sie benehmen sich dann viel entspannter, Aggressionen gegenüber Artgenossen sowie Kannibalismus bei Schweinen oder das Federhacken bei Hühnern bleiben aus, genauso wie panische Reaktionen beim Stallbetreten von Fremden.

Auch können die Kühe wieder ihre Hörner behalten, da die Verletzungsgefahr erheblich sinkt. Selbst die Sterblichkeitsrate bei Tieren und Jungtieren verringert sich deutlich. Das gesamte Milieu entspricht durch den Einsatz von aufbauenden Mikroorganismen plötzlich wieder der natürlichen aufbauenden Kraft der Natur.

So muss Landwirtschaft!

Dass Landwirtschaft auch anders geht, nämlich ohne Monokultur und Vergiftung der Umwelt zeigen **Gerhard Sachs** (49) und **Frank Röder** (36) aus Pfaffenhausen/Jossgrund im Spessart. Während Gerhard den elterlichen Betrieb als Landwirt hauptberuflich übernommen hat, betreibt Frank seine Tiermast und Damwild-Zucht noch im Nebenerwerb.

Beide haben sich schon lange von den ehemaligen Mischbetrieben mit Milchproduktion verabschiedet und halten heute Mutterkühe vom gelben Frankenvieh. Zudem hält Gerhard noch rund 30 Schweine. Zum einen züchten sie die Tiere und zum anderen liefern **Färsen und Ochsen** hervorragendes Fleisch. Artgerecht gehalten, im Winter in offenen Ställen mit eigenem Futter versorgt und im Sommer ausschließlich auf der Weide, gehört das hervorragende Fleisch der Weiderinder mittlerweile zu den gefragten Premiumprodukten. Die Mutterkuhhaltung, bei der die Kälber bis zu 10 Monaten bei der Mutter bleiben, ist eine vorbildliche, naturnahe und dem Tier entsprechende Haltung.
„Das Weiderindfleisch ist auch gefragt, da es durch die Grasaufnahme ein ideales Verhältnis von Omega3- und Omega6-Fettsäuren aufweist," weiß Gerhard Sachs, der mit der **Metzgerei Pfaffenberger in Partenstein** einen dankbaren Generalabnehmer gefunden hat.

Bei dem Besuch der beiden Landwirte konnte man sich des Eindrucks nicht erwehren, dass die Landwirtschaft große Freude bereiten kann und eine Zukunft hat. Insbesondere wenn man beobachtet wie die Beiden mit neuen Wegen wieder Hoffnung für Familienunternehmen aufbauen.
Frank Röder ist mittlerweile **bio-zertifiziert** wobei Gerhard Sachs nicht weniger ökobewusst ist, findet aber manche Bio-Auflagen als übertriebenen Nonsens.
Dass **beide gentechnikfrei und ohne künstliche Futterzusätze sowie ohne Kunstdünger** arbeiten, gehört so oder so zu ihrer Überzeugung.
„Als ich 2004 wieder in die Landwirtschaft eingestiegen bin und mit meinem Schwiegervater einen neuen Stall gebaut habe, wurde ich von manchen

Nachbarn für verrückt erklärt. Der Glaube an einem ökonomischen Nutzen ist aus vielen bekannten Gründen leider bei den meisten verloren gegangen," sagt Frank. Er ist heute mit seinem Kosten- und Nutzenverhältnis zufrieden und vermarktet das Fleisch vom Weiderind, sowie vom Damwild mit Erfolg selbst. ***„Egal ob Rind oder Wild, das zugeschnittene und portionierte Fleisch ist immer verkauft. Die Zahl anspruchsvoller und bewusster Verbraucher scheint zu steigen,"*** setzt er zufrieden nach.
Sein Freund und Kollege Gerhard: ***„Anfangs mussten wir uns mit Alternativen durchschlagen um einigermaßen ökologisch und auch ökonomisch arbeiten zu können, bis wir von einer Physiotherapeutin von aufbauenden Mikroorganismen gehört haben."***

Zunächst setzten die Familien sEM im Garten mit einem so überraschenden Ergebnis ein, dass sich die Landwirte entschlossen ebenfalls spezifische Mikroorganismen für die Landwirtschaft einzusetzen. Jürgen Amthor gab den interessierten Franken *(Bayr. Grenze-Hessenseite: „...wir sind echte Franken ohne zu Bayern zu gehören!")* einen Privatvortrag und so wurde im Frühjahr mit der Silage-Ernte begonnen sowie mit sEM zu fermentieren. Im Herbst wurde für den Boden Steinmehl ausgebracht und mit sEM gespritzt.

„Die Bodenvitalität war schnell zu erkennen. Bei Starkregen beispielsweise zeigte sich viel weniger Erosion als auf anderen Böden," sagt Gerhard, ***„im zweiten Jahr war das Grün viel satter als vorher. Dort, schau mal aus dem Fenster zum Hang, die satten grünen Flächen zwischen den anderen, sind unsere Felder."***

Gerhard, der übrigens seit Kindheit an der „Farmerkrankheit" (Staubunverträglichkeit) leidet, ist von sEM umso mehr begeistert, da Staub in den Ställen der Vergangenheit angehört. Mittlerweile konnte sein Lungenarzt die Medikamentendosis reduzieren.
Das Fermentieren der Silage und das Beimischen von sEM zum Tierfutter, welches bei den Rindern im Winter aus Silo, Heu, Biertrebern und Getreideschrot besteht, bekommt den Tieren bestens. Sie sind so vital, gesund und ausgeglichen, dass die Tierarztkosten seither kaum mehr der Rede wert sind, bestätigen uns die beiden Naturburschen. Auch das Damwild erhält im Winter zusätzlich mit sEM fermentiertes Getreide, Äpfel und Topinambur, was die Tiere weit weniger anfällig werden lässt. Auch beim vermischten Schweinefutter zeigt sich das selbe Ergebnis. Gerhard setzt mittlerweile die meisten seiner sEM-Lösungen selbst an, fermentiert und bokashiert für jeden Bedarf auf seinem Hof.
Die Ställe und Tiere werden regelmäßig mit sEM besprüht und Vater Sachs, offensichtlich glücklich über die „Reinkarnation" der Landwirtschaft durch die begeisterten Hoferben wirft ein: ***„Und kaum Fliegen!"***
Auch Mutter Sachs macht ihrer Begeisterung Luft: ***„Hier, das Mund- und Hautspray hilft fast überall, bei Verletzungen oder Hautproblemen!"***
Auch dies kann Gerhard wiederum bestätigen, denn Hautausschläge an den Händen, welche er oft im Winter mangels Sonnenstrahlen bekommt, verschwinden dadurch. ***„Wir alle benutzen aufbauende Mikroorganismen im Haus, im Garten, für die Landwirtschaft, die Tiere und die Menschen, das ist einfach toll,"*** beendet Mutter Sachs ihre Ausführungen.
Die Begeisterung der wunderbaren Wirkung von sEM spürt man an dem emotionalen Mitteilungsbedürfnis der Landfamilie, die definitiv nicht für Werbeaussagen bezahlt wurde. Im Gegenteil, sie möchten jedem Interessierten diese positive Gesamtheit unbedingt nahe bringen.
Sich gegenseitig bestätigend führen die beiden Landwirte noch weitere Argumente an: ***„Mist und Gülle haben ihren beißenden Geruch verloren,***

die Gülle verklebt nicht an den Pflanzen, sondern versickert weit besser und der Mist wird locker. Das Material leidet sogar weniger, da das Metall nicht mehr so rostet. Die Einzugsbleche und der Rotor am Silo bleiben nach der Ernte blitzeblank, selbst die Maschinen und der Futtermischwagen scheinen uns für die sEM zu danken.“

Gerhard setzt nach: „***Wenn ich die Mikros im Schweinestall versprühe, heben die Schweine die Rüssel, als ob sie darauf gewartet hätten. Danach legen sie sich flach auf den Boden und strecken alle Viere von sich. Das ist gerade bei Schweinen das beste Zeichen der Entspanntheit.*** Auf die Frage nach dem Kostenunterschied zwischen sEM-Technologie und der herkömmlichen, kamen die Antworten einhellig:

„Wir haben höchstens noch 40 % der früheren Kosten für Dünger, Futtermittel und Medikamente - aber 100% mehr Ökologie.“

Gerhard Sachs
Landwirt
Kalbachstr. 15
63637 Jossgrund/Paffenhausen
Tel: 06059 / 1397

Frank Röder
Rindfleisch, Damwildfleisch, Wildsalami
Kalbachstr. 1a
63637 Jossgrund/Paffenhausen
Tel: 06059 / 90 83 15

Ackerbau und Viehzucht war von der Natur nicht vorgesehen

An dieser Stelle möchte ich nochmals daran erinnern, dass das „Vergewaltigen" der Natur zu unseren Gunsten erst vor rund 7000 Jahren begonnen hat. Im Verhältnis zum ersten Pflanzenwachstum vor 470 Mio. Jahren „erst seit gerade eben".

Als wir Menschen erkannt haben, dass man essbare Pflanzen vermehren sowie kultivieren kann und dass wir somit nicht mehr auf Zufallsernährung aus Jagd und Sammeln angewiesen sind, entwickelte sich unsere Population in gewisser Weise widernatürlich. Dies war vom biologischen Gleichgewicht offensichtlich so nicht vorgesehen.

Wie aus der Paläontologie bekannt, gab es schon vor uns solche „Fehlentwicklungen". Beispielsweise riesige pflanzenfressende Sauropoden, deren Gattungen aufgrund ihrer Körpergröße und ihrer Fruchtbarkeit einen solchen Bedarf an Grünfutter entwickelten, dass sie ganze grüne Landvorkommen kahlgefressen haben. Zum Teil hatte auch das ihr Aussterben zur Folge. Auch das Aussterben vieler anderer Tierarten hatte mit einem Ungleichgewicht in der Nahrungskette zu tun, aber auch mit dem Ausbreiten unserer Population und der damit verbundenen Kultivierung von Land.

Niemand kann bestreiten, dass wir Menschen uns zu einer „unverträglichen" Überpopulation entwickelt haben. Heute ist deutlich zu erkennen, dass dort wo Ackerbau und Viehzucht immer professioneller wurden zunächst auch die Bevölkerung wuchs.
Der „globale Biofilm" konnte eben nicht verhindern, dass sich die „pathogenen Wesen" wie ein Krebsgeschwür ausbreiteten. Und siehe da, der Mesokosmos ist nichts anderes als die Parallele des Mikrokosmos (3% „Rädelsführer" und 97% Opportunisten).
In sog. Drittländern mit sog. Naturvölkern (man denke in diesem Zusammenhang über diese beiden Begriffe nach), in denen die Landwirtschaft noch unterentwickelt war bzw. zum Teil noch ist, hielten sich die Bevölkerungszahlen in den ausgeglichenen Grenzen, die die Natur zuließ. Allerdings nur so lange, bis wir Ihnen die Zivilisation brachten und unsere „gut gemeinte Hilfe" eigennützig aufgezwungen haben. Die Ergebnisse daraus sehen wir heute mit Schrecken jeden Tag auf dem Bildschirm. Wir infizieren, statt zu erhalten.
Nicht anders verfahren wir heute mit unseren eigenen Bio-Ressourcen. Wir suchen Gewinnoptimierung, indem wir die Erträge bis ins unendliche steigern wollen. Wir infizieren, töten und verändern dabei den Organismus, die

„Naturvölker“ der Bakterien, anstatt sie zu erhalten und zu fördern. Auch hier widerholen sich alle wohlbekannten negativen Erscheinungen des Hinwegsetzens über die Natur.
Bekannt ist beispielsweise, dass auf unserem Globus durch unangepasste Maßnahmen der Bodenbewirtschaftung die Humuswerte der gemäßigten Klimazone um 1/3, in den Tropen um 2/3 und in der Sahel-Zone gar um 90% zurückgegangen sind. Das bedeutet nicht nur, dass die Erträge, sondern insbesondere auch der Nährwert der Lebensmittel erheblich gelitten hat.

Degradation von Böden
ist ein globales Problem und nicht nur ein Phänomen der Neuzeit, wenn wir auch in den letzten Jahrzehnten für immer stärkere Ausmaße verantwortlich sind. Bereits 1997 zeigten 15% der eisfreien Landoberfläche anthropogen verursachte Degradationserscheinungen (eine Fläche, größer als die USA und Mexiko zusammen). Davon war 1% schon soweit zerstört, dass die Rückgewinnung des Bodens nicht mehr möglich ist.
Die Fläche der Böden mit Degradationserscheinungen nimmt immer weiter zu. Im Jahr 2008 belief sich diese Fläche bereits auf 24%. Jährlich verlieren wir heute ungefähr 24 Bill. t an Oberflächenboden, dies entspricht ca. der Fläche der Schweiz. Die Kontinente sind vom Problem der Bodendegradation unterschiedlich stark betroffen. Die intensivsten Erscheinungen der Bodendegradation sind dabei in Asien zu finden. Hier sind bereits 39% der Böden degradiert. Besonders betroffen sind Trockengebiete, die 40% unserer Landfläche ausmachen, hier zeigt sich bereits bei 70% der Fläche eine Degradation des Bodens. Problematisch ist die Bodendegradation besonders, da es sich um einen schleichenden Prozess handelt, der erst in einem späteren Stadium wahrgenommen wird. So kann ein Landwirt in einer stark verregneten Nacht ungefähr 0,1 cm Boden verlieren, was bereits 1,2 t verlorener Boden auf 1000 m² ausmacht. Nach 20 Jahren sind somit über 20 cm Boden unwiederbringlich verloren. Es würde fast 4000 Jahre dauern, um diesen Boden neu zu bilden. Der Boden kann somit, bezogen auf ein Menschenleben, als nicht erneuerbare Ressource bezeichnet werden.
Quelle: Wikipedia

Nur mit der Unterstützung des „Basislebens“ und den Mikroorganismen können wir wieder ein einigermaßen erträgliches Gleichgewicht schaffen und die Degradation verzögern. wk

Gesunder Stall, gesunde Tiere, bestes Fleisch, gesunder Mensch

Die Familie Herrmann aus Gaubüttelbrunn/Ufr. ist ein Paradebeispiel für regionale, transparente, ehrliche Landwirtschaft und Produktion.

Landwirtschaftsmeister Stefan Herrmann übernahm 1983 den Hof von seinen Eltern. Schweinehaltung und gemischte Landwirtschaft reichten jedoch damals nicht aus um eine Familie sowie Haus und Hof zu versorgen. Mit drei Kindern sah sich der innovative Landwirt gezwungen, andere Wege zu gehen. Er griff den Gedanken der Selbstvermarktung auf und ging 1992 nochmals in die Lehre als Metzger und eröffnete nach Abschluss seiner **Meisterprüfung** 1996 eine **Metzgerei.** Im Gegensatz zum allgemeinen Sterben von Kleinbetrieben im Lebensmittelhandwerk ein mutiges Vorgehen. Selten und deshalb umso erfreulicher ist, dass die Söhne **Michael und Markus Herrmann** ebenfalls als Landwirt und Metzger, sowie **Ehefrau Siglinde und Tochter Miriam den Familienbetrieb am Laufen halten.**

Mit rund **100 Schweinen, 50 Rindern, 40 Damwild sowie Enten u. Gänsen, produzieren die Herrmanns ihr hervorragendes Frischfleisch und die Wurstspezialitäten für Kunden ausschließlich selbst. Mit artgerechter und sorgsamer Tierhaltung, eigenem Futteranbau,** besten Rezepturen und dem fachlichen Hintergrund als Landwirtschafts- u. Metzgermeister hat Stefan Herrmann die Kunden überzeugt. Er hat der Familie sowie dem Fortbestand der Landwirtschaft die Zukunft gesichert. Nebst Landwirtschaft und Metzgerei besucht Stefan Freitags noch den Wochenmarkt in Eibelstadt und Samstags in Aub. Da die Arbeit offensichtlich Freude macht, wird an Wochenenden noch für Feste und Feiern feinheimisch gekocht. Vor rund 3 Jahren empfahl ihm eine Cousine aufgrund einer gefährlichen und häufig auftretenden **Durchfallerkrankung bei Schweinen**, die die Zersetzung des Darms zur Folge hat, die **sEM-Technologie der Eußenheimer Manufaktur.** Stefan Herrmann fuhr sofort hin und informierte sich:

„Zunächst setzte ich „sEM-Tier“ bei meinen Schweinen ein, ich besprühte das Stroh und mischte es dem Futter bei. Nach einer Woche waren die Symptome der Durchfallerkrankung verschwunden - bis heute. Daraufhin setzte ich sEM auch gegen die Schuppenflechte der Weiderinder im Frühjahr ein, die auch häufig auftauchte. Laut Tierarzt sollte diese mit vielen Impfungen behandelt werden, doch mit sEM waren hier der Juckreiz sofort und das Krankheitsbild nach 3 Wochen verschwunden. Ich besprühe jetzt die Ställe, Stroh und Futter, sowie die Tiere regelmäßig. Seither brauche ich viel seltener Medikamente für die Rinder oder Schweine, auch die Rindergrippe ist seitdem ausgeblieben. Zudem freut mich, dass die Tiere ausgeglichener sind, sie zeigen kein Gerangel und keinerlei nervöse Schreckhaftigkeit mehr. Obwohl wir kein zertifizierter Bio-Betrieb sind, lege ich höchsten Wert auf die Ökologie. Da wir keine Chemie bei der Tierhaltung einsetzen, erreichen wir beim Fleisch Qualität und Geschmack. Die Mistverrottung geht seither so erfreulich gut und schnell von statten, dass der Dünger den Pflanzen sofort zur Verfügung steht. Auf Empfehlung von Herrn Amthor nahm ich ein Fläschchen Mund- u. Hautspray mit, ein wahres Allzweck-Wundermittel. Ob Irritationen im Mund oder kleine Schnitte und Verletzungen an den Fingern, das Spray hilft sofort und alles heilt ab. Eine verstopfte Schnupfennase wird sofort frei und bleibt über Stunden trocken. Selbst meine Frau Siglinde hat nun auch sEM als biologisches Deo für sich entdeckt. sEM hat mich dermaßen überzeugt, dass ich dieses Jahr den flüssigen sEM Dünger über den Mist für die Felder einsetze.“

Landmetzgerei Herrmann, Hauptstr. 11, 97268 Gaubüttelbrunn Tel./Fax: 09336/14 82
E.Mail: landmetzgerei-herrmann@web.de

7. Ackerbau

Unsere Nahrung wird ausschließlich durch Wasser und Boden erschaffen. Die Landwirtschaft ist und bleibt die Basis unseres Überlebens. Daran hat sich seit der Sesshaftigkeit der Menschen nichts geändert. Es wird leider auch heute von den meisten nicht mehr so wahrgenommen, denn „die Lebensmittel kommen schließlich aus dem Supermarkt".

Eine Handvoll Ackerboden enthält mehr Organismen als Menschen auf diesem Planeten leben. Die dünne Erdkrume, in und auf der sich das Landleben unseres Planeten abspielt, ist das Produkt jahrtausendelanger, permanenter Zersetzungs-, Umwandlungs- und Aufbauprozesse unzähliger Kleinstlebewesen und Mikroben, von denen uns bis heute nur ein Bruchteil bekannt sind. Dass die langfristige Fruchtbarkeit von gesundem Boden, sowie seine Widerstands- und Regenerationsfähigkeit eine sehr empfindliche Grundlage aller Landwirtschaft ist, haben menschliche Zivilisationen seit dem Übergang zum Ackerbau immer wieder schmerzhaft erfahren.

Der *Weltagrarbericht* plädiert für eine intensive Renaissance bodenkundlichen Wissens in der industriellen wie kleinbäuerlichen Landwirtschaft und Agrarforschung. Er fordert einen Verzicht auf alle Formen der Missachtung des fundamentalen Wertes fruchtbarer Böden. Dazu gehören, neben der Überdüngung, auch die Übernutzung von ungeeigneten Böden, der notwendige Schutz des Wassers und Schutz vor Winderosion. Etwa durch Baum - und Heckenbestände, aber auch Schutz vor Versiegelung wertvoller Flächen im Umkreis der Städte in Industrieregionen (in Deutschland allein 70 h pro Tag) sowie vor Verdichtung durch schweres Gerät oder unnötige und zu tiefe Bearbeitung mit dem Pflug. Die steigende Nährstoffarmut in Kulturböden ist beängstigend und man spricht inzwischen von einer Verringerung zwischen 20–80%. Fakt ist, dass die Nährstoffkonzentration abnimmt und Experten, je nach Lobby, Statistiken gegenseitig „falschrechnen". Auch wenn man politisch beschwichtigt und die Industrie verständlicher Weise von „Angstschüren" redet, belegen doch Studien und Fakten ein miserables Bild. Demnach sind unsere Böden in den letzten 100 Jahren einem erschreckenden Mineralverlust ausgesetzt (s. Grafik).

Heute wird der größte Teil der weltweiten Landwirtschaft, die dermaßen industrialisiert und technisiert ist, von Laboren und chemischen Möglichkeiten aufrecht erhalten. Ohne diese wären bodenschädlichen Monokulturen gar nicht erst möglich. Die Ackerscholle, die letztendlich unsere Nahrung hervorbringt, wurde mehr und mehr aus unserem Blickfeld verdrängt.

Auch hier zeigt sich inzwischen, wenn auch noch in geringem Umfang, ein Umdenken. Ökologische Anbauweisen werden häufiger diskutiert und Bio-Erzeuger sind eine alternative, kleine aber erfolgreiche Gemeinschaft.

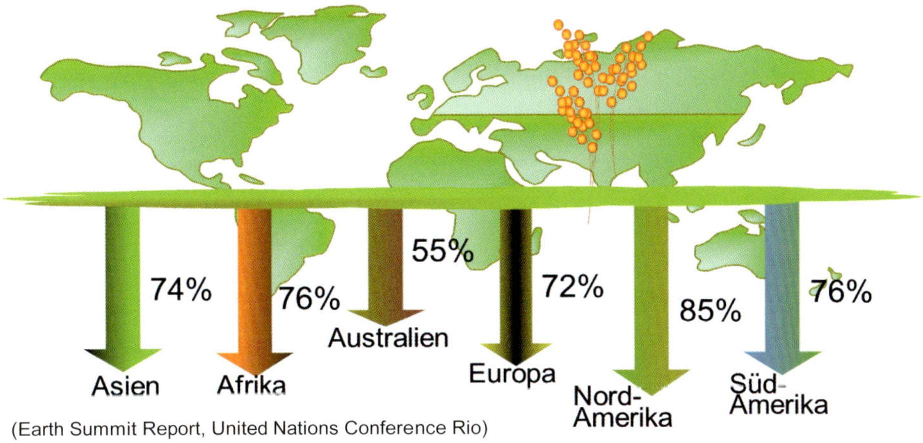

(Earth Summit Report, United Nations Conference Rio)

Leider müssen wir immer noch zwischen sog. „Billig-Bio" und den strengeren Bioverbänden unterscheiden.
(Bei der EU-Zertifizierung sind zu Gunsten der Industrie noch immer 50 künstliche Zusatzstoffe erlaubt und bei Importware wird der Gedanke der Nachhaltigkeit durch den weltweiten Transport zur Farce. Zudem erfinden Discounter eigene, oft unkontrollierte und irreführende Bio-Bezeichnungen und Zeichen)
Überzeugte Bio-Betreiber zeigen zwar auch noch unterschiedliche Vorgehensweisen, doch haben sie alle eines gemeinsam: die biologische Kraft im Bodenorganismus, quasi ihr „Kapital", zu erhalten. Auch hier rücken die aufbauenden Mikroorganismen immer mehr in den Vordergrund, da damit das Bodenleben gepflegt und erhalten wird. Die Erträge sind gut sowie qualitativ hochwertig und sEM kann ohne Einschränkung alle biologischen Anbauweisen unterstützen.
Die Begriffe Humus (lat. Erdboden) und auch Dünger (Erdbodenfutter) sind in den letzten Jahren zu Substanzen „verkommen", die lediglich als Stoff analysiert werden.
Doch beides sind keine Stoffe, sondern organische Systeme, wo wir wieder bei dem Begriff Milieu gelandet wären. Egal wie viele und welche Stoffe sowie Verbindungen wir in der Erde oder im Dünger analysieren, sie bleiben ein Mikrokosmos, dessen komplexe Zusammenhänge von vielen „Bekannten" aber auch von „Unbekannten" abhängig sind. So muss eine einseitige Behandlung mit Düngemitteln logischerweise ein gestörtes Milieu verursachen, welches im günstigsten Falle einseitige Ergebnisse hervorbringt, jedoch die vielfachen Eigenschaften und Wertigkeiten des Bodens zerstört.

Ob Mikro-, Meso- oder Makrokosmos: Das System funktioniert und reagiert immer gleich, egal ob in der Atmosphäre, im Wasser, in unserem Darm oder eben auch im Boden.

Um gute Wachstumsbedingungen zu schaffen benötigt man Wasser, wobei schon hier die Qualität, also das Milieu im Wasser, auf das Bodenmilieu Einfluss hat – egal ob technisch Aufbereitetes-, Grund- oder Regenwasser. Sonneneinstrahlung, Winde und biologische Nachbarschaft, Fauna und Flora usw. spielen ebenso eine Rolle. Den stärksten Einfluss auf das Bodenmilieu verursacht der Mensch seit einigen tausend Jahren, insbesondere in den letzten 60 Jahren mit den bekannten Ergebnissen.

Der Kompost, das organische Bodenfutter (auch kein Stoff, sondern ein System), wird vom Menschen spätestens seit der Viehhaltung eingesetzt. Langsam, aber in den letzten 60 Jahren mit erschreckend steigender Tendenz, wurden und werden Umweltgifte in den Kreislauf gebracht. Das beginnt bei künstlichen Futterzusätzen beim Vieh über Medikamente und anderen chemischen Giften. Diese gelangen durch die Ausscheidungen als Gülle und Mist in Umlauf und auf die Äcker, auf denen man zusätzlich noch künstliche und chemische Pestizide, Herbizide, Fungizide, Spritz- und Düngemittel einsetzt.

Fast all diese Substanzen und Stoffe finden sich in den Pflanzen wieder. Sprich in der Ernährung und schwächen so den Kreislauf aller Organismen aufs Neue und permanent. Ganz „nebenbei" sinkt bei Früchten und Pflanzen auch noch der Vital- und Nährstoffgehalt erheblich.

Die regenerative Kraft der Natur steckt einzig in den Kleinstlebewesen, die die Basis der Bodenbeschaffenheit bilden. Sie sind in der Lage ein ausgeglichenes, gesundes Milieu herzustellen, indem sie weit besser als wir, nämlich genbedingt mit „Unbekannten" umgehen können und „schädliche Bekannte" eliminieren. Sie erzeugen mit ihrem eigenem Überlebenshunger Stickstoff, Sauerstoff sowie Vitalstoffe und bauen Fäulnis bzw. Schimmel ab.

Es geht hier nicht um Einzelfakten, sondern um das Bewusstsein, dass sich der forcierte Einsatz von aufbauenden Mikroorganismen, angefangen bei der Tiernahrung über die Verdauung, dem Aussprühen des Stalls, den Hofdung und von dort über Nährstoffe bis in den Boden rentiert. Dass die daraus erwachsene pflanzliche Kost sowie das Fleisch der Tiere reich an Vitaminen, sekundären Pflanzenstoffen und Spurenelementen ist und auf allen Lebens-Ebenen für Gesundheit sorgt, sollte jedem klar sein.

Nur Leben schafft Leben

Mit der sEM-Technologie haben wir endlich ein „Handwerkszeug", welches allen Anschauungen über „den richtigen Weg" der Bodenbearbeitung Rechnung trägt. Wo sich eine konventionelle Bewirtschaftung immer

komplizierter gestaltet, wird sie durch sEM-Anwendungen einfacher, günstiger und weit effektiver.
Der Einsatz von spezifischen Mikroorganismen für die unterschiedlichen Bereiche in der Landwirtschaft sind vielfältig. Das „Lebendigmachen" oder Wiederbeleben eines Bodens beginnt mit sEM im Stall zur Milieuverbesserung und als Futterzusatz für die Tiere in Flüssig- oder Bokashiform. So gelangen die Mikroben in die Gülle oder auf den Mist, der noch zusätzlich geimpft werden kann. Diese ineinandergreifenden mikroorganischen Systeme -auch in der Tiernahrung- sorgen für Sonnenschutz, für die Bindung von Sauer- und Stickstoff im Boden, für lockeren Boden mit einer verbesserten Krümelstruktur sowie ein vitales Boden-Innenleben. In Verbindung mit Steinmehlen wird auch der Mineralienwert im Boden wieder erhöht.
Die Behandlung von Saatgut und Setzlingen zeigt ein beschleunigtes und vitales Wachstum, einen geringeren Krankheits- und Schädlingsbefall sowie eine höhere Fruchtqualität.

Natürlich bedarf es beim Einstieg mit sEM einer individuellen Konzepterstellung, doch den Landwirten und Gärtnern sind die Grundvorgänge bewusst. Die einzelnen Anwender erkennen schnell wo, wie, wie oft, wie viel sowie welche spezifischen EM einzusetzen sind. Zudem kann man hier fast nichts falsch machen, da es keine Nebenerscheinungen wie Übersäuerung oder Überdüngung gibt, sondern höchstens weitere Verbesserungen durch zunehmende Anwender- Erfahrung.
Unter allen uns bekannten Landwirten, die auf EM umgestellt und sich die Behandlungsmethoden angeignet haben, konnten manche die Anwendung sogar noch individuell verbessern. Alle Anwender sind ohne Ausnahme erfolgreich und überzeugt.
Angesicht dieser mittlerweile vielfach bewiesenen Ergebnisse muss man sich wundern, dass sich unsere Landwirtschaft nicht schon längst in großem Stil auf die mikroorganische Bewirtschaftung umgestellt hat. Gegenwind durch Zweifler gibt es eigentlich ausschließlich durch industrielobbygesteuerte Kampagnen, Interessen und Maßnahmen. Wir kennen das zuhauf aus der Pharma- und Lebensmittelindustrie, aber auch aus der Politik, in der sich promovierte Mediziner, Fachleute und Wissenschaftler instrumentalisieren lassen. Nicht anders läuft es in der Chemie- und Düngemittelindustrie.
Nur über ganzheitliches Denken und Handeln werden wir gesund werden und überleben, deshalb sollte die ganzheitliche Lehre längst ein Pflichtfach in Schulen sein.
Der bekannte Öko-Landwirt, Felix zu Löwenstein, untertitelt sein Buch „FOOD CRASH" sehr treffend mit der Aussage:

„Wir werden uns ökologisch ernähren oder gar nicht mehr."

Der „Humus-Mann“

Jedem naturverbundenen Gärtner oder Landwirt der sich einen fruchtbaren Boden mit hohem Humusgehalt, reger Regenwurmtätigkeit und einem hohen Wasserspeichervermögen wünscht, sei das Buch **„Humus und Bodenleben“** von **Dr. Manfred Kriegl und Heidi Rudolph** als „Bibel“ empfohlen.

Der **Österreicher Dr. Kriegl** war rund 33 Jahre in der Entwicklungshilfe in Sachen Ackerbau und Viehzucht aktiv. Nach 10 Jahren Bolivien setzte er sich mit den Problemen auf dem afrikanischen Kontinent auseinander. Für die Gesellschaft für internationale Zusammenarbeit (GIZ-Eschborn) war der **Agraringenieur** in Togo, Ruanda, Zaire, Nigeria, Algerien und Niger aktiv. Seinen Doktortitel verlieh ihm die Humboldt-Universität in Berlin für die Arbeit mit dem Titel: „Wie optimal wirtschaften in Niger“. Eine Erhebung über das Rekultivieren und Reokkupieren total verwüsteter Bodenflächen. Hier lag einer der Schwerpunkte bei der Neubelebung vergessener, traditioneller Anbaumethoden.
Der erfahrene Senior (76), längst eine internationale Koryphäe in Sachen Bodenkultur, überzeugt durch Erfahrungen aus den weltweit schwierigsten Bodenbedingungen. **Für ihn sind Mikroorganismen das Non plus Ultra bei der Bodenvitalität.**
Auch in Sachen gesunde und natürliche Ernährung ist Dr. Kriegl viel belesen und firm. Er zitiert von Rudolf Steiner über Gregori Grabovoj bis zu Dr. Max Otto Bruker aus dem „FF“. Er hat offensichtlich zwischen allen Erfahrungen und Theorien solcher Koryphäen, sowie aus eigenen Ergebnissen eine überzeugende und realistische Linie gefunden.
In Sachen gesunde Ernährung rät Dr. Kriegl, wie viele andere, von einem zu hohen Fleischverzehr ab. Nicht generell und militant, eher humoristisch: „Wir Österreicher orientieren uns schon lange in Richtung Vegetarismus, deshalb heißen bei uns die Buletten auch Fleischpflanzerl!“
Der moderate 70ger erfrischt trotz seines respektablen Alters durch seine legere Erscheinung. Dass man sich bei seinem Anblick unweigerlich an einen illustren Bankrotteur der ehemaligen Frankfurter Bankenszene erinnert, macht ihn keinesfalls unsympathischer.

Längst ist Dr. Kriegl in der EM-Community ein Freund der Familie Amthor und ein angesehener Gastredner der beeindruckende Vorträge hält. Er vermag Interessierte auf den richtigen Weg zu bringen.
Neben seinem großen Erfahrungsschatz mit Mikroorganismen gehört er zu den Wenigen, welche ganz genau wissen was Humus bedeutet, wenn sie

Vortrag von Dr. Manfred Kriegl in der Eußenheimer Manufaktur

davon sprechen. Bei Vorträgen wie z. B. im April 2014 in Eußenheim, beantwortete er jede Zwischenfrage zu Anwendungen und Mengenangaben direkt und gibt dem Menschen das Gefühl, ein offenes Buch für Bodenbehandlung zu sein. So erfährt der Interessierte beispielsweise, dass Bio-Kohle zu jew. maximal 3 % dem Humus beigemischt werden soll, damit der Gesamtgehalt von 10% langfristig nicht überzogen wird. Die Kohle bietet den Mikroorganismen ein vortreffliches Umfeld. Auch seine Ausführungen zu Terra Preta (Schwarze Erde) sind äußerst interessant und aufschlussreich.
Großes und Grundsätzliches angereichert mit ganz praktischen Tipps und logischen Folgerungen, erzeugen durch das vorgetragene Wissen von Dr. Kriegl ohne Zweifel ein erweitertes Bewusstsein für Humus, Boden und den unabdingbare Einsatz von aufbauenden Mikroorganismen. Somit also eine gesündere Natur und einen qualitativ besseren Ertrag ohne Chemie.

Dr. Manfred Kriegl *Agriculturist*,
Schachnerweg 5
A-8580 Koepflach
Kriegl.manfred@yahoo.de,
www.kriegl.at.tt
Tel./Fax +43 (0) 3144 / 4632

„Humus und Bodenleben“
ISBN 978-3-200-02334-5

Terra Preta
Eine mittlerweile nachgewiesene Hochkultur in Amazonien, die bis zum 16. Jh. bestanden hat, hinterließ neben unfruchtbaren Böden hektarweise schwarze, höchst fruchtbare Bodenflächen, die von Menschen angelegt und kultiviert wurden. Die sog. Terra Preta enthält 10 bis 20 Prozent organischen Kohlenstoff, bis zu fünffachem Phosphor und Stickstoffgehalt. Oft über das ganze Bodenprofil von einen Meter und mehr. Sie weißt nicht nur beständige Fruchtbarkeit auf, sondern erhält diese quasi unendlich und vermehrt sich offensichtlich selbstständig. Nebst organischem Material und Fischgräten wurden menschliche Fäkalien nachgewiesen. Für das ganzheitliche Denken interessant ist, dass man Fäkalien und Urin trennen muss, so leben alle ausgeschiedenen Darmbakterien im entstehenden Humus weiter. Bei einer solch sinnvollen Fäkalienverwertung von ca. 250gr pro Einwohner produzierten wir alleine in Deutschland täglich rund 20 000 Tonnen hochwertigen Humus. Weltweit könnte dies genau wie die Mikroorganismen zur Rettung der globalen Fruchtbarkeit beitragen. wk

8. Baubiologie

Wir haben bereits viel über die antioxidative Wirkung von spezifischen aufbauenden Mikroorganismen gelesen. Oxidation führt zu Korrosion, z. B. bei der Rostentstehung und ist nicht nur für unseren Alterungsprozess verantwortlich, sondern auch für den von Baumaterialien und Gebäuden.
Alle Stoffe, die wir beim Wohnen, Bauen oder Werken verarbeiten, unterliegen einer vorherigen individuellen Behandlung. Ob Bodenfliese, Holzdiele, Farbe, Putz, Stein, Ton, Ziegel, Glas, Metall oder Beton.
Durch das akribische Verdichten unserer Häuser schließen wir die verfügbare Atemluft ein und kompensieren so alle Schadstoffe, Gifte und flüchtigen Gase aus Kunststoffen und Lösungsmitteln, mit denen das „Wohnmaterial" behandelt ist. Auch hier sorgen sEM im Putzwasser sowie als Raumluftspray für ein Binden oder die Zersetzung von Giften und verbessern so das Gebäudeklima.
Besser ist es natürlich, die Giftbelastung schon beim Bauen zu vermeiden oder zu reduzieren. Spezifische aufbauende Mikroorganismen lassen sich in Form von EM-Keramikpulver sowie in flüssiger Form in alle Putz- und Baumateriealien untermischen, wo sie ihre wunderbare Wirkung langzeitlich ausführen. Hier stehen bereits für alle Materialien feste Erfahrungswerte im Mengenverhältnis zur Verfügung.
Im Beton variieren die sEM-Zugaben je nach unterschiedlicher Verwendung und Beschaffenheit der Zemente. Hier kann man auch für eine besonders hohe Dichte sorgen, bei der möglichst wenig Sauerstoff in den Poren verbleibt. Armierungseisen rosten nicht mehr, insbesondere wenn sie vorher besprüht wurden.
Das gleiche gilt für Putze, deren Haltbarkeit und Härte zusehend verbessert wird, besonders bei Lehmputz. Farben, Wandfarben oder Lasurfarben entwickeln sich zu unschädlichen Materialkomponenten und eventuelle Giftstoffe werden gebunden. Bei Kontaktklebern sorgen sEM für eine rasche und effektive Trocknung, so dass langfristige Ausdünstungen verhindert werden. Auch bei der Holzbearbeitung, dem Veredeln oder Verleimen sowie dem Haltbarmachen reduzieren sEM die schädlichen Ausdünstungen erheblich.
Insgesamt stellt ein Bau, der unter diesen baubiologischen Gesichtspunkten erstellt wurde, eine weit höhere Wertigkeit durch Haltbarkeit und höhere Gesundheitsqualität dar. Trockene, stabile Möbel, Farben und Wände, z. B. aus dem Mittelalter, die Wasser, Feuchtigkeit und Witterungseinflüssen über mehrere 100 Jahre standgehalten haben, sind der beste Beweis für Nachhaltigkeit am Bau. Deshalb sind Mikroorganismen kein neues Wundermittel, sondern nichts anderes als die Methoden tausendjähriger Handwerkserfahrung ohne Chemie - für die Neuzeit wiederentdeckt und angepasst.

Aquädukt bei Tarragona, seit 2000 Jahren stabil

Nicht nur im privaten Bereich, sondern auch für Gewerbe, Industrie und kommunale Anlagen können sEM ein Segen sein.

Für die Gebäudereinigung ergeben sich die gleichen Ergebnisse wie im Haushalt, außer dass man bei Dampfdruckmaschinen Temperaturen unter 60° C und Druck unter 3 bar halten muss.

In vielen Ländern warmer Klimazonen werden **Mikroorganismen in Kläranlagen und Müllhalden** eingesetzt. Die Umwesung geht dort sehr rasch von statten. Auch bei **Erdöl-** und vor allem **Gewässerverschmutzung** kommen sEM längst zum Einsatz, denn sie fressen das Erdöl regelrecht auf und beleben Gewässer.

Gemeindekompost aus der **Grünabfuhr** wird mittlerweile in manchen Orten mittels sEM bearbeitet, wodurch zuerst die Geruchsbelästigung der Grünabfallmieten wegfiel. Die Mieten vererden sehr schnell und brauchen in den warmen Monaten nur noch die halbe Zeit zur Reifung. Der bokashierte Kompost findet reißenden Absatz, da man schnell erkannt hat, wie Gemüse und Blumen weit besser gedeihen.

Ein Vorzeigeprojekt mit umfassendem Einsatz von effektiven aufbauenden Mikroorganismen betreibt die Gemeinde Sand in Taufers (Südtirol) mit beeindruckendem Erfolg.

Von der Biobauweise zum vergifteten Wohnraum

Kommentar

Seit Jahrtausenden entwickeln wir Verbindungen vorhandener Naturrohstoffe, um Bindungsfähigkeit, Festigkeit und Haltbarkeit bei Baustoffen zu verbessern. Begonnen hat diese Entwicklung sicher nach dem Auszug aus Höhlen, mit bearbeiteten Holzpalisaden und Laubabdichtungen, später mit Steinschichtungen und Holz-Lehm-Systemen, wo man allerlei erfinderische Bindemittel wie z. B. Hühnereier entdeckte.

Später und noch bis vor ~100 Jahren, waren Luftkalk und Sand die wesentlichen Ausgangsmaterialien für die Herstellung von Putz- und Mauermörteln.

Zu jeder Zeit waren Bauherr und Handwerker bemüht, die Rohstoffe zum Bauen im Einzugsbereich der Baustelle zu gewinnen, um Transportkosten zu sparen. Entsprechend ist das Aussehen der Gebäude sowie der Verputze von der Verschiedenartigkeit der regionalen Baumaterialien geprägt. Es ist in der handwerklichen Stilgebung ganzer Landstriche noch heute zu erkennen. Aber auch die Art der Zuschläge zum fertigen Mörtel deuten auf örtliche und wirtschaftliche Strukturen hin. So wird man Ziegelmehl und Ziegelsplit in Putzen gewöhnlich nur in Gegenden nachweisen, in denen auch Ziegel erzeugt wurden. Eisenschlacke als Zuschlag eher in der Nähe von Bergbau und Verhüttung.

Wie wir heute logischerweise feststellen können, war die Verwendung von regionalen Stoffen auch ausschlaggebend für die Haltbarkeit gegen Verwitterung, denn sie entsprachen, ja entsprangen den örtlichen Witterungsverhältnissen. Nebst Steingebäuden wundern wir uns oft über heute noch erhaltene Lehm- und Mistgefütterte Fachwerkwände und Böden, die teilweise nach 700 Jahren noch gesund und stabil dastehen. Noch beeindruckender sind die bekannten Bauwerke aus römischer Zeit, deren Mörteln (Betonvorstufe) wir es zu verdanken haben, dass wir sie heute noch bewundern dürfen. Chemische und künstliche Verbindungen, also Kunststoffe kannte man bis vor rund 100 Jahren noch nicht.

In Putz und Mörtel waren die überall vorhandenen organischen Komponenten, nämlich Mikroorganismen, enthalten. Sie waren über viele 100 Jahre maßgeblich, antioxidativ und „selbsterhaltend".
Ob durch die moderne Betonbauweise die Haltbarkeit von Gebäuden verbessert wurde ist fraglich, wenn man Betonbauten betrachtet deren schlechte Substanz uns häufig schon nach 50 Jahren zum Abriss zwingt.
Dies kommt natürlich der „Moderne" und dem Konsumkreislauf entgegen, denn wir wollen immer mehr und immer schneller neu bauen. Unsere „Wegwerfgesellschaft" beschränkt sich nicht auf technisches Gerät, Textilien, Nahrungsmittel und Möbel, sondern verwirft auch die Wohngesundheit, nach der Devise: „billig, schnell und nach uns die Sintflut".
Ein Möbelstück z. B. vor 100 Jahren handwerklich geschreinert, konnte nur mit natürlichen Klebeverbindungen und Lacken gefertigt werden – oft wurden sie auch nur über millimetergenaue Steckverbindungen zusammengehalten. Das wertvolle Holz wurde auf natürliche Weise behandelt, denn Lösungsmittel kannte man nicht.
Ein Kirchenmaler muss z. B. heute noch seine Farben nach 500 Jahre alten Rezepten mit Pflanzenstoffen im Original herstellen, sonst erreicht er weder die Originalität, noch die gewohnte Haltbarkeit. Moderne Farben mit Synthetik und Lösungsmitteln halten die frischen Farbtöne nicht lange. Doch viel schlimmer ist es, dass diese den, über hunderte von Jahren erhaltenen Unterputz oder Holzgrund zerstören.
Billig heißt eben in der Regel künstlich. Denn wer kann schon erwarten, dass ein Möbelstück, ein Bodenbelag oder auch ein Kleidungsstück gewissenhaft und durch handwerkliche Kunst eine Qualität und Haltbarkeit aufweist und noch dazu gesundheitsverträglich ist, wenn er nicht bereit ist, einen realen Preis dafür zu bezahlen.
Wir wollen nicht wertschätzen und glauben es auch nicht nutzen zu müssen, wir wollen einfach alles verbrauchen. Leider sind wir eben keine bewussten und dankbaren Nutzer und Pfleger, sondern „Verbraucher" auf allen Ebenen.
So fördern wir den Kreislauf der Selbstzerstörung schon beim Bauen und Einrichten. Billigmöbel wie neue Sessel, Schränke oder Betten riechen oft nach Fabrikation, was meist an umwelt- und gesundheitsgefährdenden Stoffen liegt.
Die meisten sind sich gar nicht der Gefahr bewusst, die täglich von ihren Möbeln ausgeht: **Formaldehyd** (HCHO), mit dem chemischen Namen Methanal, ein süßlich-stechend riechendes Gas. Es kommt gerade in vielen Billigprodukten, Fliesenklebern und Laminatböden vor. Da die Ausgasungen heute geringer sind als noch vor 10 Jahren, vergiften sie uns eben langsamer.

Nach wie vor wird Formaldehyd als Konservierungsmittel für Lacke, Farben und Kosmetika benutzt. Giftiges Formaldehyd steckt zum Beispiel in Spanplatten, Kunstharzen, Teppichböden und Kunststoffbeschichtungen. Die Hauptquelle liefern Holzspanplatten, denn sie bestehen zu 50% aus Kleber, 25% davon ist Formaldehyd. Die meisten Billigmöbel werden daraus hergestellt.

Empfindliche Menschen reagieren auf den Schadstoff mit Kopfschmerzen, gereizten Schleimhäuten oder Atembeschwerden. Das kann zu Asthma oder Allergien führen. Weniger empfindliche Menschen nehmen die Gifte unbemerkt und langzeitlich auf. Deshalb wurde das „Wohngift" 2004 von der Weltgesundheitsorganisation WHO als krebserregend eingestuft.

Da sich der Mensch die meiste Zeit in geschlossenen Räumen aufhält, bietet man dem Schadstoff genügend Zeit, auf den Körper einzuwirken. Höchste Gefahr herrscht in Zimmern, in denen der Mensch schläft. Während des Schlafes regeneriert sich der Körper und ist daher sehr anfällig für allerlei Schadstoffe. Bei Kindern kann dies bei hohen Konzentrationen sogar zum Tod führen.

Die unsichtbare Gefahr lauert auch am Arbeitsplatz. Die häufige Verwendung von Klimaanlagen führt dazu, dass die Räume geschlossen sind und die Luft trocken ist. Das Gas bleibt im Raum, die Moleküle heften sich an den Staub, der dann in der Luft herumgewirbelt wird. Eine erhöhte Belastung der Lunge und der Bronchien ist die Konsequenz.

Lacke und Farben, die sowohl auf Möbeln als auch im gesamten Wohnraum eingesetzt werden, enthalten Farbpigmente. Als Pigmente werden neben natürlichen Erdfarben wie Kreide, Ocker, Grünerde, Umbra oder Pflanzenfarben wie Sepia, Chlorophyll oder Indigo auch synthetisch hergestellte Pigmente aus der Erdölchemie eingesetzt. Besonders problematisch sind dabei Farbpigmente aus Schwermetallverbindungen mit Blei, Zink, Chrom oder Cadmium.

Ein noch größeres gesundheitsschädliches Potenzial besitzen jedoch Lösemittel und Hilfsstoffe. Lösemittel dienen dazu, die Streich- und Sprühfähigkeit und eine gleichmäßige Verteilung der Bindemittel auf der Oberfläche zu gewährleisten. Durch das schnelle Verdunsten der Lösemittel beim Antrocknen der Farbe gelangen auch schädliche Substanzen in die Raumluft. Welche Gesundheitsbelastungen durch diese leicht flüchtigen organischen Verbindungen entstehen, kann nicht genau eingegrenzt werden. Neben Haut- und Schleimhautreizungen sind Schädigungen des Zentralnervensystems, der Leber oder der Nieren wahrscheinlich.

Je nach Anwendungsbereich der Farben und Lacke können bis zu 70% Lösemittel enthalten sein. wk

Wir leben in einem Paradies...

... aber wir lassen zu vieles auf der Strecke!

Foto: 2010 Krieger

Da dürfen wir nicht mitmachen!

Erhebung über giftige Spritzmittel/Greenpeace

Pestizide schädigen ganze Ökosysteme und beschleunigen das Artensterben. Sie sind in den entlegensten Winkeln der Welt zu finden. Trotzdem nimmt ihr Einsatz zu. Vom Kleingarten in Hamburg bis zum Gletschereis der Arktis, vom Grundwasser bis zum Regenwasser - Pestizide finden sich heute nahezu überall.

Jährlich werden in Deutschland 30.000 Tonnen Pestizide verspritzt. Das sind 1.132 Großcontainer gefüllt mit Agrargiften.

Das größte Problem mit der Chemie für den Landwirt ist, dass sie nicht zwischen Schädlingen und Nützlingen unterscheiden kann. Sie wirkt auf viele Lebewesen giftig! Einige Spritzmittel schädigen dauerhaft ganze Ökosysteme. Auch der Mensch ist durch den Verzehr belasteter Lebensmitteln direkt gefährdet. Trotz der Gefahren nimmt der Einsatz von Pestiziden in der Landwirtschaft weiter zu.

Seit Mitte des 20. Jahrhunderts finden Pestizide Anwendung in der industriellen Landwirtschaft. Deren Intensivierung ging mit der massiven Steigerung des Spritzmitteleinsatzes einher. Die Pestizidindustrie behauptet zwar, ihre neueren Gifte seien wirksamer und weniger würde pro Hektar benötigt. Dennoch hat sich in den letzten drei Jahren der Verbrauch um zehn Prozent erhöht. Laut Industrieverband Agrar (IVA) wurden 2006 in Deutschland 29.580 Tonnen Agrargifte verkauft. Achtzig Prozent aller Pestizide werden heute im Ackerbau sowie auf Obst- und Gemüsekulturen versprüht. Doch die Chemiebranche wittert einen weiteren Markt. *Bayer* CropScience rechnet mit einer deutlichen Ausweitung der Nutzung von Agrarrohstoffen für die Herstellung von Biokraftstoffen, von der sowohl der Saatgut- als auch der Markt für Pflanzenschutzmittel profitieren werden.

Pestizidabsatz in Deutschland laut Industrieverband Agrar

Verkaufsjahr	**Millionen Kilogramm**
2004	**26,6**
2005	**28,5**
2006	**29,6**
2013 Bund für Umwelt	**40**

Fungizide gegen Pilze setzen die Bauern im Kartoffelanbau, bei der Wein- und Hopfenerzeugung sowie im Obstanbau ein.

In einigen Intensivanbauregionen werden Kartoffelkulturen bis zu zehn mal pro Jahr gegen Pilze gespritzt.

Herbizide gegen Wildkräuter werden nahezu flächendeckend im Getreide-, Mais-, Zuckerrüben-, Raps- und Kartoffelanbau verwendet.

Insektizide werden gegen Insekten in Obstanlagen und im intensiven Gemüsebau, bei Wein und Hopfen, bei Zuckerrüben, Kartoffeln und Raps sowie in der Forstwirtschaft (z. B. gegen den Borkenkäfer) eingesetzt.

Viele dieser Spritzmittel sind krebserregend, die Fortpflanzung beeinträchtigend, nervengiftig oder hormonell wirksam. Sie wirken oft stark giftig auf Wasserorganismen, Wildkräuter oder Insekten in der Natur. Derartige Stoffe sollten grundsätzlich nicht zum offenen Einsatz in der Umwelt und im Kontakt mit Lebensmitteln erlaubt sein.

Pestizide gelangen in die Umwelt

als Abdrift

Trotz der Entwicklung neuer Spritzdüsen für das Ausbringen der Pestizide, verbleibt ein erheblicher Teil der Spritzlösung in der Luft und wird auf angrenzende Grundstücke und Wohnungen geweht. Besonders in Obstkulturen und Weinanbaugebieten ist der Abdriftanteil mit über zehn Prozent sehr hoch.

Als hochproblematisch hat sich der Pestizideinsatz in **Weinanbaugebieten** erwiesen. Die Weinbauern bringen die Pestizide teils mit Hubschraubern aus der Luft auf die steilen Hänge aus. Durch Abdrift unter dem Hubschrauber entstehen extreme Verluste, die Natur und Anwohner belasten.

Häufigkeit des Spritzmitteleinsatzes bei einzelnen Obstbaukulturen (Durchschnitt pro Jahr)

Obstarten	Fungizide	Insektizide
Äpfel	21,8	5,3
Birnen	14,8	3,5
Sauerkirschen	5,2	1,2

Entfernungsabhängigkeit der Abdriftwerte (in Prozent der insgesamt ausgebrachten Menge (Aufwandmenge)

Kulturform	Entfernung		
	5 Meter	10 Meter	20 Meter
Ackerbau	0,57	0,29	0,15
Obstbau (früh)	19,89	11,81	2,77
Weinbau	3,62	1,23	0,42
Hopfen	11,57	5,77	1,79
Gemüse Beeren (> 50 cm)	3,62	1,23	0,42

Durch Abschwemmung und Erosion
Ein Problem bei Hanglagen ist, das frisch ausgebrachte Pestizide bei Regenfällen mit erodierten Bodenteilchen in Oberflächengewässer geschwemmt werden. Besonders häufig werden die Herbizide abgeschwemmt, die vor dem Keimen der Ackerfrucht oder in Reihenkulturen wie Mais und Zuckerrüben ausgebracht wurden.
Durch Versickerung
Sandige oder flachgründige Böden haben ein geringes Wasserhaltervermögen. Hier versickern Pestizide mit dem Regenwasser und verschmutzen häufig das Grundwasser. Über Drainagen und Kanäle gelangen sie zum Teil in die angeschlossenen Oberflächengewässer wo sie Fische und Wasserökosysteme schädigen.
Durch Verdunstung
Große Teile der Spritzmittel verdunsten nach der Ausbringung und gelangen als Gase in die Luft. Die Verdunstung wird als Hauptursache für eine globale Verbreitung der Pestizidwirkstoffe angesehen.
Durch Fehlanwendungen
Untersuchungen des NABU im Jahr 2002 zeigten erhebliche Pestizidbelastungen durch Fehlverhalten der Landwirte. Oft wurden die im Spritztank verbliebenen *Pestizid*-Reste (im Schnitt 20 Liter angerührte Spritzlösung) über die Hofkanalisation beseitigt und nicht fachgerecht entsorgt.
Auch eine Studie des Umweltbundesamtes (UBA) aus dem Jahr 2006 zeigt, dass Landwirte häufig gegen Anwendungsvorschriften verstoßen.
Laut UBA-Gutachten verstoßen die Bauern auch wider besseren Wissen gegen geltende Auflagen. In der Studie kommt das UBA zu dem Ergebnis, dass bei den durchgeführten Beobachtungen im Jahr 2005 in etwa 50 Prozent der Fälle die Landwirte die Vorschriften nicht einhielten. Bei 43 direkten Beobachtungen von Spritzvorgängen wurde zwölf mal gegen Abstandsauflagen verstoßen und fünf mal die gute landwirtschaftliche Praxis nicht eingehalten (Regelungen etwa zum Spritzen bei Starkwind, Mitbehandlung von Gewässern, nachtropfende Düsen). Bei elf Prozent der Kontrollen des Bundesamt für Verbraucherschutz und Lebensmittelsicherheit (VBL) 2005 wurde etwa der Mindestabstand zu Gewässern nicht eingehalten.
Hochproblematisch ist der Einsatz illegaler, hochgiftiger Pestizide. Insbesondere in südeuropäischem Obst und Gemüse finden sich Wirkstoff-Rückstände, die in der EU nicht zugelassen sind.

So fand sich Anfang des Jahres etwa das *Insektizid* Isofenphos-Methyl in spanischer Paprika.
Tests von Greenpeace, Rückstandsuntersuchungsberichte der Bundesländer und Ergebnisse der Pflanzenschutzmittelverkehrskontrolle belegen, dass

auch in Deutschland regelmäßig verbotene Wirkstoffe eingesetzt werden. Greenpeace zeigte wie leicht die Beschaffung von illegalen Pestiziden in Deutschland ist. Die Bauern können sie bei den großen Landhändlern - wie etwa Raiffeisen - kaufen.

Umweltschäden durch Pestizide

Gefährdung von Nützlingen

Viele Pestizide wirken akut und chronisch schädigend auf eine Vielzahl von Tier- und Pflanzenarten. Nach der Pestizidausbringung in einem Gebiet werden oft auch Nützlinge vollständig abgetötet. Nach dem Tod der Nützlinge kommt es zu einer schnellen Wiederbesiedlung des Gebietes mit Schädlingen, was eine erneute Pestizidbehandlung nach sich zieht. Ein tödlicher Kreislauf, der die Menge der eingesetzten Pestizide sinnlos in die Höhe treibt. So sind Pestizide für den Rückgang der Artenvielfalt auf Feldern in hohem Grad mit verantwortlich. Die Artenvielfalt in der Umgebung ökologisch geführter Betriebe ist dagegen bis zu 6 mal höher als auf konventionell bewirtschaftetem Land.

Ein internationales Wissenschaftlergremium stellte unlängst fest: „Die Ausdehnung der Landwirtschaft wird weiterhin einer der Hauptverursacher des Verlusts an Biodiversität sein. Die Entwicklung und Verbreitung von Technologien, die die Lebensmittelproduktion pro Fläche ohne schädliche Nebeneffekte wie übermäßigen Verbrauch von Wasser, Düngemitteln oder Pestiziden nachhaltig erhöhen, würden den Druck auf andere Ökosysteme signifikant senken."

Der Insektizideinsatz ist nach neuen Studien vermutlich am **massiven Rückgang der Bienenvölker** in Deutschland, Kanada und den USA mit verantwortlich. Bienen werden dringend zur Bestäubung von Pflanzen gebraucht.

Sterbende Ökosysteme

In Ländern mit intensiver Plantagenwirtschaft, wie etwa beim Bananenanbau in Costa Rica, werden die Pestizide über Flüsse bis ins Meer gespült, wo sie selbst noch die vorgelagerten Korallenriffe schädigen. Regionen mit intensiver industrieller Landwirtschaft sind häufig regelrechte Agrarwüsten, in denen kaum noch natürliches Leben vorhanden ist. So etwa die südspanische Region Almeria, aus der ein großer Teil unseres Gemüses stammt oder Baumwollanbaugebiete in Indien und Kasachstan. Mit der Umwelt leiden dort oft auch die Arbeiter und Anwohner unter dem Gifteinsatz.

Da viele Pestizide stark wassergiftig sind, leiden Fische und Kleinlebewesen in Flüssen besonders stark unter den Einträgen. Zahlreiche Pestizide treten heute in Flüssen in so hohen Konzentrationen auf, dass die Wirkungsschwellen für Wasserorganismen überschritten werden.

Anreicherung in der Nahrungskette

Viele ältere Pestizide bauen sich nur sehr langsam ab. Häufig lagern sich die Wirkstoffe im Fettgewebe von Menschen und Tieren ab und werden nicht ausgeschieden. Dies führt zu hohen Schadstoffkonzentrationen im Organismus, vor allem bei den Lebewesen die am Ende der Nahrungskette stehen.

Ein Beispiel für ein langlebiges *Pestizid* ist das, bis in die 70er Jahre hinein eingesetzte Organochlor-*Pestizid* DDT. Erst nachdem seine toxische Wirkung auf Wildtiere bekannt wurde, wurde es verboten. Der massive Einsatz von DDT ließ in den 50er und 60er Jahren etwa die Population der Seeadler in Deutschland massiv einbrechen. Das DDT beschädigte die Eierschalen der Greifvögel so stark, dass kaum noch Jungvögel zur Welt kamen. Noch heute lässt sich das Dauergift im Blut der meisten Menschen nachweisen. DDT kann das Hormonsystem beeinträchtigen und das Erbgut verändern. Außerdem steht es im Verdacht krebserregend zu sein.

Resistenzbildung

Ein kontinuierlicher Pestizideinsatz kann bei den Organismen zu Resistenzbildungen führen. Individuen, die weniger stark auf das *Pestizid* reagieren und überleben, vermehren sich mit ihrer *Resistenz* weiter und breiten sich schnell aus.

Die Bildung von Resistenzen führt dazu, dass viele Pestizide innerhalb weniger Jahre ihre Wirksamkeit verlieren. Entsprechend häufig muss der Landwirt unterschiedliche Pestizide einsetzen, um der Resistenzbildung vorzubeugen. Dies führt dazu, dass sich auf Produkten häufig Rückstände mehrerer Pestizide nachweisen lassen. Greenpeace fand bei Untersuchungen von Obst und Gemüse im Schnitt drei und oft über zehn Pestizide pro Probe. Doch gerade diese Pestizidcocktails können die Gesundheit stark beeinträchtigen.

Das Phänomen der Resistenzbildung zeigt, dass der chemische Pflanzenschutz selten eine nachhaltige Lösung darstellt.

Gift-Spur im Grundwasser

In weiten Teilen Europas ist das Grundwasser so stark mit Pestiziden belastet, dass es nicht mehr als Trinkwasser verwendet werden kann. Die Spritzmittel-Konzentrationen bei 5 bis 10 Prozent der Brunnen in Deutschland, den

Niederlanden oder Dänemark liegen über den erlaubten Grenzwerten. Die Wasserversorger müssen mit enormem Aufwand die Gifte wieder entfernen. Die Kosten dafür tragen als Trinkwasserkunden wir alle.

Ökolandbau - gut für die Umwelt!

Im Biolandbau werden keine künstlichen Pestizide eingesetzt. Davon profitieren die Natur, Grundwasser und die Lebensmittelqualität. In einigen Ländern Europas greifen Obst- und Gemüsebauern verstärkt auf den Einsatz von Nützlingen und anderen biologischen Methoden zurück und ersetzen damit gefährliche Pestizide. Allein in Südspanien boomt die Umstellung des Anbaus auf diese umweltfreundlichen Methoden, die zudem rückstandsarme Lebensmittel hervorbringen.

Greenpeace fordert:

- Ein umfassendes Pestizidreduktionsprogramm des Bundes und der Länder mit dem der Pestizideinsatz in Deutschland bis 2010 um 50 Prozent gesenkt wird
- Keine Zulassung für besonders gefährliche Pestizide durch die Bundesbehörden und die EU-Kommission
- Verbot des Pestizideinsatzes auf ökologisch sensiblen Flächen
- Verbesserte Überwachung und härtere Bestrafung von Landwirten bei Fehlanwendungen
- Förderung des ökologischen Landbaus und von Anbaumethoden mit nicht-chemischen Pflanzenschutz

GEN-manipulierte Bakterien

...die Dummheit ist des Menschen Gut...

Kommentar

Wir wissen und beobachten, wie fatal Bakterien - also unsere einzige Biomasse - reagiert und sich verändert, wenn der Mensch sich in die natürlichen Kreisläufe einmischt, wie z. B. vom MRSA, dem Krankenhauskeim.
Dennoch operieren „Gewinnler" gewissen - und rücksichtslos an der DNA von Zellstrukturen und Kleinstlebewesen, den Bausteinen unseres Lebens, herum. Die unabsehbaren Folgen kann man mit einem Suizid der Menschheit vergleichen. Gar mit einer Versündigung an der Schöpfung mit apokalyptischen Folgen.

Anstatt die erwiesene, natürliche Technologie mit Mikroben zur Verbesserung der Erträge einzusetzen, macht man sich daran, die letzte Hoffnung auf Regeneration zu zerstören.
Mittels Gentechnik werden Bakterien gezüchtet, die Gift produzieren um toxische Substanzen in Pflanzen zu injizieren, damit Schädlinge den Appetit verlieren. Tomaten wird ein Fisch-Gen injiziert um sie haltbarer zu machen. Lachs bekommt ein Menschen-Gen, damit er schneller seine Schlachtreife erreicht. Dies sind nur einige von unzähligen Beispielen, wie die Genmanipulation in unseren Kreislauf eingebracht wird - mit unabsehbaren Folgen. Genveränderte Zellen und Mikroben setzen sich über die Ernährung, das Wasser und auch über Pollenflug in der gesamten Umwelt fort und sind somit das **gefährlichste Risiko für die natürlichen, biologischen Kreisläufe** unserer Erde.
Französische Forscher berichten beispielsweise, dass Ratten die mit gentechnisch verändertem Mais gefüttert werden, mehr bösartige Tumore entwickeln und früher sterben.
Auch wir nehmen über die Nahrung diese Genveränderungen auf und bringen sie so in unsere eigene Erbinformation ein. Das Gleiche gilt für unsere Nutztiere, deren Fleisch wir verzehren. Das Fatale ist, dass für Fleisch, Milch, Eier und andere Produkte, welche durch die Fütterung von Gen-Pflanzen erschaffen werden, **keinerlei Deklarationspflicht** besteht. Massentierhalter füttern seit langem genbehandeltes Futter und keine Großbäckerei verzichtet auf Gen-Getreide bzw. Mehl. Großhändler bieten kaum mehr

genfreie Agrarprodukte an und falls doch, sind sie „künstlich" verteuert.
So können wir uns nicht einmal gezielt schützen und werden die Folgen erst dann richtig erkennen, wenn es zu spät ist. Mittlerweile ist es in der Industrie schon Gang und Gäbe, genbelastete Produkte zu verkaufen und in den Lebensmittelkreislauf zu bringen.
Künstliche DNS-Stücke in Bakterien erzeugen Nukleinsäure in Plasmidform, die so in der Natur nicht vorkommt, sich aber selbst vermehrt. Die Folgen daraus sind bisher nur in negativem Zusammenhang mit **explodierenden Krankheitszahlen, Unfruchtbarkeit bei Menschen und missgebildeten Kindern** zu verzeichnen. Zu diesem sehr diffizilen und komplexen Problem der Plasmide gibt es bereits große wissenschaftliche Erhebungen.
Bei Gen-Soja, Mais und anderen Gen-Pflanzen musste man mittlerweile feststellen, dass auch die Schädlinge resistenter werden und so nun noch mehr chemische Bekämpfungsmittel erforderlich sind.
Inmitten großer Gen-Felder liegt die argentinische Ortschaft **Ituzaingó Anexo,** ein Vorort von Córdoba. Hier sind Krebserkrankungen signifikant gestiegen. Daneben fallen weitere Häufigkeiten von Leukämie oder Missbildungen auf. Genau dokumentiert wurden die Fälle von Anwohnerinnen. Sie machen den massiven Einsatz von chemischen Unkrautvernichtungsmitteln auf den Gentechnik-Soja-Plantagen rund um den Ort, sowie die „verfälschte" Nahrung für die vielen Kranken, missgebildete Kinder und Todesfälle verantwortlich.
Vorwiegend die bekannten amerikanischen und deutschen Konzerne „pushen" ihre Gentechnologie weltweit und stoßen wie bekannt in den meisten Staaten auf wenig Widerstand. Auch die EU will auf Intervention dieser Konzerne diese fatale Manipulation der Natur bei uns zulassen. Auch das umstrittene **Freihandelsabkommen mit den USA zielt auf die ungehinderte Einfuhr von konterminiertem und künstlichem Saatgut sowie solchen Lebensmitteln.**
Letztendlich muss man mutmaßen, dass menschenfeindliche, kriminelle Synergien zwischen solchen Interessengruppen entstehen die sich allesamt durch die Not und die ansteigenden Krankheiten der Menschheit bereichern. Sie bauen ihre Monopolstellungen durch die Macht des Kapitals und nicht legitime Mittel aus. (***„google" Gottfried Glöckner Landwirt***)
Wir können nur hoffen, dass sich wenigstens unsere Anleger und vor allem unsere Landwirte ihrer Verantwortung bewusst sind und sich konsequent gegen die Beteiligung an diesem „GEN-OZID" aussprechen.

F.William Engdah betitelt die Genmanipulation in seinem Buch
„Die Saat der Zerstörung" mit Recht als

Verbrechen gegen die Menschheit!

W. Krieger

Produktion und Produkte

1. Die Eußenheimer Manufaktur

Jürgen Amthor entstammt einer Handwerksfamilie und studierte nach seiner Handwerkerausbildung BWL. Als Dipl. Betriebswirt organisierte er zunächst den familieneigenen Kaminbaubetrieb im kaufmännischen Bereich. Da Jürgen Amthor schon von Kindheit an ein neugieriger „Weltverbesserer" in sozialen und ökologischen Belangen war, entschloss er sich mit dem **Studium zum Baubiologen** für eine neue Lebensrichtung. Weiterbildungen zum **Heilpraktiker-Psychotherapie sowie zum Berater für effektive Mikroorganismen Garten-, Landwirtschaft-, Tier und Mensch sowie die Ausbildung zum Ernährungsberater**, zeugen von seiner ganzheitlichen Neugier und Motivation.

Für einige Zeit lebten und arbeiteten die Amthors in Portugal, wo sie mit Freunden ein baubiologisches Zentrum gründeten. ***„Ein befreundeter Umweltingenieur schenkte mir ein Buch von Prof. Dr. Teruo Higa über Mikroorganismen im Garten. Von da an war ich infiziert!"***

Zurück in Deutschland setzten die Amthors nun auf ihrem 6000 m² großen Grundstück in Eußenheim (nähe Karlstadt im Landkreis Main Spessart) mit Erfolg effektive Mikroorganismen im Garten und Haushalt ein. **„Vor der Anwendung aufbauender Mikroorganismen mussten wir die Tomatenstangen mit dem Hammer reinschlagen, so hart war der Boden - heute ist dies eine Leichtigkeit,"** erinnert sich Amthor.

Jürgen experimentierte, neugierig wie er ist, in vielen anderen Bereichen mit aufbauenden Bakterienstämmen. Bald wollten Freunde und auch Fremde die davon gehört hatten, in Portugal aber auch in seiner unterfränkischen Heimat, Amthors Erfahrungen mit Mikroben ebenso nutzen. Von nun an wälzte er massenweise Literatur über Mikrobiologie in Sachen Gesundheit, Boden und Pflanzen. Er ließ seiner Experimentierfreude sowie seiner unstillbaren Neugier freien Lauf.

Durch permanente Selbsttests im eigenen großen Garten und Gewächshaus, im Haushalt, am Familienhund, den eigenen Hühnern, Enten, Gänse, Schweinen, sowie an den eigenen Bienen, begeistert der „EM´ler der ersten Stunde" die Menschen für Mikroorganismen. Wenn auch mit schwierigen Anfängen wagte er trotzdem den Sprung in die Selbständigkeit und gründete mit seiner Frau Andrea die **Eußenheimer Manufaktur - Zentrum für spezifische, effektive Mikroorganismen.**

Seither wird er nicht müde im Jahr ca. 50 Vorträge für Ärzte, Heilpraktiker, Landwirte, Obst- und Gartenbauvereine, Winzer und andere interessierte Anwender zu halten.

2015 lies er sich zum **Bodenpraktiker beim strengen NATURLAND-Verband** ausbilden. Inzwischen gilt Jürgen Amthor **weltweit nicht nur als Experte für aufbauende Bakterien für karge Böden**, sondern **auch für Humus- u. Terra Preta-Aufbau**, gesundes Wachstum, Fermentation und um alles weitere, wenn es um Probiotik geht.

Mittlerweile betreut er erfolgreich Agrarprojekte wie z. B. derzeit in Lettland oder Kenia. Auch in Technologien, welche seine Erfahrung modern ergänzen, wie z. B. das digitale Vital-Scan System entwickelte sich Amthor schnell zum Profi.

Gemeinsam mit dem Würzburger Chemiker **Dr. Alexander Bernreuther** entwickelte er das erste Fermentgetränk mit spezifischen effektiven Mikroorganismen auf Basis der hochwertigen Pflanze Topinambur.
Diese baut Jürgen Amthor inzwischen selbst (natürlich mit eigenem sEM und Bokashi) an.

In Zusammenarbeit mit dem Heilpraktiker W. Schneider entstand das zweite Produkt mit Bitterkräutern nach Hildegard von Bingen.

Bald wurde der Beweis angetreten, dass **Topinambur** für die Fermentation durch den hervorragenden Inulin-Gehalt sowie dem Zufügen von Bifidobakterien für ein Fermentgetränk beste Ergebnisse brachte. Solche Fermentgetränke werden aufgrund ihrer antioxidativen Wirkung häufig Krebspatienten empfohlen.

Jürgen Amthor schult Mitarbeiter einer Moringa-Plantage in Kenia in Sachen Fermentationsverfahren (Vermehrung von Bakterien zur Bodendüngung).

Jürgen Amthor entwickelte ein Fermentationsgetränk mit Bakterien die spezifisch für den menschlichen Verzehr, nach der Analyse von Prof. Manfred Hoffmann (Weihenstephan) **die 20zig fache antioxidative Wirkung** gegenüber dem japanischen Produkt aufwies. So entstand der Name des Fermentationsgetränkes aus **pro**biotisch **und Top**inambur **ProTop.**

ProTop Base und ProTop Antioxidans

Seit **2006** werden hier Fermentationsprodukte unter dem Namen **ProTop** für den menschlichen Verzehr mit hochwertigen Pflanzen, von Hand und höchst professionell in einem 18 monatigen Gärprozess hergestellt. In der Manufaktur werden spezifische, aufbauende Mikroorganismen kultiviert und die geeigneten **Bakterienstämme** für Mensch, Tier, Garten, Haushalt und Landwirtschaft in unterschiedlicher Zusammensetzung kultiviert, vermehrt und eingesetzt.

Die mittlerweile ansehnliche Palette von probiotischen Produkten für alle Bereiche dürfte weltweit einzigartig sein.

Durch sein Naturverständnis und seine Neugier dringt Jürgen immer tiefer in die Materie biologischer Kreisläufe ein.

Nach dem Motto und somit der Herausforderung von Prof. Higas Aussage:

„Der Einsatz von effektiven Mikroorganismen ist nur durch die menschliche Phantasie begrenzt".

Da ihm der probiotische Einsatz von Bakterien im Garten, Landwirtschaft und für die Umwelt am Herzen liegt, entwickelte Jürgen Amthor auch eine einfache Lösung des Düngens:

Fertig-Bokashi in Pelletsform.

Nun kann jeder Gärtner und Hobbygärtner **anstatt mit künstlichen Blaukorn -Dünger**, welcher keinerlei Bodennahrung enthält, mit einem organischen Naturdünger arbeiten und damit ein weit besseres und vor allem Umwelt und Boden förderndes Ergebnis erzielen.

Als deutscher Hersteller von Produkten mit **s**pezifischen, effektiven Mikroorganismen unter dem Namen **E**ußenheimer **M**anufaktur **(sEM)**

Gehe nicht, wohin der
Weg
führen mag,
sondern dorthin, wo kein
Weg
ist und
hinterlasse eine Spur
Gesund & Vital-Messe

ist der **Autodidakt Jürgen Amthor** wohl einer der **wenigen Koryphäen** in Deutschland, die über einen so umfassenden und aus der Praxis ergebenen Erfahrungsschatz mit Mikroorganismen verfügen.

Wie beim Menschen, so **durchschlagend wirken sEM-Produkte auch bei Haustieren und in der Tierhaltung.** So wurde in Zusammenarbeit mit Öko-Landwirten, Tierheimen, Tierzüchtern, sowie mit der Tierklinik Dr. ved. Skowyra, die neue Produktserie **„Pets“** entwickelt und erfolgreich eingesetzt.
Auch bei bewussten Herstellern ökologischer Lebensmittel und Getränke, die eine steigende Nachfrage an Produkten mit **echten, gesundheitsfördernden Inhaltsstoffen** erfahren, zählt Jürgen Amthor bereits zu den gefragten Spezialisten. So entwickelte er beispielsweise die Mikrobenmischung für die Fermentation **probiotischer Vitalgetränke** oder fermentierte und verdichtete somit professionell die **hochwertigen Inhaltsstoffe aus Aprikosenkernen sowie der aus der Moringa- und Aroniapflanze.**

Schnell hatten sich Amthors Erfolge in der mittlerweile in Europa gewachsenen „sEM-Fangemeinde“ herumgesprochen und Kooperationen ließen nicht lange auf sich warten. Mittlerweile berät Amthor auch auf **internationaler Ebene** Unternehmen in z. B. **Kenia, Österreich, Portugal, Polen und Malaysia,** welche sich bewusst der probiotischen Produktion zuwenden. Einen intensiven und kooperativen Erfahrungsaustausch pflegt Jürgen Amthor auch mit dem, in Sachen erneuerbare Energien international höchst aktiven **Hans-Josef Fell** (Buch „Globale Abkühlung/Global Cooling“).

Dass Jürgen Amthor mit seinen ausgeklügelten und durch viele Tests selbst entwickelten, höchst effizienten Fermentationsverfahren auf rein biologischer Basis so erfolgreich ist und hoffentlich wegweisend für eine bessere Zukunft, auch oder vor Allem in der Nahrungsmittelerzeugung, wäre für uns alle wünschenswert.

Für **Marion Reichart** beispielsweise, die Inhaberin der Firma **UNI SAPON** aus Österreich, „mischt" Herr Amthor ihre rein biologischen Reinigungsprodukte mit aktiven, aufbauenden Mikroorganismen an.
So sorgen **UNI SAPON** Produkte nebst Schadstoffeinsparung auch für ein probiotisches Raumklima und „saubere" Flächen im Haushalt. Auch mit anderen Herstellern kooperiert die Eußenheimer Manufaktur und konnte mit persönlich bekannten Geschäftspartnern das Angebotssortiment um etliche geprüfte Produkte erweitern, wie z. B. schadstofffreie Zahnpasta u.v.m.

Lisa Amthor

Mit derzeit 10 weiteren Voll- u. Teilzeitkräften beweist die Eußenheimer Manufaktur fast rund um die Uhr eine spezifische, oft diffizile aber professionelle Produktion. Unterbrochen wird der bodenständige Naturbursche Amthor dabei oft von administrativen Dingen und von Kunden, welchen er eine leidenschaftliche und überzeugende Beratungen zukommen lässt. Nicht vordergründig nur zur Gewinnoptimierung, sondern als glaubhafter Kämpfer für die Gesundheit und die Revitalisierung der Natur.
Mit Ehefrau Andrea, Tochter Lisa, Filius Felix und **Vater Rudolf** ist **das Familienteam komplett.**

Die Chefin hält sich gerne im Hintergrund und hält ihrem Ehemann sowie ihrer Tochter nicht nur mit dem Haushalt, sondern mit allen fälligen und überfälligen Arbeiten rund um den Betrieb den Rücken frei. **Lisa ist mit Büroarbeiten, Buchhaltung, Rechnungswesen, Telefonannahme, Vertrieb, Bestellung und Versand völlig ausgelastet. Dennoch absolvierte sie nebenbei noch eine Ausbildung zur Heilpraktikerin**.
Sohn Felix studiert derzeit noch, kümmert sich allerdings schon professionell um den digitalen Auftritt und die digitale Kommunikation der Firma.

Jeden ersten Montag des Monats trifft man sich in der Eußenheimer Manufaktur zum „Stammtisch".

Hier finden sich Interessierte aller Couleur ein, vom Hobbygärtner bis zum Mediziner oder Heilpraktiker und vom Kaninchenzüchter bis zum Großbauern tauscht man Erfahrungen aus oder verinnerlicht entsprechend angekündigte, spannende Vorträge.
Hier erfährt man alles über die gesamte Mikroorganismen-Technologie aus erster Hand. Von der kostengünstigen Fermentierung zu Hause, über Topfpflanzen oder Tierbehandlung bis hin zur Darmsanierung.
Ein regelmäßiger „Newsletter" hält die Kunden der Eußenheimer Manufaktur über alles auf dem Laufenden.

Die Eußenheimer Manufaktur ist eine der wenigen Produktionen in Deutschland, die spezifische Mikrobenstämme kultivieren.

Jürgen Amthor sieht das Kultivieren und den Einsatz spezifischer, aufbauender Mikroorganismen nicht so allgemein wie in der herkömmlichen EM-Technologie.
Er beherzte Prof. Higas Aussage, dass „der Einsatz von effektiven Mikroorganismen nur durch die menschliche Phantasie begrenzt sei" und erweiterte gemeinsam mit Dr. Alexander Bernreuther diese Phantasie. Inspiriert durch Higas Erfolge mit Mikroorganismen für Garten und Landwirtschaft, entwickelten sie Lösungen für Gesundheit bei Mensch und Tier, die inzwischen europaweit bei Anwendern, Ärzten und Heilpraktikern Anerkennung finden.

Im Gegensatz zu Prof. Higas Lösung, in der Bodenbakterien und Bodenpilze enthalten sind, werden diese hier für die menschliche und tierische Anwendung bewusst weggelassen und durch geeignete, selbst kultivierte Bakterienstämme ersetzt. Durch eine professionelle Langzeitfermentierung (18 Monate) mit biologisch angebauten Pflanzen, die stufenweise, ohne erhitzen und von Hand durchgeführt wird, erreichen die Produkte der Eußenheimer Manufaktur **einen außerordentlich hohen Wirkungsgrad** bei spezifischen Anwendungen.

Die ProTop Produkte werden wegen ihrer lebendigen Bakterien in strahlen- und lichtschützenden Behältnissen abgefüllt.

2. Langzeitfermentation von ProTop-Produkten in Eußenheim

Durch eine 18-monatige, handgesteuerte Fermentation (Gärung) werden die Vital- und Nährstoffe aus der **Topinamburpflanze**, aus Kräutern und Bitterkräutern nach Hildegard von Bingen, Obst- und Gemüsesorten **auf natürliche Weise und ohne Erhitzen haltbar gemacht**. Hochwertige organische Rohstoffe aus der Pflanze werden in den Fermentationsprozessen Mikroorganismen und Hefen ausgesetzt. So entfalten die bioaktiven Substanzen ihre Wirkung. Hier werden sowohl energiereiche, d. h. von anderen Lebewesen verwertbare Stoffe sowie organische Säuren und Aminosäuren, Vitamine, Antioxidanten usw. produziert. Bei diesen Umwandlungsprozessen treten keine schädlichen Nebenprodukte wie z. B. Ammoniak oder Schwefelwasserstoff auf. Im Gegenteil, giftige Faulgase werden abgebaut.
Die normalerweise nicht verfügbaren Nährstoffe und biologisch aktiven Substanzen wie Mineralstoffe, Vitamine, Nucleotide, Antioxidanten und Enzyme die von den sEM zur Umwandlung organischen Materials bereit gestellt werden, unterstützen andere Mikroorganismen in ihren Aktivitäten und tragen zur Stärkung des Immunsystems bei Mensch und Tier bei.
In einem Zeitraum von 18 Monaten werden so die entstehenden Vitalstoffe immer mehr verdichtet bis die gewünschte Konzentration von essenziellen Aminosäuren erreicht ist. Diese stark enzymaktiven Aminosäurekonzentrate füllen bei Mangelzuständen die körpereigenen Depots wieder auf und sind sehr gut verdaulich.

Die durch mehrstufige Langzeitfermentation entstandenen Mikroben bleiben lebendig und damit „intelligent". Sie erfreuen sich einer positiven Kombinationsvielfalt und verrichten ihre aufbauende „Arbeit" noch intensiver. Bei der langen Gärungszeit entstehen Schrittweise noch weitere Komponenten, z. B. kommt es zur Anreicherung von *Polyphenolen*, insbesondere *Flavonoiden* und *Catechinen*. Diese sekundären Pflanzenstoffe haben einen hohen Antioxidanzienwert. Durch die gleichzeitige Anhäufung von Milchsäure und Milchsäurebakterien ergeben sich synergetische Effekte wie beispielsweise Vitamin C, sodass sich die Wirkung um ein Vielfaches verstärkt.
Die in der fermentierten Lebendkultur enthaltenen *Aminosäuren, Polyphenole* und *Laktosebakterien* können sich frei untereinander verknüpfen und damit die unterschiedlichsten Eiweißkombinationen, also die benötigten typischen Enzyme aufbauen.

Dies kann man auch als Schlüssel des Lebens bezeichnen: spezifisch und in bunter Vielfalt sind sie in der Lage das Leben optimal aufzubauen und zu schützen, denn sie sind an allen Funktionskreisläufen des Körpers maßgeblich beteiligt.

Neue Nachrichten 2016:

Nach der Statistik japanischer Forschung sind die effektiven Mikroorganismen etwa 100-mal wirksamer als alle bisher bekannten, getesteten Antioxidantien.

3. Topinambur

Gesund durch die „Indianerkartoffel"

Überlebende einer Hungersnot unter französischen Auswanderern in Kanada/Nordamerika schickten 1610 einige der hier unbekannten Knollen, die ihnen das Leben gerettet hatten, nach Europa.

Topinambur [topinamˈbuʁ] (*Helianthus tuberosus*) ist eine Pflanze aus der Familie der Korbblütler (*Asteraceae*) und zählt zur selben Gattung wie die Sonnenblume (*Helianthus annuus*). Sie ist eine Nutzpflanze, deren Wurzelknolle primär für die Ernährung genutzt wird. Topinambur stammt aus Nord- und Mittelamerika, ihr ursprüngliches Verbreitungsgebiet wird in Mexiko vermutet. Heute ist die Art im zentralen und östlichen Nordamerika sowie in Mittelamerika verbreitet und gilt als Kulturpflanze der Indianer aus vorkolumbianischer Zeit.

Nachdem man in der Neuzeit die vielen wertvollen Inhaltsstoffe von Topinambur analysieren konnte, kennt man die erstaunliche, gesundheitsfördernde Wirkung der Knollen.

100 g Topinambur enthalten allgemein:						
kcal	kJoule	Wasser	Eiweiß	Fett	Kohlenhydrate	Ballaststoffe
31	130	78,465 g	2,44 g	0,41 g	4 g	12,5 g

100 g Topinambur enthalten allgemein:											
Broteinheiten	Linolensäure	Linolsäure	Mineralstoffe	Natrium	Kalium	Calcium	Magnesium	Phosphor	Eisen	Zink	Kupfer
0,33 BE	44 mg	0,165 g	1,74 g	3 mg	478 mg	10 mg	20 mg	78 mg	3,7 mg	60 µg	0,150 mg

100 g Topinambur enthalten die Vitamine:												
A	B1	B2	B3	B5	B6	B7	B9	B12	C	D	E	K
2 µg	200 µg	60 µg	1,3 mg	60 µg	90 µg	1,7 µg	31 µg	0 mg	4 mg	0 mg	1,3-2 mg	0,023 mg

Sie sind reich an Vitaminen, Mineralien und Spurenelementen, **insbesondere dem Inulin.** Dies ist ein Ballaststoff der die Verdauung anregt, den Cholesterinspiegel senkt und durch eine gesunde Darmflora vor Darmkrebs schützt. Das unverdauliche Inulin dient den Bakterien (auch den Milchsäurebakterien) als Nahrung. Diese können sich dadurch besser vermehren und krankmachende Bakterien verdrängen. **Topinambur** besteht zu 80% aus Wasser und zu 15% aus unverdaulichen Ballaststoffen. Sie ist mit 30 Kilokalorien pro 100 g. ein **echter Schlankmacher.** Topinambur und diverse, daraus hergestellte Produkte eignen sich wunderbar um überflüssige Pfunde loszuwerden. Inulin sowie andere enthaltenen Kohlenhydrate lösen zudem kaum einen Blutzuckeranstieg aus, so ist Topinambur auch ideal für Diabetiker geeignet. Die Knollen, deren Kohlenhydrate aus dem **Mehrfachzucker Inulin** bestehen, sind seit 1922 flankierend zur Behandlung von Diabetes auf dem Speiseplan. Inulin, der langkettige Zuckerstoff, kann nicht verdaut werden, da die dazu nötigen Enzyme nicht vorhanden sind und wirkt deshalb als Ballaststoff im Darm. Erst im Dickdarm kommt es zur Fermentierung, was aber auch zu Blähungen führen kann. Wird Inulin regelmäßig mit der Nahrung aufgenommen, **senkt das die Blutfettwerte** und fördert die Anwesenheit von Bifidobakterien.

In steigendem Maß findet Topinambur auch Bedeutung als **Rohstoff für die Fruchtzucker-Herstellung.** Interessant ist Fructose, da sie süßer als Zucker (Saccharose) oder Dextrose (Glucose) ist. Heute gibt es Techniken HFCS-Zucker (high fructose corn syrup) aus Topinambur herzustellen, da Fructose nach der Hydrolyse des Mehrfachzuckers Inulin schon hochprozentig in der Knolle vorhanden ist.
Die Knolle enthält außerdem *Betain, Cholin* und *Saponine*, die als hemmend gegen Krebs angesehen werden.

Auch für den Speiseplan ist Topinambur eine wohlschmeckende sowie gesunde Bereicherung und ist in jeder Form genießbar.

Als dankbare Pflanze, auch auf kargen Böden ist Topinambur für die Gesundheit der Menschen, aber auch für die Welternährung ein echtes Geschenk der Schöpfung.

Unsere Buchempfehlung:

Erhältlich bei der Eußenheimer Manufaktur

Preis: 20,- €

4. Hightech für die Gesundheit

Modernes System revolutioniert die Analyse

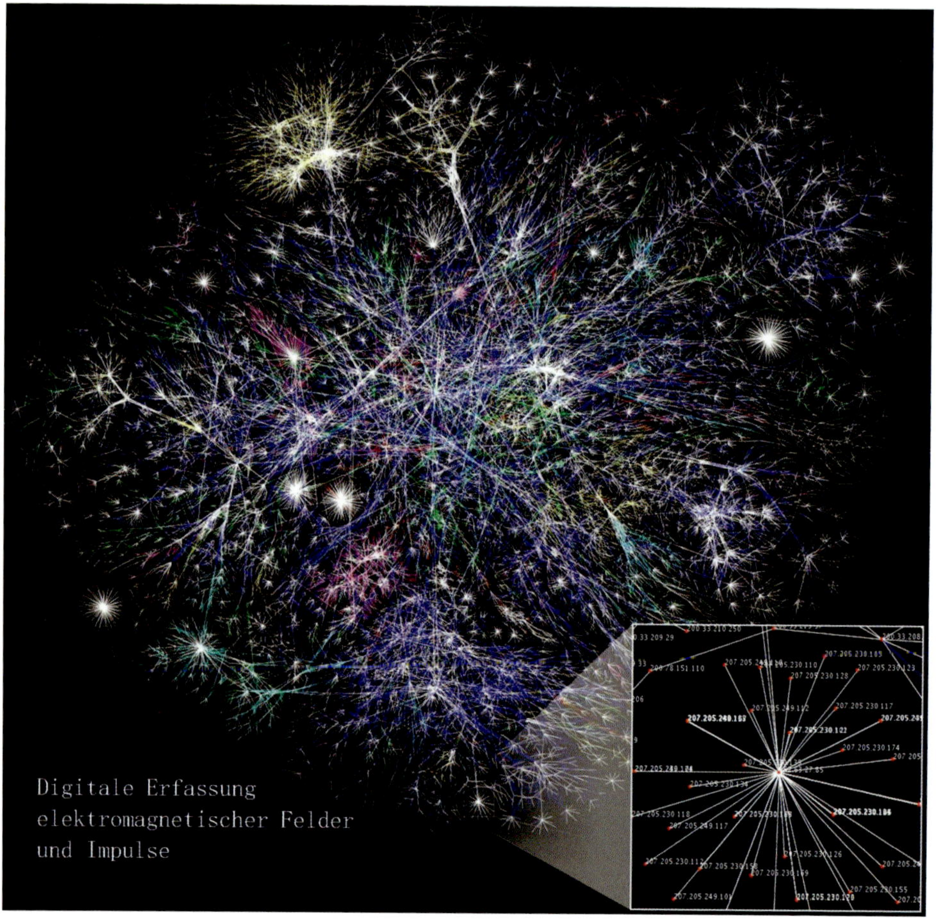

Bioresonanzmessungen, Bio-Scanner, Impedanz-Messungen usw. werden neuerdings und in unterschiedlichen Qualitäten von Fitnessstudios über Kosmetikstudios bis hin zu Apotheken, über deren Nutzen wir uns kein Urteil erlauben wollen und können, angeboten.
Selbstverständlich werden Hightech-Neuerungen rund um die Gesundheit auch in der Eußenheimer Manufaktur aufmerksam beobachtet und gegebenenfalls getestet.
Angespornt durch den unbeugsamen Willen die sog. Zivilisationskrankheiten genauer zu analysieren und ihnen ganzheitlich entgegenzuwirken, wurde

Jürgen Amthor auf die neuen Bioresonanz-messungs-Methoden aufmerksam. Ganz nach seiner Art suchte er auch mit dieser neuen Technik bessere und fundierte Ergebnisse zu erreichen. **In Zusammenarbeit mit einem Physiker, Softwareentwickler und Programmierer wurde die herkömmliche Messtechnik verifiziert und verbessert.**

So entstand der **VIEVA-VITAL-ANALYSER, ein System der 2. Generation.**

Er ist in der Lage über einen Handsensor in nur **2 Minuten über 200 Parameter des Körpers** anhand seiner elektromagnetischen Schwingungen zu messen, mit Idealwerten zu vergleichen und auszuwerten.

Längst hat die langjährige Forschungsarbeit in diesem Bereich gezeigt, dass jeder Mensch ein individuelles Schwingungsspektrum aussendet. Auch werden z. B. seine Organe je nach Gesundheitszustand das Schwingungsfeld entsprechend beeinflussen. Man kann das durchaus mit körpereigenen Gerüchen vergleichen, die von einer Hundeschnauze analysiert, ebenso Informationen über den Gesundheits- bzw. Krankheitszustand und einen individuellen Geruchs-Fingerabdruck hinterlassen.

Die Verbesserung des Systems bietet heute eine **ganzheitliche Diagnose des physiologischen Ist-Zustandes, quasi exakt den Stoffwechsel und zeigt auch gleich an, wo es fehlt und wo nicht.**

Ob Umweltgiftbelastung oder medikamentöse Beeinflussung, Vitamin- u. Vitalstoffhaushalt, Gift oder Mängelwerte, Über- oder Unterfunktionen, Verwertungs- u. Verdauungsprobleme sowie Überreaktionen, Allergien usw; hier hält man **umgehend eine übersichtliche Vergleichsauswertung in den Händen. Einzigartig und besonders hilfreich** beim **Vieva-System** sind die permanent

Ganzheitliche Betrachtung

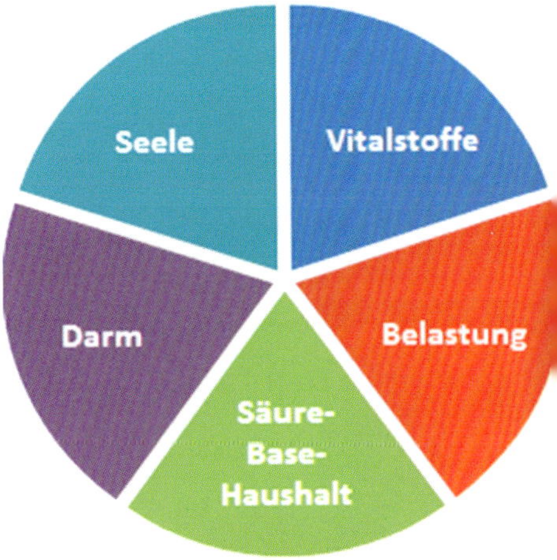

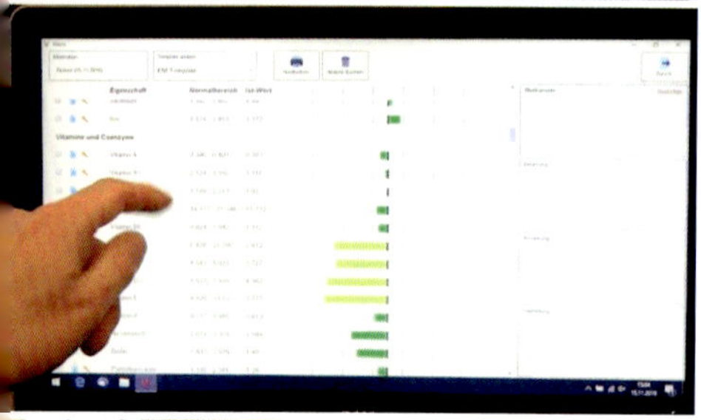

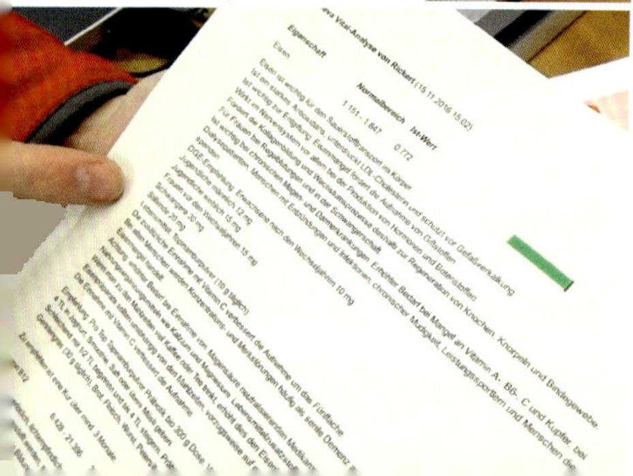

aktualisierten, wissenschaftlichen **Zusatzinformationen zum jeweiligen Wert:** Welche Funktion hat dieser Stoff oder diese Position, was bewirkt eine Unter– bzw. Überversorgung in meinem Körper, wie kann ich diesen Wert erhöhen oder senken usw.

Jeder kann so seine Analyse selbst nutzen und sich entsprechend z. B. über Ernährung beraten lassen.
Wenn auch der Vergleich zu einem elektronischen Analysesystem in der Kfz-Werkstatt nicht ganz humanistisch scheint, so muss man doch eingestehen, dass der digitale Fortschritt der Gesundheit des Menschen durchaus zuträglich sein kann, was dieses Vieva-Vital-Analysesystem beweist.

Auf Anmeldung führt ein geschulter Fachmann in der Eußenheimer Manufaktur, wie z.B. **Harald Stumpf** (Fotos), zertifizierter Fachberater für holistische Gesundheit, die Analysen durch.

Mittlerweile hat die Vieva-Vitalanalyse hunderte Klienten überzeugt, die entsprechend der Analyse ihre Ernährung angepasst, diverse Gewohnheiten geändert oder geeignete Nahrungsergänzungspräparate eingesetzt haben. Die guten und oft gelobten Ergebnisse, sowie eine überzeugende Linderung der Beschwerde, sind wiederum ein Ansporn für Jürgen Amthor sich auch hier weiter zu entwickeln. Viele namhafte **Alternativmediziner und Heilpraktiker** lassen sich deshalb **von Ihm auf dieses System schulen.**

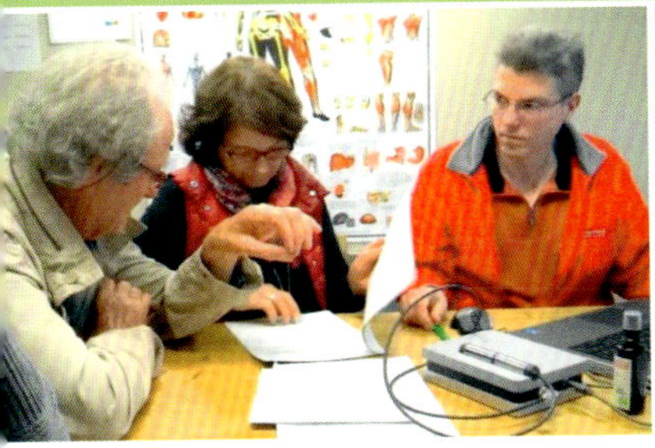

Dr. Wolfram Haas

Auch versierte Schulmediziner mit großer Erfahrung wie **Dr. Wolfram Haas** (Internist u. Spezialist der Informationsmedizin, s. Foto) haben aufgrund der großen, positiven Resonanz, das System in der Eußenheimer Manufaktur fachmännisch begutachtet und an sich selbst getestet.
Dr. Haas war sichtlich überrascht, dass seine Werte, die er selbst bestens kannte, so genau, umfassend und überzeugend bestätigt wurden. Insbesondere lobte er die hilfreichen, o. g. Zusatztexte zu den einzelnen Positionen. (Hierzu finden sie auch ein **Video bei Youtube** Suchtext:)

„Vieva Analyse Dr. Wolfram Haas“ oder unter folgendem Link: **https://youtu.be/98tX0EbkSKo**

Mit dieser Analyse erhält man heute in wenigen Minuten einen Befund, der früher mit aufwändigen Laborverfahren sowie erheblichen Kosten verbunden war. Zudem erhalten wir hier eine Tabelle die wir selbst lesen und verstehen, aber auch die fachmännischen und verständlichen Aussagen sowie Empfehlungspläne dazu. Ebenso sind wir der Entwicklung im probiotischen Gesundheitsbereich dankbar, da die so analysierten Beschwerden oft mit ganz einfachen Therapien oder Nahrungsumstellungen behoben werden können.

Der Vieva-Vital-Analyser *liefert einen ganzheitlichen Befund des Körperzustandes und seiner Funktionen:*

- ***Magen-Darm-Funktion***
- ***Nieren, Leber, Galle***
- ***Endokrines System***
- ***Schwermetalle, Homotoxine***
- ***Spurenelemente***
- ***Vitamine***
- ***Aminosäuren***
- ***Immunsystem***
- ***Knochenzustand***
- ***Unverträglichkeiten u.v.m.***

Bioresonanz: Biophysikalisches Diagnose-u. Behandlungsverfahren welches auf dem Forschungsergebnis basiert, dass bei jeder Körperzelle aber auch bei jeder Substanz und bei z.B. Allergenen, Viren und Bakterien spezifisch-charakteristische Wellenlängen messbar sind. Man bezeichnet diese auch als Frequenzmuster. Es eignet sich insbesondere auch bei Allergien und chronischen Erkrankungen.
Jede Form von Materie ist verdichtete Energie, die sich durch ihre elektromagnetischen Schwingungen messen lässt. In der Geophysik ist diese Messtechnik mittlerweile unverzichtbar geworden.
Mit der **Elektromagnetik** können Bilder der elektrischen Leitfähigkeitsverteilung im Untergrund hergestellt werden. Unterscheiden kann man hierbei zwischen natürlichen und künstlichen elektromagnetischen Wechselfeldern. So erkennt man sofort auch körperfremde Giftstoffe, Metalle und andere chemische Verbindungen im Untergrund, sowie im Körper. *Quellen: Bundesverband Geophysik, u.a.*

ANWENDER-FIBEL

Übersicht

Bedeutung der Kürzel

sEM = spezifische, effektive Mikrorganismen aus der **Eußenheimer Manufaktur**

sEM-A = spezifische, effektive Mirkoorgansimen **aktiviert**, aus der **Eußenheimer Manufaktur**

Weitere Bezeichnungen wie **sEM „-Hell“**, **„-Tier“**, **„-Garten“**, **„-Reiniger“ oder „-Basislösung“** sind entsprechend spezifizierte und geprüfte Lösungen aus der **Eußenheimer Manufaktur.**

EM steht bei diesen Produkten als Kürzel für Eußenheimer Manufaktur. Weitere individuelle Kürzel und sEM-Technologie-Begriffe gehen aus der jeweils beschriebenen Herstellung hervor.

Gesundheit mit ...

Der beste Weg zur eigenen Gesundheit ist das Anbauen von Obst und Gemüse im eigenen Garten oder der Einkauf von nachweislich biologisch Angebautem ohne Kunstdünger und Chemie (siehe Anwendungen Garten).

Produkt	Inhalt	enthält	Wirkungsweise, unterstützend zur	Anwendung
Antioxidans 500-ml-Flasche	probiotisch fermentierte Topinambur	aufbauende Mikroorganismen, Inulin, Selen, Vitamin A, B1, B2, B3, B5, B6, B7, C, E, Kalium, Phosphor, Natrium, Magnesium, Kalzium, Zink, Eisen, Flavonoide, Polyphenole	- Aufbau der Darmflora (z. B. nach Antibiotikaeinnahme) - Regulierung bei Durchfall bzw. Verstopfung - Stärkung des Immunsystems - Besserung bei Lebensmittelunverträglichkeiten (Laktose, Fruktose ...)	10–15 ml (1 EL) - bei Verstopfung morgens - bei Durchfall abends mit warmem Wasser schlückchenweise trinken
Topinamburpulver 300-g-Dose	präbiotisches, reines Topinamburpulver	Inulin, Vitamin A, B1, B2, B3, C, Folsäure, Eisen, Selen, Kalzium, Magnesium, Kalium, Kupfer, Phosphor, alle 8 essentiellen Aminosäuren, Polyphenole	in Kombination mit **ProTop Antioxidans**: - Aufbau der Darmflora (z. B. nach Antibiotikaeinnahme) - Regulierung bei Durchfall- bzw. Verstopfung - Stärkung des Immunsystems - Besserung bei Lebensmittelunverträglichkeiten (Laktose, Fruktose ...) - Senkung des Blutzuckers	täglich morgens 10 g (1 EL) in Joghurt, Müsli, Smoothie Achtung: kann anfangs zu Blähungen führen, daher Einnahme langsam steigern
Base 500-ml-Flasche	probiotisch fermentierte Topinambur und Bitterkräuter nach Hildegard v. Bingen (Andorn, Artischocke, Bitterdistel, Bitterklee, Chinarinde, Enzianwurzel, Engelwurz, Galgant, Ingwer, Kardamonsamen, Kurkuma, Löwenzahn, Mariendistelkraut)	aufbauende Mikroorganismen, Inulin, Selen, Vitamin A, B1, B2, B3, B5, B6, B7, C, Kalium, Phosphor, Natrium, Magnesium, Kalzium, Zink, Polyphenole	- Regulierung des Säure-Basenhaushaltes - Lösen von Giftstoffen (Schwermetalle, Blei ...) - Entlastung der Leber - entzündungshemmend	10–15 ml (1 EL) abends mit warmem Wasser schlückchenweise trinken
Basenpulver 500-g-Dose	reine basische Salze, Lebensmittelqualität		in Kombination mit **ProTop Base**: - Regulierung des Säure-Basenhaushaltes - Lösen von Giftstoffen (Schwermetalle, Blei...) - Entlastung der Leber - entzündungshemmend	3–7x pro Woche 1 EL Basenpulver in unter 36°C warmes Wasser geben und die Füße 15–30 Min. darin baden
Extrakt 90 Presslinge	probiotisch fermentierte Topinambur	aufbauende Mikroorganismen, Inulin, Selen, Vitamin A, B1, B2, B3, B5, B6, B7, C, E, Kalium, Phosphor, Natrium, Magnesium, Kalzium, Zink, Eisen, Flavonoide, Polyphenole	- Aufbau der Darmflora (z. B. nach Antibiotikaeinnahme) - Minderung der Wechseljahresbeschwerden - Linderung rheumatischer Beschwerden (Gelenkprobleme) - Senkung des Blutdrucks - Senkung des Harnsäurespiegels	2–6 Presslinge täglich morgens u. abends mit Wasser einnehmen

Topinambur

...aufbauenden Mikroorganismen

Ergänzend dazu haben effektive, aufbauende Mikroorganismen für den Körper beste Ergebnisse vorzuweisen, insbesondere unterstützen sie das Darm- und Hautmilieu sowie die Entsäuerung und Entgiftung des Körpers.

Power 50 Kapseln	probiotisch fermentierte Topinambur, Lupine und Hanf	aufbauende Mikroorganismen, B12, 20 Aminosäuren (davon alle 8 Essentielle), Omega 3, Omega 6 Fettsäuren, Selen, Vitamin A, B1, B2, B3, B5, B6, B7, B9, D, E, K, C, Kalium, Phosphor, Natrium, Magnesium, Kalzium, Zink, Polyphenole	- Stärkung des Immunsystems - Aufbau der Muskulatur (Darmmuskulatur) - Unterstützung eines gesunden Schlafes - Linderung psychischer Probleme - Konzentrationssteigerung (ADS, ADHS) - zum Schutz des Herz-Kreislaufsystems	1–3 Kapseln täglich abends mit Wasser einnehmen
Aronia + Moringa 500-ml-Flasche	probiotisch fermentierte Aroniabeere + Moringablätter	aufbauende Mikroogranismen, Vitamin A, B1, B2, B3, B9, C, E, K1, 10 Aminosäuren (davon alle 8 Essentielle), Eisen, Kalzium, Kalium, Zink, Jod, OPC, Polyphenole	- Unterstützung des Herz-Kreislaufsystems - Verbesserung der Gefäßelastizität - Regulierung des Blutdrucks - Verbesserung der Blutfließeigenschaften - Schutz vor Alzheimer und Parkinson	10–15 ml (1 EL) täglich mit warmem Wasser schlückchenweise trinken
Mund- und Hautspray 50-ml-Sprühflasche	probiotisch fermentierte Kräutermischung, Ackerschachtelhalm, Hanf- und Arganöl	aufbauende Mikroorganismen, sekundäre Pflanzenstoffe, Vitamin E, Omega 3, Omega 6 Fettsäuren	- Vorbeugung und Behandlung von Karies und Parodontose - zur Behandlung von Neurodermitis, Aften, Herpes, Akne, Pilzerkrankungen der Haut, Schuppenflechte, Insektenstiche und Verbrennungen - Vorbeugung und Behandlung von Halsschmerzen und Heiserkeit	mehrmals täglich in den Mund oder auf die Haut (betroffene Stellen) sprühen
Hanföl 250-ml-Flasche	reines Hanföl, angereichert mit Mikroorgansimen	Omega 3, Omega 6 Fettsäuren	für die Hautpflege (besonders bei Neurodermitis sowie entzündlichen Hauterkrankungen)	1x täglich einmassieren, optimal nach dem Duschen auf die noch feuchte Haut
Deo Citrus/ Lavendel 100-ml-Sprühflasche	probiotisch fermentierte Topinambur, Ackerschachtelhalm, Hanf- und Arganöl, Kräuter, Citrus- o. Lavendelöl	ohne Aluminium und Alkohol, frei von sonstigen chemischen Zusätzen	Geruchsminderung unter den Achseln (besonders geeignet für Allergiker, bei trockener und empfindlicher Haut)	mehrmals täglich zur Geruchsminimierung unter die Achseln sprühen

Moringa

Aroniabeere

Alle ProTop Produkte:

- sind auf Basis spezifischer, aufbauender Mikroorganismen mindestens 18 Monate von Hand fermentiert und frei von Zucker, Farb- und Konservierungsstoffen

- sind biozertifiziert und enthalten somit auch keine genmanipulierten Zutaten

- sind vom Labor Dr. Scheller geprüft und zugelassen als präbiotische und probiotische Lebens- und Nahrungsergänzungsmittel

- haben eine hohe antioxidative Wirkung. Dies wurde bestätigt durch Redoxmessungen von Prof. Hofmann/ Dr. Staller und Dr. Bernreuther

  Wir empfehlen weiterhin zur ganzheitlichen Therapie das Aussprühen der Wohnräume mit sEM Hell oder die Säuberung durch unserem Reiniger mit spezifischen, aufbauenden Mikroorganismen. Zum Haare waschen und zur Körperreinigung empfehlen wir UNI SAPON Spülmittel mit spezifischen, Effektiven Mikroorganismen (siehe Körperpflege).

Tipps für einen gesunden Darm

Die Verdauung beginnt im Mund, achten Sie deshalb auf eine gesunde Mundflora. **Zähneputzen** mit EM-Zahncreme und 2 – 3 x am Tag Mund- und Hautspray in den Mund sprühen, zum Aufbau der Mundflora.
Gut gekaut ist halb verdaut, (eine sehr gute Methode um abzunehmen) lange und gut kauen (mind. 33 x).
Trinken Sie eine halbe Stunde vor dem Essen genügend Wasser und bis zu 2 Std. nach dem Essen nichts. Damit wird das Essen wesentlich besser verwertet. Während des Essens nichts trinken und wenn, dann nur kleine Schlückchen.
Nicht Essen wenn man Stress hat, deshalb vorher Stress abbauen. (Beten, Musik hören, meditieren, ruhen, Wärmflasche auf den Bauch legen, Aperitif aus Bitterkräutern trinken z. B. ProTop Base (alkoholfrei) usw.
Essen Sie nach Ihren Gewohnheiten. Bewährt haben sich mehrere kleine Portionen über den Tag verteilt. Jeder Mensch ist ein Individuum, auch beim Essen. Vermeiden Sie wenn möglich Weißmehlprodukte, Zucker und denaturierte Nahrung.

Immer Obst und Gemüse zu oder zwischen den Mahlzeit essen, welches nach Möglichkeit aus kontrolliert biologischem Anbau (am besten auch mit sEM-Technologie) stammen soll. Allerdings nicht mehr ab 3 Stunden vor dem Schlafengehen, denn insgesamt sollte der Darm 14 Std. ruhen um optimal verdauen zu können.

Bewegen Sie sich viel an der frischer Luft. Z. B. nach dem Abendessen, täglich mindestens eine halbe Stunde spazieren gehen.

Zum Aufbau der Darmflora empfehlen wir täglich 10 – 15 ml Antioxidans. Morgens bei Verstopfungen oder abends bei Durchfall in ein Glas warmes Wasser, Saft oder Kräutertee geben und in kleinen Schlückchen trinken.

Bei längerer Einnahme von Abführmitteln empfehlen wir ProTop Power zum Aufbau der Darmmuskulatur.

Zum **Entsäuern und Entgiften** hat sich ProTop Base mit Bitterkräutern nach Hildegard v. Bingen (10 – 15 ml als Kur abends vor dem schlafen gehen) bestens bewährt. Sehr hilfreich, weil gezielt über die Füße ausgeleitet werden kann, sind warme Fußbäder (2° C unter Körpertemperatur) mit Kaisernatron und/oder Fettlöser.

Bevorzugen Sie basische Lebensmittel.

Achten Sie bei Deodorants, Haarwaschmittel, Duschgel, Kosmetika und Haushaltsreiniger, dass sie keine chemischen Inhaltsstoffe enthalten. Sehr gut bewährt hat sich das Spülmittel oder Waschmittel mit sEM für die Körperhygiene (rein pflanzlicher PH-Wert 7,2) sowie die sEM-Haushaltsreiniger für den Hausputz.

Über die Haut werden sehr viel Inhaltsstoffe aufgenommen, die für den Körper, vor allem aber für den Darm nützlich oder schädlich sein können.

Trinken Sie so viel klares, gefiltertes, energetisiertes Wasser mit 5 Pipes pro Liter, dass Sie täglich ca. 1,5 Liter klaren Urin ausscheiden.

Vermeiden Sie kohlensäurehaltige Getränke.

Spezifische, effektive Mikroorganismen für die Reise

spezifische effektive Mikroorganismen Hell	Zum aussprühen/reinigen der Zimmer zur Milieuverbesserung
ProTop Mund- und Hautspray	Bei Sonnenbrand, Insektenstichen, Zahnproblemen, offene Wunden
ProTop Hanföl	Zur Hautpflege
ProTop Extrakt	Für eine gesunde Darmflora
UNI SAPON Spül- oder Waschmittel	Zum Duschen und Haare waschen sowie zur Beseitigung von Flecken auf der Kleidung
Keramikpipes	Zur Belebung des Trinkwassers

Trinkwasser

Die Qualität des Trinkwassers ist in verschiedenen Regionen unterschiedlich einzustufen. Falls nötig empfehlen wir für die Reinigung im grobstofflichen Bereich den Einbau eines Filters. Für die feinstoffliche Reinigung und Harmonisierung:

EM-Keramikpipes

Die Wirkung der Keramikpipes basiert auf der Schwingungsübertragung von positiven Mikroorganismen, die in die Pipes eingebrannt sind. Jede Lebensinformation hat ihre eigene magnetische Resonanz. Man kann zwischen Schwingungen unterscheiden, die günstig für den Menschen sind und solchen, die ihm schaden.
Die von den effektiven Mikroorganismen ausgehende Schwingung wirkt sich positiv auf den Körper aus und verhindert oder reduziert Oxidationen im Körper. Da wir zu 60–80% aus Wasser bestehen und Wasser ein sehr guter Informationsträger ist, wird die positive Lebensinformation durch die Pipes auf unseren Körper übertragen.

Dies wirkt sich positiv aus:

- man fühlt sich besser
- man benötigt weniger Schlaf
- die Gedächtnisleistung steigt
- man wird unempfindlicher gegen jede Art von Strahlung (z. B. Elektrosmog)
- der Alterungsprozess wird verlangsamt
- Oxidationen im Körper werden verhindert
- man löscht negative Informationen die von Außen in unseren Körper gelangen
- man stärkt das Immunsystem

Keramikpipes werden als Kette oder Armband getragen und ins Trinkwasser gelegt (ideal auch für Teiche, Regentonnen, Zisternen, Gießkannen, Wasch - und Spülmaschinen, Kaffeemaschinen usw.).
Die Haltbarkeit der Keramik ist unbegrenzt.
Für den Festeinbau in die Wasserleitung empfehlen wir die bewährte EM-HTKC-Technik. Die Pipes und HTKC-Technik wirken rein im energetischen Bereich.

Zum Filtern von Verunreinigungen im Trinkwasser empfehlen wir Carbonfilter. Ideal für den menschlichen Körper ist die Kombination von Keramik-Pipes und ProTop Base zum Entsäuern und Entgiften.
Die Pipes haben einen Plus- und einen Minuspol. Damit sich die magnetischen Resonanzschwingungen nicht gegenseitig aufheben, empfehlen wir das Auffädeln mit Knoten zwischen den Pipes als Abstandshalter. Sehr gut bewährt hat sich die Kombination mit Heilsteinen zwischen den Pipes.

Trinkwasser:	5 Pipes pro Liter, wenn möglich einige Stunden stehen lassen.

Weiterhin können die Pipes wie folgt verwendet werden:

Kühlschrank:	20–40 Pipes
Luftbefeuchter:	je nach Größe
Waschmaschine:	1 Handvoll Pipes im Waschlappen einnähen und mitwaschen.
Fritteuse:	5–10 Stück
Cremes:	1 Pipe in die Dose drücken

Grundsätzlich können Pipes in alle Getränke und Lebensmittel, die flüssig sind, eingesetzt werden, z. B. auch im Waschwasser für Salat oder Obst: Alles bleibt länger knackig und frisch.

Die Pipes werden nach mehrmaligen Einsatz im Trinkwasser oder nach anderen Einsätzen zur Reinigung einfach kurz in kochendes Wasser gelegt.

Körperpflege

Duschen	Uni Sapon Haut u. Haar oder sEM-Seife mit Zitronenverbene + sEM-hell	PH-Neutral 7,2, rein pflanzlich mit Mikroorganismen - mit sEM	Geringer Verbrauch, Körper nach dem Duschen mit sEM hell abreiben.
Haarewaschen	Uni Sapon Haut u. Haar oder sEM-Seife mit Zitronenverb.	PH-Neutral 7,2, rein pflanzlich mit Effektiven Mikroorganismen	Geringer Verbrauch
Haarspülung	sEM hell	Macht Haar weicher, wäscht Schadstoffe aus den Haaren, gegen Schuppen	10 – 20 ml pro Spülung je nach Haarvolumen, nach dem Haarewaschen
Fußbäder	sEM hell + Natron + Keramikpulver	Entsäuern und Entgiften, Fußpflege, vorbeugend gegen Fuß- und Nagelbettpilze	50 ml sEM hell + 1 EL Natron.+ 1 TL Keramikpulver + Wasser 2° unter Körpertemperatur 12 bis 20 Min. darin baden.
Vollbäder	sEM hell + EM oder Natursalz + Kräuter nach Wahl	Wohltuend für die Haut	50 – 500 ml sEM hell + 1 EL Salz + eine Handvoll Pipes
Zahnpflege	Bioemsan oder EMSana Zahncreme + Pro Top Mund- und Hautspray	Aufbau der Mundflora, vorbeugend bei Paradentose.	Täglich Zahncreme erbsengröße reicht benutzen und 2 - 3 x Mund- und Hautspray in den Mund sprühen.
Zahnersatz	Mit aufbauenden Mikroorganismen	Besonders gut verträglich, weniger allergische Reaktionen, positive Schwingung auf den ganzen Körper	Zahntechniker die mit Effektiven Mikroorganismen arbeiten.
Hautpflege	ProTop Hautcreme, Hanföl mit sEM, ProTop Mund-u. Hautspray	Hanföl hat optimales Omega 3 /6 Verhältnis wird auch in Kombination mit Mund- und Hautspray bei Neurothermitis eingesetzt.	Hanföl einmasieren und mit Mund u. Hautspray besprühen.
Wundbehandlung	Pro Top Mund- und Hautspray	sEM, Kräuter, Hanf und Arganöl	Mehrmals täglich auf die offene Wunde sprühen
Insektenstiche	Pro Top Mund- und Hautspray	sEM, Kräuter, Hanf und Arganöl	Mehrmals täglich auf die betroffene Stelle sprühen
Sonnenbrand	Pro Top Mund- und Hautspray	sEM, Kräuter, Hanf und Arganöl	Mehrmals täglich auf die betroffene Stelle sprühen
Herpes und Aften	Pro Top Mund- und Hautspray	sEM, Kräuter, Hanf und Arganöl	Mehrmals täglich auf die betroffene Stelle sprühen
Gesichtspflege	ProTop Gesichtscreme		Eincremen
Nase	EMsana Nasenpflegeöl		
Hände	Uni Sapon Handwaschpaste und /oder Seife mit Zitronenverbene Pro Top Handcreme		

Haushalt

sEM-Reiniger oder sEM-hell oder sEM-A-hell

Anwendungsbereiche	Wirkung	Dosierung
Abflüsse	Gegen Ablagerungen und Verstopfung	Pur einwirken lassen
Dunstabzug	Gegen Fettablagerung und Geruch	5-10ml pro 1 Liter Wasser
Biotonne, Bokashieimer	Für Reinigung, gegen Geruch	5-10ml pro 1 Liter Wasser
Fliesen, Armaturen	Für Reinigung	5-10ml pro 1 Liter Wasser
Geschirrspüler	Für Reinigung	Pur, automatische Dosierung
Herd	Für Reinigung	Pur aufsprühen, kurz einwirken lassen
Küchengeräte	Für Reinigung	5-10ml pro 1 Liter Wasser
Kühlschrank	Für Reinigung, gegen Geruch	5-10ml pro 1 Liter Wasser
Metall	Für Reinigung, gegen Flugrost	10ml pro 1 Liter Wasser
Schneidbretter	Für Reinigung	5-10ml pro 1 Liter Wasser
Töpfe, Pfannen	Für Reinigung	5-10ml pro 1 Liter Wasser aufsprühen und kurz einwirken lassen

Ledermöbel, Bekleidung	Zur Auffrischung gegen Schimmelbildung	1ml pro 1 Liter
Polstermöbel, Vorhänge, Betten	Gegen Staub, milben und Geruch	1-20ml pro 1 Liter Wasser
Raumklima	Gegen Geruch	1-50ml pro 1 Liter Wasser
Schränke, Garderoben, Schuhkästen	Zur Reinigung, gegen Geruch	1-20ml pro 1 Liter Wasser
Schuhe	Gegen Geruch	1-10ml pro 1 Liter Wasser aufsprühen
Teppiche	Für Reinigung, zur Auffrischung, gegen Motten	1-10ml pro 1 Liter Wasser aufsprühen
Fenster	Für Reinigung	5-10ml pro 1 Liter Wasser

Fliesen	Für Reinigung, gegen Ablagerungen	3-5ml pro 1 Liter Wasser
Spiegel	Für Reinigung	3-5ml pro 1 Liter Wasser
Toilette	Für Reinigung, gegen Geruch und Ablagerungen	5ml pro 1 Liter Wasser
Waschbecken, Dusche	Für Reinigung, gegen Geruch und Ablagerungen	5-10ml pro 1 Liter Wasser
Bidet, Badewanne	Für Reinigung, gegen Ablagerungen	5-10ml pro 1 Liter Wasser
Wäschetrockner	Gegen Staub und Flusen	3-5ml pro 1 Liter Wasser
Waschmaschine	Für Reinigung, gegen Ablagerungen	5-25ml pro Waschgang

Tipp: Auch im Auto lässt sich der sEM-Reiniger für alle Bereiche bestens einsetzen. Sowohl im Fahrzeug-Innenraum, als auch im Motorraum.
Neugekaufte Kleidung sowie neue Möbel mit sEM-Hell pur besprühen.
So werden Schadstoffe aus der Herstellung reduziert.

Achtung! Sonderfall Schimmel in Wohnräumen

Alkohol oder Essig sind geeignete Desinfektionsmittel. Damit besprüht man den Schimmel oder wäscht Ihn mit einem Schwamm pur ab. Nachdem die Wand trocken ist (evtl. mit Fön nachhelfen), empfiehlt es sich eine Kalkfarbe zu nehmen und das Keramikpulver beizumischen. Man braucht dazu ganz wenig, bei 10 Liter einen Kaffeelöffel. Damit bestreicht man die befallenen Stellen. Das Keramikpulver kann man auch für Putze, Beton, Farben und für Pflanzen einsetzen.

Der sEM Reiniger oder sEM-Hell wird täglich 2–3 mal im Raum, am besten in der ganzen Wohnung versprüht.

Zum Sprühen mit 50% Wasser mischen. Damit werden positive Mikroorganismen ausgebracht, die Schimmelsporen, die sich in der Wohnung verteilt haben, zurückdrängen bzw. eliminieren. Ein Großputz mit dem Reiniger ist allerdings immer vorteilhaft.

Wichtig ist, langfristig die Ursache des Schimmels zu beseitigen. Evtl. Schwachstellen durch eindringende Feuchtigkeit von außen beseitigen (Lüften und Heizen).

Nur in einem feuchten Milieu können sich Schimmelpilze ansiedeln, deshalb muss man langfristig die Ursachen beseitigen.

sEM-Hell oder sEM-Reiniger

sEM-A bedeutet, dass sEM-hell oder sEM-Reiniger verwendet werden können. Grundsätzlich sind die Anwendungen auch pur möglich. Bei Mischen mit Wasser sollte die Mischung innerhalb von 2 Tagen verbraucht werden. Pur ist sEM bei kühler Lagerung länger haltbar.

Allgemeine Hinweise zu sEM

sEM = *spezifische, effektive Mikroorganismen aus der* ***Eußenheimer Manufaktur****.*

sEM-A = *spezifische, effektive Mikroorgansimen* ***aktiviert****, aus der* ***Eußenheimer Manufaktur.***

Weitere Bezeichnungen wie:

sEM „-Hell", „-Tier", „-Garten", „-Teich" oder „-Reiniger"

von der ***Eußenheimer Manufaktur*** *aus der Basislösung kultivierte, spezifische Lösungen für die jeweils entsprechenden Anwendungsbereiche.*

Basislösung

Mikrobiologische Grundsubstanz *(Bakterienstämme)* zum Ansetzen.

Basislösung Pflanze zum selbst Herstellen von sEM-A für

- Gießlösung Garten
- Gießlösung Kompost
- Bokashiherstellung
- Terra – Preta Herstellung
- Mistbehandlung
- Güllebehandlung
- Kräuterjaucheherstellung
- Basis zur Herstellung von Spritzmitteln

Basislösung zum Herstellen von sEM-A für

- Tiere
- Reiniger
- Aussprühen von Räumen, Autos usw.
- Herstellen von sEM-Hell
- Fuß- und Vollbäder
- Teiche
- Zisternen
- Brot und Sauerkrautherstellung

Baubiologie

Aufbauende effektive Mikroorganismen:

- verbessern die Qualität und Haltbarkeit verschiedenster Baumaterialien
- binden und neutralisieren Schadstoffe
- produzieren durch die Verarbeitung von organischem Material CO_2. Mit EM angereicherte Bausubstanzen wie Verputz, Beton, Zement oder Mörtel trocknen daher schneller und von innen nach außen
- verhindern bzw. bekämpfen die Schimmelbildung, da Hefen (Pilze) die in sEM enthalten sind, andere Pilze vertreiben
- eliminieren unangenehme Gerüche, z. B. beim und nach dem Ausmalen
- energetisieren den Raum: Je nachdem, wie viel „Aktivität" in den verschiedenen Räumen gewünscht wird, können mehr oder weniger sEM verwendet werden. In Ruhezonen wie Schlafzimmer etwas weniger, in aktiven Räumen wie Büro, Küche, Wohnzimmer etwas mehr
- sorgen beim Einschnitt von grünem Holz dafür, dass Sporen und Mykotoxine (schädliche Pilze) verschwinden und der Brennwert des Heizgutes erhöht wird
- EM-Keramik belebt Wasser und kann Korrosionsschäden in Rohren vorbeugen

Mengenangaben:

Boden

Baugrube: an 2 aufeinander folgenden Tagen morgens und abends mit 0,1%iger sEM-Aktiv-Lösung ausreichend besprühen.

Bodenplatte: ebenfalls mit 0,1%iger sEM-Aktiv-Lösung ausreichend besprühen.

Beton, Zement, Estrich und Mörtel

EM-Keramikpulver: 0,2–1% der Zementmasse beimischen.

sEM-Aktiv: 0,5% der Zementmasse beimischen.

Wände

Verputz: sEM-Aktiv und EM-Keramikpulver jeweils in einem Verhältnis von 0,5% beziehungsweise 0,2% der Trockenmasse untermengen.

Ohne sEM verputzte Wände: mehrmals mit sEM-Lösung (sEM-Aktiv und Wasser) im Verhältnis 1 : 20 bis 1 : 10 besprühen.

Wandfarbe: Mit 0,5% sEM-Aktiv und 0,2–2% EM-Keramikpulver mischen. Beim Einsatz von Dispersionsfarben werden 2% EM-Keramikpulver empfohlen.

Hackschnitzel oder Scheitholz

Mit einer sEM-Aktiv-Wasserlösung 1 : 10 gut besprühen (ca. 1 Liter auf 10 m^3 Hackschnitzel)

Garten

Ein wahrer Gärtner ist nicht ein Mann, der nur Pflanzen kultiviert. Er ist ein Mann, der zunächst die Erde kultiviert. Im Garten Eden würde er aufgeregt schnuppern und rufen:

„Oh Gott, was für ein Humus!“

Der Einsatz von sEM im Garten und im Obstbau gliedert sich in 2 Bereiche:
Zum Einen wird über die Bodenverbesserung mit speziellen, effektiven Mikroorganismen „sEM-Garten“ Einfluss auf das Pflanzenwachstum genommen. Zum Anderen wird durch das Besprühen mit Mikroorganismen die Pflanze vor „Schädlingen“ und Krankheiten geschützt.
Als Dünger und Nahrung für den Boden nimmt man Bokashi +400 und sEM-Garten in flüssiger Form, die wir alle **2–4 Wochen** gießen.

Mischungsverhältnis: 200 ml sEM-Garten auf 10 l Wasser.

Achtung! Nicht bei Sonneneinstrahlung gießen.

Bokashi

bedeutet in der japanischen Sprache „Allerlei“ (fermentiertes organisches Material). Bokashi ist ein sehr hochwertiger Dünger und wertvoller als reifer Kompost, aber bei weitem nicht so arbeitsintensiv. Die Reifezeit beträgt nur ca. 3–4 Wochen, beim Kompost 1 Jahr. Der Boden als Darm der Pflanze soll nicht mit faulender Nahrung aus fehlerhafter Kompostierung für das Bodenleben behandelt werden. Sowohl der Regenwurm als auch die kleinste Mikrobe im Boden schätzen es sehr, wenn sie milchsaueres, fermentiertes Futter bekommen. Gemäß den Humusforschern sollen wir nicht die Pflanze, sondern den Boden füttern.

Einfache Methoden für sEM-Einsteiger

Anwendungs-bereich	Menge/Verdünnung	Entspricht ca./ Erläuterung	Anwendungsweise
Dünger	**Bokashi + 400 Pellets bio** Nahrung die der Boden braucht. Fermentiertes organisches Material, Mikroorganismen, Bodenpilze, Mineralien, Bioholzkohle	1,5 kg Bokashi +400 Pellets für ca. 50 m^2 Gartenboden einfach streuen und angießen. Wartezeiten für Bepflanzung ist nicht nötig. Ersetzt alle Dünger. Für alle Pflanzen im Garten geeignet. Der weiße Belag, der entsteht, sind wichtige Bodenpilze. Bei Temperaturen über 12 °C ausbringen.	
Boden-verbesserung	**sEM-Garten-Fertiglösung** Flüssig, mit homöopathischem Pflanzenstärkungsmittel	1 L im Jahr für ca. 50 m^2. Wöchentlich 50 ml mit 10 L Wasser bzw. alle 4 Wochen 200 ml/10 L Wasser Boden und Pflanzen gießen.	Bei Temperaturen über 12 °C, nicht bei Sonnenschein ausbringen, morgens oder abends.
Kompost oder Mist	**sEM-Garten-Fertiglösung** flüssig, Urgesteinsmehl, Kohle	200 ml mit 2 L Wasser/m^2 vermischen Kompost oder Mist 3 kg/m^2 200 g/m^2	Schichtweise alle 20 cm gießen. Urgesteinsmehl-Kohle streuen
Blumentöpfe	**sEM-Garten-Fertiglösung** Bokashi +400 Pellets	1–5 Esslöffel sEM je 1–2 L Wasser, 5–10 Bokashi +400 Pellets je nach Gefäßgröße	Pflanzen regelmäßig damit einsprühen bzw. gießen, einige Pellets in die Töpfe streuen.
Blumenvasen	**sEM-Garten-Fertiglösung**	1 Teelöffel sEM je 2 L Wasser	Ins Blumenvasenwasser geben
	Ca. 5 Pipes je Vase	Menge je nach Vasengröße	

Bokashi +400 Pellets

Vorteil: Gebrauchsfertige Pellets für alle Pflanzen im Garten geeignet. Sofort einsetzbar. Günstig im Verbrauch, günstig im Preis. Die hervorragenden Eigenschaften und Wirkung wurde **durch die Landesanstalt für Garten und Weinbau in Veitshöchheim bei einem Düngervergleichstest 2012 betätigt.**
Inhaltsstoffe:
Fermentiertes organisches Material, spezifische effektive Mikroorganismen aktiviert, Bodenpilze, Urgesteinsmehl, Bioholzkohle, Keramikpulver, homöopathisches Boden- und Pflanzenstärkungsmittel.
Zugelassen für den Ökologischen Land- und Gartenbau.
Ökokontrollstelle DE-037

Anwendung:
1–2 mal pro Jahr 30 g/m² auf den Boden streuen, nicht einarbeiten, kurz angießen. Wirkt ab Temperaturen von 8–10 °C. Nach dem Ausbringen 14 Tage keine chemischen Spritzmittel verwenden.
Packungsgrößen: 1,5 kg (45 m²), 5 kg (150 m²), 10 kg (300 m²)
Gesundheit, Vitalität und Langlebigkeit aller Organismen einschließlich des Menschen hängen von der Gesundheit und Lebendigkeit des Bodens ab. Der Zustand unserer Böden ist alarmierend. Der Humusgehalt ist von 65 % auf 6–10% gesunken. In unseren Böden ist die Konzentration der Kleinstlebewesen nahe 0%. Jährlich nimmt der Einsatz von chemischen Spritzmitteln zu und die Regenwürmerpopulation ab. Der Anteil von organischem Material ist auf unter 3% gesunken und lebenswichtige Mineralien fehlen.

Der Boden ist der Darm der Pflanze, deshalb versorgen wir den Boden mit der bestmöglichen Nahrung. Bokashi mit spezifischen Mikroorganismen, Urgesteinsmehl, Bioholzkohle, Keramikpulver und homöopathische Pflanzenstärkungsmittel. Ohne Bakterien kein Stickstoff!
(Bei einem Versuch in der Landesanstalt für Garten und Weinbau in Veitshöchheim wurde 2012 festgestellt, dass wir im Boden bei 0–30 cm Tiefe 3x so viel und im Boden von 30–60 cm Tiefe doppelt so viel Stickstoff hatten als mit unnatürlichem Dünger.)
Ohne Bakterien keine Vitamine, Enzyme, sekundäre Pflanzenstoffe, Antioxidantien usw. in den Pflanzen! Ohne Bakterien keine Umwandlung von Mineralien! Ohne Bakterien entsteht Fäulnis! Ohne Bakterien kein Humusaufbau! Ohne Bakterien keine Regenwürmer! Ohne Bakterien keine Pflanzen! Ohne Bakterien kein Leben!
Bokashi +400 und die Mikroorganismen sorgen für eine Erhöhung der biologischen Aktivität im Boden, verbessern die Bodenstruktur, vergrößern das

Wurzelwerk, stärken die Widerstandskraft der Pflanzen, sorgen für eine natürliche Blattgrünbildung, steigern die Erträge, machen Obst und Gemüse schmackhafter und erhöhen die Haltbarkeit der Feldfrüchte. Sie sind die nachhaltige Alternative zu Kunstdünger und Chemie.
Wir empfehlen immer, Bokashi +400 in Kombination mit sEM-Garten oder sEM-A zu verwenden.

Es handelt sich um einen von der **„Eußenheimer Manufaktur“** entwickelten biologischen Dünger aus rein pflanzlichen und mineralischen Produkten, ohne Gentechnik und tierische Zusätze **mit Pflanzenkohle zur Erzeugung von Terra Preta.**
Er steigert die **Boden- und Pflanzengesundheit** sowie das **Wachstum**, vermehrt und **unterstützt** die aufbauenden **Bodenbakterien**.

Bakashi +400 enthält einen **hohen organischen Anteil** für beschleunigten **Humusaufbau** und verbessert die **Bodenstruktur** sowie das **Wasserhaltevermögen.** In der Pellets-Form ist er leicht zu streuen und anzugießen, eingraben ist nicht nötig. Er beweist einen **geringen Verbrauch** und ist auch deshalb sehr **kostengünstig.**

Neu: In Zusammenarbeit mit Josef Engelhart, Weinbauberater der Bayrischen Landesanstalt für Garten- und Weinbau Veitshöchheim, wurde ein Super Bokashi in Pelletsform entwickelt, der eine ausgewogene Stickstoffdüngung gewährleistet.

Herr Orth von der Ökorevision Marktheidenfeld schreibt:
„Es handelt sich hier bei diesen hellgrauen Pellets nach meinem Dafürhalten um die konsequente Weiterentwicklung des klassischen Bokashi-Substrats unter Verwendung von Holzkohle geeigneter Baumarten, um deren große Oberfläche zur Anreicherung nötiger Nährstoffe zu nutzen. Ein in allen Elementen und Parametern sehr gut ausbalancierter organischer Dünger für beliebige Zwecke“.

Testergebnis Bokashi +400 Ökorevision Marktheidenfeld 2013

pH 7,2	Nitrat mg/ 100g	Humus %	Phosphat mg/ 100 g	Kalium mg/ 100 g	Magnesium mg/ 100 g	Calcium mg/ 100 g	Eisen	Cu	Sulphur	organ. Masse	Bov
7,18	69	2,9	20,5	19,9	11,9	229	3,18	12,9	5,65	9,8	1440
gut	gut	sehr gut	optimal	optimal	optimal	sehr gut	gut	gut	gut	sehr gut	seh gut

Grundlagen für Fortgeschrittene und Anwender mit großen Gärten

sEM-A-Herstellung

sEM-A (spezifische, effektive Mikroorganismen aktiviert oder angesetzt) ist die Basis zum Gießen für Bokashi, Kompost, Mist, Jauche, Spritzmittel- und Terra-Preta-Herstellung.
Die eigene Herstellung von sEM-A ist sehr einfach und preiswert. Gerade für Menschen, die größere Mengen der Mikroorganismen für Garten, Landwirtschaft, Tiere, Teiche oder im Haushalt benötigen, ist es sinnvoll seine Mikroorganismen selbst zu vermehren.

Zur sEM-A-Herstellung benötigt man:

Basislösung	1 L	5 L	10 L
Gerstenmalzsirup	16 ml	80 ml	160 ml
Basislösung Pflanzen	33 ml	165 ml	330 ml
gutes Wasser mit Pipes, 5 Stück/L	950 ml	4750 ml	9500 ml

Auf Empfehlung von Dr. Manfred Kriegl (Agraringenieur) verwenden wir anstelle Zuckerrohrmelasse, Gerstenmalzsirup. Da Zuckerrohrmelasse aus Übersee kommt, ist es nach unserer Meinung ökologisch nicht sinnvoll sie weiterhin einzusetzen. Gerstenmalz wird in Europa produziert. Zudem benötigt man vom Gerstenmalzsirup nur die Hälfte im Vergleich zur Zuckerrohrmelasse, was wiederum Müll vermeidet. Wer trotzdem mit Melasse ansetzen möchte, verwendet je Ansatzgröße die gleiche Menge wie Mikroorganismen. (1 L, 33 ml usw.) Die Qualität ist beim Ansatz mit Gerstenmalzsirup sehr gut.

Weiterhin wird benötigt:

- 1 Aquarium-Heizstab,
  um die Mikrobenlösung 7 Tage auf Temperatur zu halten
- 1 Kühlbox
- 1 Flasche oder Kanister mit Entgasungsdeckel
- Indikatorpapier, um den pH-Wert nach 7 Tagen zu kontrollieren

Man nehme für 10 L sEM-A 165 ml Gerstenmalzsirup und löse diese in warmem Wasser gut auf.
Diese Nährlösung gibt man in den 10-L-Kanister. Anschließend füllt man den Kanister mit ca. 35 °C warmem Wasser bis zum obersten Strich auf. Danach werden 330 ml Basislösung für Pflanze oder Tier dazugegeben.
Der Behälter wird mit dem Entgasungsdeckel gut verschlossen.
Als nächstes nimmt man seine Kühlbox und stellt den 10-L-Kanister mit den angesetzten Mikroorganismen hinein. Nun füllt man die Kühlbox mit warmem Wasser (ca. 37 °C) so weit auf, dass noch 1/3 des Kanisters frei ist. Den kleinen Schlauch am Entgasungsdeckel lässt man ins Wasser hängen. Der Aquariumheizstab wird ins Wasser der Kühlbox gelegt und in die Steckdose gesteckt. Den Deckel der Kühlbox kann man oben auflegen. Der Regler sollte auf die höchst mögliche Temperatur (32–34 °C) eingestellt werden. Wer einen eigenen Heizstab hat, bitte nicht höher als 39 °C stellen. Nun vermehren sich die Mikroorganismen 7 Tage lang. Wenn man die Kühlbox an einen warmen Ort stellt, schaltet sich der Heizstab nicht so oft ein und man spart Strom. Erst nach 7 Tagen schaltet man den Heizstab aus und öffnet den Kanister. Mit den pH-Messstäbchen kontrolliert man, ob der Ansatz gut geworden ist. Der pH-Wert sollte zwischen 3,2 und 3,9 liegen. Je näher an 3,2, desto besser.

Um die Haltbarkeit zu erhöhen, sollte man, wenn man die 10 L nicht sofort verbraucht, das fertige sEM-A in kleinere Kanister oder besser noch, in Flaschen umfüllen und kühl stellen. Bei 1L Flaschen empfehlen wir immer die Flüssigkeit bis zum Flaschenhals hochzudrücken, da Sauerstoff sich nachteilig auf die Haltbarkeit auswirkt, dies gilt auch für Basislösungen.
Die Zugabe von Pipes oder Keramikpulver vor bzw. nach der Fermentation trägt ebenfalls sehr zur Stabilisation bei. 5 Pipes/L oder 1 Teelöffel Keramikpulver wird empfohlen.

Die Behälter sollten nach Entnahme der Mikroorganismen gut mit heißem Wasser und unserem sEM-Reiniger oder UNI SPON Kalklöser gereinigt werden. Auf der letzten Seite unseres Newsletters finden Sie immer die aktuellen Ansetztermine von sEM-A nach dem Mondkalender.

Basislösung für Pflanzen verwenden wir ausschließlich für alles was mit Boden und Pflanzen zu tun hat. Also zum Herstellen von Bokashi, Kompost, zum Gießen und Besprühen der Pflanzen.
Basislösung für Tiere verwenden wir für alle Einsatzbereiche und im Haushalt sowie in der Landwirtschaft zur Silageherstellung.

Für Teiche und Gewässer empfehlen wir anstatt 1,5% Malzsirup nur 0,75% zu verwenden.

Bokashi-Herstellung

Vollwertkost für den Boden, zur effektiven Verbesserung und Düngung
Zur Herstellung von Bokashi gibt man das zerkleinerte und mit Mikroorganismen behandelte organische Material in einen luftdichten Behälter (Eimer mit Deckel oder Plastiksack) und lässt es 4–6 Wochen bei Raumtemperatur (geschützt vor Sonneneinstrahlung) stehen. Dabei ist die richtige Feuchtigkeit (ca. 35%) ein wichtiger Faktor für das Gelingen von Bokashi. Man kann es prüfen, in dem man eine Handvoll in der Faust zusammenpresst. Wird die Hand vorsichtig geöffnet, entsteht ein Klumpen. Bei ruckartigem Öffnen der Hand zerfällt das Gemisch. Klebt der Klumpen nicht zusammen, ist er zu trocken, tritt Flüssigkeit aus, ist er zu nass.
Fertiges Bokashi hat an der Oberfläche eine weiße Schimmelschicht, riecht süßlich-vergoren und hat einen pH-Wert unter 4. (Die genaue Herstellung der einzelnen sEM-Bokashiarten finden Sie bei den sEM-Bokashi-Rezepten.) EM-Bokashi sollte luftdicht verschlossen an einem dunklen, kühlen Ort gelagert werden. Es hat sich bewährt, es in einem stabilen dunklen Plastiksack aufzubewahren (Luft komplett rausdrücken) und diesen auf den Kopf zu stellen oder in luftdicht verschließbaren Eimern. Im Frühjahr können Sie so rechtzeitig Ihr Bokashi ausbringen.

Kohlenstoff-Stickstoff-Verhältnis

Um einen guten Dünger zu bekommen, ist es wichtig, dass das Kohlenstoff-Stickstoff-Verhältnis stimmt (siehe Tabelle C:N-Verhältnis). Ideal ist ein Verhältnis von 10–25 : 1. Küchen-Bokashi kommt dem schon sehr nahe oder auch Rasenschnitt. Dieser sollte aber mit trockenem Material (z. B. Getreidekleie) angereichert werden, da er meist zu feucht ist.

Tipp:
Sehr gut geeignet als Bokashi-Zutat sind 2% Holzkohlenruß und 1 kg Urgesteinsmehl.
Neu: *Alternativ:* ***Terra Symbiotika*** schwarz aus der Eußenheimer Manufaktur.

Tabelle C:N-Verhältnis

organisches Material	**C (Kohlenstoff)**	**N (Stickstoff)**	
Sägemehl	250–500	1	
Papier	200	1	
Getreidestroh	50–150	1	
Getreidespelzen	50–80	1	
Getreidekleie	30–50	1	
Maishalme	60	1	
alter Grasmulch	55	1	
Baumlaub	30–50	1	
altes Heu	30	1	
Kartoffelkraut	**25**	**1**	optimal
stroharmer Frischmist	**20–25**	**1**	
Küchenabfälle	**20–25**	**1**	
Hülsenfruchtstroh	**15**	**1**	
Stallmist	**10–15**	**1**	
Rasenschnitt	**10–15**	**1**	
Mischkompost	**10–20**	**1**	
Grünmasse	5–15	1	
Hühnermist	8	1	
Mistsickersaft	2–3	1	
Hornspäne	1	1	
Harn	0,8	1	

sEM-Bokashi-Rezepte

sEM-Küchen-Bokashi

Geräte und Materialien:

EM-Bokashi-Eimer

- sEM-Garten
- evtl. EM Keramikpulver und Fertigbo kashi
- Küchenabfälle
- kl. Kücheneimer mit Deckel zum sammeln von Abfällen.

evtl. ein mit Sand gefüllter Plastikbeutel

Herstellung

- Die Küchenabfälle gut zerkleinern, im Kücheneimer sammeln und mit sEM-Garten o. EM-A-Lösung (5 ml/100 ml Wasser) leicht einsprühen.
- Diesen Abfall alle 2–3 Tage in den EM-Fermenter geben und erneut mit der EM-Lösung einsprühen. Zusätzlich können die Küchenabfälle mit einer Handvoll Bokashi oder einem Teelöffel EM-Keramikpulver, Urgesteinsmehl und Bioholzkohle gemischt werden. Die Küchenabfälle gut festdrücken. Danach den Bokashi-Eimer luftdicht verschließen. Bei schichtweiser Befüllung legen Sie einen mit Sand gefüllten Plastikbeutel auf das Material und schließen den Eimer anschließend.
Der sich bildende Sickersaft wird alle 2 Tage durch den Auslaufhahn abgelassen. Dieser ist bester Blumendünger und kann mit Wasser gemischt (1 : 100 bis 1 : 1000) zum Gießen der Pflanzen genutzt werden, muss jedoch innerhalb eines Tages verbraucht werden. Der Saft riecht besonders gut, wenn Sie Apfelsinenschalen mit fermentieren.

  Haben Sie genügend Saft, schütten Sie den wertvollen Mikrobensaft in die Ausgüsse oder Toilette. Der Klempner, der dann mal an diesen Abflüssen arbeiten muss, wird Sie loben, dass er noch nie einen so sauberen und geruchsfreien Abfluss gesehen hat.
- Ist der Bokashi-Eimer voll, wird er 2–4 Wochen bei Raumtemperatur stehen gelassen. Bei geringeren Temperaturen dauert die Fermentation etwas

länger. Wenn sich im Eimer auch weiße Pilzmycele (Wurzeln der Pilze) gebildet haben, ist der Zeitpunkt gekommen, an dem das Material die richte Reife hat. Das fertige sEM-Bokashi hat sein ursprüngliches Aussehen kaum verändert, wird aber im Boden in kürzester Zeit umgesetzt. Danach kann das sEM-Bokashi ausgebracht oder gelagert werden.

Lagerung

Das fertige sEM-Bokashi sollte luftdicht verschlossen, an einem dunklen, kühlen Ort gelagert werden. Es hat sich bewährt, es in einem stabilen dunklen Plastiksack (Luft komplett rausdrücken) oder in einem luftdicht verschließbaren Eimer (bis oben gefüllt) aufzubewahren. Im Frühjahr können Sie so rechtzeitig Ihr sEM-Bokashi ausbringen.

Ausbringung

Kommt Bokashi direkt in den Gartenboden, machen Sie einen spatentiefen Graben von 1–2 m Länge, füllen das Bokashi dort ein, vermischen es etwas mit Gartenboden und decken es dann zu. Im Sommer, bei höheren Bodentemperaturen, können Sie nach 2–3 Wochen Pflanzen darauf setzen. Haben Sie vorher genügend breite Reihen gemacht, können Sie das Bokashi auch in die Mitte der Pflanzreihen eingraben. Schauen Sie einen Monat später nach: Alle Pflanzenwurzeln wachsen auf das „Düngerdepot" zu und es ist voller Würmer.

Achtung!

Nach Eingraben des selbst hergestellten Bokashi mit Neuansaat oder Pflanzungen mindestens 14 Tage warten.

sEM-Rasen-Bokashi

Unmittelbar vor dem Mähen (nach Möglichkeit bedeckter Himmel) wird der Rasen mit sEM-Garten oder der EM-A-Lösung (100–200 ml/1 L Wasser) leicht eingesprüht. Nach dem Mähen das Gras mit sEM-A-Mischung gießen und gut durchmischen.

Die richtige Feuchtigkeit (ca. 35%) ist ein wichtiger Faktor für das Gelingen von Bokashi. Sie können die Feuchtigkeit prüfen, in dem Sie eine Handvoll Material in der Faust zusammenpressen. Tritt Flüssigkeit aus, ist es zu nass. In diesem Fall können Sie den Rasenschnitt mit trockenem Material (z.B. Getreidekleie) anreichern.

Der Rasenschnitt wird in einen dunklen, stabilen Plastiksack gefüllt und die Luft rausgedrückt. Anschließend wird der Sack luftdicht verschlossen und an einem warmen, schattigen Ort gestellt. Nach ca. 4–6 Wochen ist das Rasen -Bokashi fertig. Danach wird der Sack an einem dunklen, kühlen Ort gelagert.

Hinweis:
Rasen-Bokashi ist aufgrund des hohen Stickstoffgehaltes so nährstoffreich, dass es beim Ausbringen immer zuvor mit Erde vermischt werden sollte.

Eine weitere Verwendung ist die Aufwertung von Blumenerde. 1/3 Blumenerde in ein Gefäß, 1/3 Küchen-Bokashi mit etwas Erde vermischen und 1/3 Blumenerde als Decke ergeben nach einigen Wochen ein optimales Pflanzbett. So schön blühende und duftende Blumen haben Sie sonst noch nie erlebt.

„Semi-anaerobes" Bokashi, auf Altdeutsch: Stapelmist

Haben Sie soviel Garten- und Küchenabfall, dass diese Wege zu aufwendig würden, stellen Sie „semi-anaerobes" Bokashi, d. h. Stapelmist, her!
Sie packen die Abfälle lageweise auf den Komposthaufen, dann kommt jeweils sEM-A-Verdünnung 1 : 10 über die Lage und etwas Gesteinsmehl, eventuell auch noch ein paar Gramm EM-Keramikpulver. Ist die Arbeit fertig, treten Sie den Kompost richtig fest, so wie es die Bauern früher mit ihrem Mist gemacht haben. Sie produzieren einen Kompost, der sehr nährstoffhaltig und durch eine saure Phase auch frei von pathogenen (krankmachenden) Keimen ist.

Karikatur von **Antje Strathmann-Finweg** ***www.montagsmalerin.de***

Herstellung von 100 L guter Erde

60 L Bio-Gartenerde, torffrei
30 L Bokashi
10 L Kokosfasern
1000 g/1Kg Gesteinsmehl
50 g Keramikpulver
200 ml Bioholzkohle
500 ml sEM-A oder sEM-Garten
Neu: Alternativ zu Gesteinsmehl, Keramikpulver u. Bioholzkohle nehmen Sie
Terra Symbiotika schwarz

Anleitung

1. Vermischen Sie die Blumenerde mit Bokashi
2. Geben Sie sEM-A-Wassergemisch dazu, damit die Erde gut feucht ist
3. Geben Sie diese Erde in einen Behälter o. auf einen Haufen und decken Sie sie mit dem Flies oder den Jutesäcken ab, so dass die Erde atmen kann
4. Lassen Sie diese Erde nun 2–3 Wochen reifen. Nach dieser Zeit kann sie zum Säen oder Anpflanzen verwendet werden
5. Prüfen Sie die Erde, dass sie nicht zu trocken und auch nicht zu nass ist.

Knödelprobe:
Drücken Sie die Erde mit der Hand zu einem Knödel. Er sollte, wenn man ihn berührt, wieder leicht zerfallen.

Erde so abdecken, dass sie atmen und 2–3 Wochen reifen kann

Kompost

Kompostaufbereitung

Diese uralte **Kunst** wurde bereits von Gelehrten wie dem Römer Plinus, dem Araber Ibn al Awan sowie unzähligen Alchimisten beschrieben.
Gutes Ausgangsmaterial sollte im Verhältnis 25 : 1 (Kohlenstoff : Stickstoff siehe Tabelle bei Bokashi) liegen, .z. B. Stroharmer Frischmist, Küchenabfälle, Kartoffelkraut oder Grasschnitt.
Dauer min. ½ Jahr.
Um den Kompost optimal von Fäulnisprozessen zu schützen, (Wer Fäulnis sät, wird Fäulnis ernten) den Kompost schichtweise alle 20 cm mit sEM-A oder Fertigmischung Garten (200 ml pro 10 l Gießkanne) gießen. Zusätzlich eine Gabe Urgesteinsmehl mit 10 % gemahlener Holzkohle oder Terra Preta ausstreuen, dies sorgt für einen schnelleren und guten Verrottungsprozess.

Erdkompost

Die gleiche Mischung wie beim Stapelmist (siehe unten). Es kann sofort **frisch** 1 – 2 Spaten tief in Erdlöcher oder Gräben eingebracht werden. Mit sEM-A oder sEM-Garten 50 ml auf 10 l Gießkanne die Masse im Erdloch begießen, Urgesteinsmehle dazu und mit Erde wieder zudecken. Alle Umsetzungsprozesse spielen sich direkt im Boden in Wurzelnähe ab. Der Boden kann sofort bepflanzt oder besät werden.

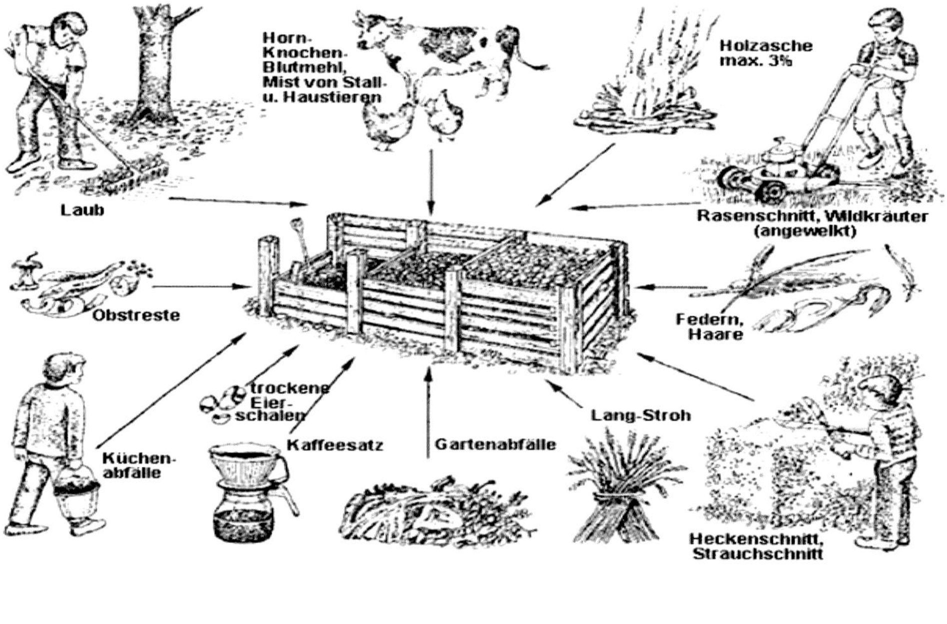

Stapelmist

**„Halt ihn feucht und tritt ihn fest,
das ist für den Mist das Allerbest!“**

100 ml (10%) Preta-Pulver/10 L schichtweise auf den Mist (geht auch mit Kompost und/oder Bokashi) aufstreuen, schichtweise alle 20 cm mit sEM-Garten oder sEM-A, 200 ml auf 10 L Wasser gießen. Gut fest treten und verdichten, mit Folie 1–2 Monate abdecken. Zur Wurmvererdung 3–6 Monate abdecken. Danach ist der Mist fertig und kann in den Boden eingearbeitet werden.

Wenn Sie anstelle von 1–2 Monaten 3–6 Monate warten, haben sie fertige Terra-Preta-Wurmerde, die in den Garten eingearbeitet werden kann. (Sammeln Sie Regenwürmer bei Starkregen ein und geben diese in Ihren Mist, Kompost oder Bokashi-Ansatz.)
Vorsicht: Mist ist oft Mist, wenn er durch Hormone, Antibiotika, Entwurmungsmittel u v a. verseucht ist. Deshalb darauf achten, von wem man Mist bekommt. Es gibt inzwischen sehr viele Pferdehalter, die mit Mikroorganismen im Stall arbeiten.

Jauchen

.

Kräuterjauchen
Wurzeln u. Pflanzen von (Un-)Kräutern z. B. Quecken, Giersch und Vogelmiere zur Kompostdüngung oder zur Kopfdüngung (Inga Maria Richberg: Altes Gärtnerwissen wieder entdeckt, 1966. Storl: Der Kosmos im Garten, 2004). Die Pflanzen sollen zu ihrer eigenen Reduzierung eingesetzt werden, dadurch wird die Zeit der Gesundung dieser in Mitleidenschaft gebrachten Böden reduziert. Keine Metallfässer verwenden.
Z. B. Brennnesseljauche: stickstoffhaltiger Flüssigdünger; besonders zu empfehlen bei Kohl, Kürbis und Tomaten sowie als Komposthilfe.
Holunderjauche: Energiespender und Heilpflanze gegen Feldmäuse.

.

Jauche und Ausgüsse werden meist auf die Pflanzen aufgesprüht. Nicht bei direkter Sonneneinstrahlung sprühen.

Rezept für Jauchen

Man setzt 1 kg frische, grob geschnittene Kräuter in 10 L Wasser an, am besten in Fässern aus Holz, Steingut oder Polyethylen. Man kann auch getrocknete Kräuter oder Trockenmischungen kaufen, hier genügen 150–200 g/10 L Wasser. Das Fass wird an einem sonnigen, warmen Platz aufgestellt und mit einem Gitterrost abgedeckt. **Geben Sie 30 Keramik-Pipes dazu, dies verbessert die Qualität.** Nun muss die Jauche 1–2 Wochen lang durchgären, damit die Pflanzenwirkstoffe (wie z. B. Kieselsäure) freigesetzt werden. Die Jauche täglich umrühren.
Eine Geruchsbelästigung kann vermieden werden, wenn man 2–3 Tage vor dem Ausbringen 200–300g Gesteinsmehl und 250ml sEM-A oder sEM-Garten dazugibt. Die Jauche ist fertig, wenn sie nicht mehr schäumt und eine dunkle Farbe angenommen hat.

Rezepte für Auszüge

Statt mit chemischen und synthetischen Mitteln gegen Gartenschädlinge und Pflanzenkrankheiten vorzugehen, gibt es eine Vielzahl von Pflanzen, die ebenso dazu verwendet werden können. Diese Pflanzen haben fungizide und insektizide Eigenschaften, sind rein biologisch und umweltverträglich. Für ihre Verwendung gibt es verschiedene Formen:

Aufgüsse: Wirkstoffe werden durch Aufgießen von kochender Flüssigkeit auf die Pflanze extrahiert. Danach lässt man die Flüssigkeit erkalten.

Absud: Pflanzenteile werden je nach Pflanze eine Zeit gekocht. Danach lässt man den Sud erkalten.

Tabelle

Knoblauch	Übergießen Sie 150 g grob gehackten Knoblauch mit 5 L kochendem Wasser; nach 30 min filtern und erkalten lassen; danach 50 ml sEM-A dazugeben und Pflanzen besprühen.	**INSEKTIZID, FUNGIZID** gegen Blattläuse, Raupen, Maden, Milben, Schnecken, Rost
Rainfarn	150 g frischen, grob gehackten Rainfarn mit 5 L kochendem Wasser übergießen; nach 10 min filtern, abkühlen lassen, danach 50 ml sEM-A dazugeben; Pflanzen damit besprühen. Behandlung wiederholen: 3x in 10-tägigem Abstand.	**INSEKTIZID** gegen Läuse, Ameisen, Apfelwickler, Kohlweißlinge, Gemüse-Eulen, Himbeergallmücken
Wermut	150 g frischen, grob gehackten Wermut mit 5 L 50 °C warmem Wasser übergießen; nach 10 min filtern, abkühlen lassen und 50 ml sEM-A oder sEM-Garten dazugeben, Pflanzen damit besprühen. Behandlung wiederholen: 3x in 10-tägigem Abstand.	**INSEKTIZID** gegen Läuse, Ameisen, Apfelwickler, Kohlweißlinge, Gemüse-Eulen, Himbeergallmücken
Basilikum	150 g frisches, grob gehacktes Basilikum mit 5 L kochendem Wasser übergießen; nach 10 min filtern, abkühlen lassen und 50 ml sEM–A oder sEM-Garten dazugeben; Pflanzen damit besprühen.	**INSEKTIZID** gegen Blattläuse, Schildläuse, den Spargelwurm
Katzenminze	150 g frische, grob gehackte Katzenminze mit 5 L kochendem Wasser übergießen. Nach 10 min filtern, abkühlen lassen und 50 ml sEM-A oder sEM-Garten dazugeben; Pflanzen damit besprühen.	**INSEKTIZID** gegen Kartoffelkäfer
Zitrusfrüchte	150 g Zitronen- oder Orangenschalen mit 5 L kochendem Wasser übergießen. Nach 10 min filtern, abkühlen lassen und 50 ml sEM-A oder sEM-Garten dazugeben; Pflanzen damit besprühen.	**INSEKTIZID** gegen Fruchtfliegen
Koriander	150 g frischen, grob gehackten Koriander mit 5 L kochendem Wasser übergießen. Nach 10 min filtern; abkühlen lassen und 50 ml sEM-A oder sEM-Garten dazugeben; Pflanzen damit besprühen.	**INSEKTIZID** gegen Blattläuse und Milben
Holunderbeeren	150 g frische, zerstampfte Holunderbeeren mit 5 L kochendem Wasser übergießen; nach 10 min filtern, abkühlen lassen und 50 ml sEM-A oder sEM-Garten dazugeben; Pflanzen damit besprühen.	**INSEKTIZID** gegen Blattläuse, Maden, Möhrenfliegen
Efeu	150 g frisches, grob gehacktes Efeu mit 5 L kochendem Wasser übergießen. nach 10 min filtern, abkühlen lassen und 50 ml sEM-A oder sEM-Garten dazugeben; Pflanzen damit besprühen.	**INSEKTIZID** gegen den Maiswurm
Minze	150 g frische, grobgehackte Minze mit 5L kochendem Wasser übergießen; nach 10 min filtern, abkühlen lassen und 50 ml sEM-A oder sEM-Garten dazugeben; Pflanzen damit besprühen.	**INSEKTIZID** gegen Kartoffelkäfer und Ameisen
Petersilie	150 g frische, grob gehackte Petersilie mit 5 L kochendem Wasser übergießen; nach 10 min filtern, abkühlen lassen und 50 ml sEM–A oder sEM-Garten dazugeben; Pflanzen damit besprühen.	**INSEKTIZID** gegen den Spargelwurm

Tabelle

Johanniskraut	150 g frisches, grob gehacktes Johanniskraut mit 5 L kochendem Wasser übergießen; Nach 10 min filtern, abkühlen lassen und 50 ml sEM-A oder sEM-Garten dazugeben; Pflanzen damit besprühen.	**INSEKTIZID** gegen Traubenparasiten
Salbei	150 g frischen, grob gehackten Salbei mit 5 L kochendem Wasser übergießen, nach 10 min filtern, abkühlen lassen und 50 ml sEM-A oder sEM-Garten dazugeben; Pflanzen damit besprühen.	**INSEKTIZID** gegen Kohlfliegen
Zitronengras oder Thymian	150 g frisches, grobgehacktes Zitronengras oder Thymian mit 5 L kochendem Wasser übergießen; nach 10 min filtern, abkühlen lassen und 50 ml sEM-A oder sEM-Garten dazugeben; Pflanzen damit besprühen.	**INSEKTIZID** gegen Kohlwurm
Rhabarber oder Eukalyptus oder Pfeffer	150 g frische, grob gehackte Rhabarber- oder Eukalyptusblätter bzw. Pfefferkörner mit 3 L kochendem Wasser übergießen; nach 10 min filtern, abkühlen lassen und 50 ml sEM-A oder sEM-Garten dazugeben; Pflanzen damit besprühen.	**INSEKTIZID** gegen alle Arten von Insekten
Meerrettich	150 g frischen, grob gehackten Meerrettich mit 5 L kochendem Wasser übergießen; nach 10 min filtern, abkühlen lassen, 50 ml sEM-A oder sEM-Garten Pflanzen damit besprühen	**FUNGIZID** gegen Krankheiten von Obstbäumen
Schnittlauch	150 g frischen, grob gehackten Schnittlauch mit 5 L kochendem Wasser übergießen und 50 ml sEM-A oder sEM-Garten dazugeben; nach 10 min filtern, abkühlen lassen; Pflanzen damit besprühen.	**FUNGIZID** gegen Schorf bei Äpfeln, Mehltau bei Gurken, Zucchini und Johannisbeeren
Tomaten	100 g Tomatenabfälle und Tomatenblätter hacken und in 1 L Wasser mit 30 ml sEM-A fermentieren lassen; Als Dünger unverdünnt gießen, als Insektizid unverdünnt sprühen.	**INSEKTIZID** gegen Flohkäfer, Raupen, Läuse, Lauchmotten, Schnaken WACHSTUMS-BESCHLEUNIGER, DÜNGER
Zwiebeln	Lassen Sie 80 g gehackte Zwiebelknollen pro Liter Wasser mit 20 ml sEM-A fermentieren. Sprühen als Fungizid in 10 % Verdünnung, als Insektizid: auf 20% verdünnt. Zum Gießen als Dünger unverdünnt verwenden.	**FUNGIZID** Gegen Grauschimmelfäule **INSEKTIZID** gegen Karottenfliegen auch als DÜNGER

Herstellung von effektiven Spritzmitteln auf Pflanzenbasis

Statt mit chemischen und synthetischen Mitteln gegen Gartenschädlinge und Pflanzenkrankheiten vorzugehen, gibt es eine Vielzahl von Pflanzen, die dazu verwendet werden können. Diese Pflanzen haben fungizide und insektizide Eigenschaften, sind rein biologisch und umweltverträglich. Für ihre Verwendung gibt es verschiedene Formen wie Jauchen, Aufgüsse oder Absud.

Pflanzenschutz

Es gibt mehrere Möglichkeiten, um mit Hilfe von sEM Pflanzen vor Krankheiten und Schädlingen zu schützen. Dabei werden mit sEM-A verschiedene Produkte hergestellt, die auf Pflanzen versprüht werden:

sEM-FPE, sEM-5 oder sEM 3-in-1

Rezepte zur Herstellung dieser Lösungen

sEM-FPE

Fermentierter Pflanzenextrakt

sEM-FPE entsteht durch die Fermentation verschiedenster Pflanzen mit Hilfe von sEM-A (Fermentiertes Pflanzen Extrakt). Durch den Fermentationsprozess enthält sEM-FPE einen hohen Anteil bioaktiver Substanzen, Vitaminen, Hormonen und Enzymen. Diese wirken sehr positiv bezüglich Pflanzen- und Bodengesundheit.
Die Herstellungskosten sind sehr gering, wenn frohwüchsige Unkräuter mit einer starken Lebenskraft verwendet werden.
Die Verwendung von Kräutern mit medizinischem Wert erhöhen die Qualität und die Pflanzenstärkungseigenschaft von sEM-FPE.
Giftpflanzen dürfen nicht verwendet werden.

Verwendung von sEM-FPE

Versprühen auf Pflanzen im Verhältnis 1: 500 bis 1: 1000 mit Wasser vermischt. Versprühen auf dem Boden zur Unterdrückung von Krankheiten im Verhältnis 1 : 100 bis 1 : 500 mit Wasser vermischt.

Herstellung von sEM-FPE
Materialien:
3% sEM-A, 5% Gerstenmalzsirup, Wasser guter Qualität (ohne Chlorzusatz) bei Temperaturen von 20–25° C, Behälter voll mit frischen Unkräutern, Kräutern, Gemüse usw.

Anleitung

1. Füllen Sie das Pflanzenmaterial (zerkleinert auf 2–5 cm Stücke) in einen Behälter, der luftdicht verschlossen werden kann. Der Behälter muss mind. zu 80% mit Pflanzenmaterial gefüllt werden.
2. Lösen Sie Gerstenmalzsirup in warmem Wasser auf und geben es in den Behälter.
3. Füllen Sie ca. 20° C warmes Wasser in den Behälter. Lassen Sie einen Luftraum von ca. 10%, damit sich dort das entstehende CO^2 sammeln kann.
4. Geben Sie sEM-A hinzu und rühren alles sorgfältig um.
5. Stellen Sie den luftdicht verschlossenen Behälter an einen warmen Ort (20–35° C), nicht direkt in die Sonne.
6. Rühren Sie die Masse regelmäßig jeden 3. Tag um, damit das Gas entweichen kann.

Kriterien für gutes sEM-FPE
Die Bebrütungstemperatur entscheidet über die Bebrütungsdauer (ca. 2 Wochen).
Im günstigsten Fall liegt der pH-Wert unter 3,7.
Wenn sich an der Oberfläche ein Hefe- und Pilzgeflecht in Form einer Haut gebildet hat, sollte das sEM-FPE innerhalb von 2 Monaten verbraucht werden.

sEM 3-in-1

sEM 3-in-1 oder in Südafrika unter dem Namen Isseki-Sancho bekannt, ist ein sehr wirkungsvolles Insektizid auf organischer Basis.
sEM 3-in-1 enthält bekannte, mit sEM-A fermentierte, stark wirkende Gewürze. Es sollte nur angewandt werden, wenn ein Problem besteht, da es auch Nützlingen schaden kann.
sEM 3-in-1 wird dennoch oft zusammen mit sEM-5 vorbeugend gespritzt.

Verwendung von sEM 3-in-1

sEM 3-in-1 in einer Wasser-Verdünnung von 1: 500 bis 1 : 1000 bei hohem Schädlingsdruck auf die Pflanzen sprühen. Vorbeugend setzt man bei gleichem Wassermischverhältnis sEM 3-in-1 und sEM-5 im Verhältnis 50 : 50 ein, also nur die Hälfte von sEM 3-in-1.

Herstellung von sEM 3-in-1
Materialien:
3% sEM-A, 5% Gerstenmalzsirup, 85 % Wasser guter Qualität (ohne Chlorzusatz) bei ca. 25 °C, 2 % Chili, 2% Knoblauch, 2 % Ingwer, 2 % schwarzer Pfeffer (2. Wahl).
Sollte eines der angegebenen Gewürze lokal nicht zur Verfügung stehen, kann ein Gewürz oder Kraut mit ähnlicher Wirkung eingesetzt werden.

Anleitung
1. Geben Sie Gewürze zerkleinert in einen luftdicht geschlossenen Behälter.
2. Vermischen Sie Gerstenmalzsirup und sEM-A mit warmem Wasser und füllen den Behälter zu 85% auf. Der verbleibende Leerraum dient als Luftpolster damit sich CO^2 sammeln kann.
3. Verschließen Sie den Behälter luftdicht und stellen ihn an einen warmen (25° C) Ort, nicht direkt in die Sonne.
4. Sorgen Sie dafür, dass das Gas entweichen kann.
Es empfiehlt sich die Flüssigkeit in regelmäßigen Abständen zu verrühren, damit das Gas besser entweichen kann.

Kriterien für gutes sEM 3-in-1
Die Bebrütungstemperatur entscheidet über die Bebrütungsdauer (2–4 Wochen). Ist sEM 3-in-1 fertig, sollte der pH-Wert unter 3,7 liegen.

sEM–5

sEM-5 ist ein organisches Insektizid, es ist nicht giftig.
sEM-5 wird zur Verhinderung von Krankheits- und Schädlingsbefall bei Pflanzen eingesetzt.
sEM-5 wird zur Verhinderung und zur Vertreibung von Insekten bei Tieren eingesetzt.
sEM-5 wird als biologische Kontrolle auch vorbeugend eingesetzt.

Verwendung von sEM-5

sEM-5 in einer Wasser-Verdünnung von 1: 500 bis 1 : 1000 auf die Pflanzen sprühen. Mischen Sie sEM-5 mit sEM 3-in-1 50/50 und verwenden es vorbeugend.

Herstellung von sEM-5
Materialien:

10% sEM-A, 5% Gerstenmalzsirup, 10% Essig (keine Essigessenz verwenden!), 10% Alkohol (min. 40%), 60% Wasser (Trinkwasserqualität, nicht chloriert) bei ca. 25° C.

Anleitung

1. Lösen Sie Gerstenmalzsirup in ca. 50– 60 °C warmem Wasser gut auf und geben es in den Behälter.
2. Füllen Sie den Behälter zu 3/4 mit 25° C warmem Wasser auf.

3. Geben Sie Essig und Alkohol in den Behälter und verrühren alles kräftig.
4. Geben Sie sEM-A hinzu. Es ist besser es erst als letztes einzumischen, da der Alkohol dann bereits verdünnt ist und so eine eventuelle Schädigung der Mikroorganismen durch konzentrierten Alkohol ausgeschlossen wird.
5. Mischen Sie alles gut.
6. Verschließen Sie den Behälter luftdicht und stellen ihn an einen warmen Ort (25° C), nicht direkt in die Sonne.
7. Sorgen Sie dafür, dass das entstehende Gas entweichen kann.

Kriterien für gutes sEM-5

Die Bebrütungstemperatur entscheidet über die Bebrütungsdauer (ca. 4 Wochen). sEM-5 ist fertig, wenn der strenge Melassegeruch verschwunden und ein Alkoholgeruch wahrnehmbar ist.
Der pH-Wert sollte bei ca. 3,6 liegen.
sEM-5 sollte innerhalb von 6 Monaten verwendet werden.
sEM-5 bei Tieren mit Insektenbefall in 1 : 10%iger Wasserlösung anwenden.

Bokashi-Suppe

Die sog. Bokashi-Suppe wird zur Blattdüngung und zum Vertreiben von Insekten angewendet.

Anwendung

1. Geben Sie 5 kg Bokashi oder 1 kg Bokashi +400 Pellets in einen wasserdurchlässigen Sack.
2. Legen Sie den Sack 8–12 Stunden in 50 L Wasser, damit Nährstoffe und Mikroorganismen aus dem Bokashi herausgelöst werden.
3. Entfernen Sie den Sack und füllen Sie danach 450 L Wasser hinzu.
4. Geben Sie zur 500 L Bokashi-Suppe 1 L sEM–5 hinzu und verrühren gut.
5. Verspritzen Sie diese Suppe im Gewächshaus oder im Garten über die Beregnung innerhalb von 24 Stunden. Diese Bokashi-Suppe ist nicht lange haltbar.

Bokashi-Suppe mit sEM-5 zur Blattdüngung und Insektenvertreibung

Anstatt Bokashi im Sack kann auch 1 L frischer Bokashi-Saft ins Wasser gemischt werden (1 : 500).

Zusammenfassung

Beim Fermentieren verschiedenster Pflanzen werden deren wirkungsvolle Inhaltsstoffe in sEM-A gebunden, um sie verdünnt auf Pflanzen und Boden zu sprühen. Dabei können alle Pflanzen verwendet werden, die voller Lebens- und Wuchskraft sind, auch Beikräuter (Unkräuter). Kräuter mit einem medizinischen Wert machen **F**ermentierte **P**fanzen-**E**xtrakte noch wirkungsvoller. Giftige Pflanzen sollen allerdings nicht verwendet werden.
Regelmäßiges Versprühen von FPE zusammen mit sEM-5 in einer Konzentration von 1 : 500, im Abstand von 7–10 Tagen fördert gesunde und kräftige Pflanzen, unterstützt sie zur Abwehr von Krankheiten und Schädlingen. Anwendungen immer zum Morgentau, nach einem Regen oder auch nach Sonnenuntergang.
Durch die Zugabe von 0,1% Gerstenmalzsirup als Haftungsmittel wird die Wirkung erhöht.
1 L FPE + 1 L sEM-A + 0,5 L Gerstenmalzsirup + 500 L Wasser

Insektenschutz mit sEM 3-in-1 (Isseki Sancho)
Für den Fall eines massiven Auftretens von schädlichen Insekten gibt es die Möglichkeit, durch Fermentieren verschiedenster scharfer Gewürze deren Wirkstoffe in sEM-A zu binden und auf Pflanzen in starker Verdünnung zu spritzen. sEM 3-in-1 sollte nur beim Auftreten von Schädlingen eingesetzt werden, da es auch Nützlinge schädigen kann.
Bei Insektenbefall sEM 3-in-1 in einer Konzentration von 1 : 500 bis 1 : 1000 in regelmäßigen Abständen auf die Pflanzen sprühen, bis die Insekten verschwunden sind.
Natürlich ist es auch möglich, sEM 3-in-1 + FPE + sEM-5 + sEM-A zusammen in einer Mischung (1 : 500) z. B. wöchentlich auszubringen.

Wir haben eine kostengünstige und umweltschonende Alternative mit effektiven Mikroorganismen zur Behandlung von Pflanzen vorgestellt. Warum es so wichtig ist, auf Chemie in Garten und Landwirtschaft zu verzichten, zeigt der erschreckende Bericht von Greenpeace (Seite 159).

Aussaat und Pflanzung

Den Boden mit Bokashi oder Bokahi +400 Pellets wie beschrieben gut vorbereiten.
Samen (z. B. Kartoffeln) in verdünnter sEM–A Lösung (1: 500) etwa eine halbe Stunde einweichen, um sie mit sEM–A zu ummanteln. Dies impft die Samen mit sEM.
Danach das Saatgut trocknen lassen. Wenn sich das Saatgut mit dem Fingernagel leicht eindrücken lässt, hat es die richtige Feuchtigkeit.

Saatgut	**Einweichzeit**	**EM–A : Wasser**
Kleine Saaten	**30 Minuten**	**1 : 500**
Mais	**4 – 6 Stunden**	**1 : 500**
Bohnen	**24 – 48 Stunden**	**1 : 500**

Vorbereitung des Bodens:
Bei eingesetzter Bodenwärme (über 8° C) 200 Gramm – 1 kg Dünger-Bokashi in den Boden flach einarbeiten.
Alternativ: Ausstreuen der Bokshi +400 Pellets, ca. 30 Gramm/qm.
Nach dem Einarbeiten des Dünger–Bokashi oder dem Streuen der Bokashi +400 Pellets muss die Erde mit einem sEM–A: Wassergemisch 1: 100 gegossen werden. Mikroorganismen brauchen es feucht und warm.
(Bokashi Pellets müssen nicht eingegraben werden.)

Boden angießen
mit sEM–A: Wasser - 1 : 100
Nach dem alles mit dem sEM–A Gemisch begossen wurde, ist es nun wichtig die Erde mit Stroh, Heu oder einem Flies zu bedecken. Dies verhindert das Austrocknen des Bodens.

Den Bodenorganismen muss nun Zeit gegeben werden, damit sie den Boden aufbereiten können und sich der relativ niedrige pH-Wert vom Bokashi an den pH-Wert des Bodens anpassen kann. Es vollziehen sich nun sehr wichtige Stoffwechselvorgänge. Wird ein Boden zu früh bepflanzt, kann der Keimling oder die junge Pflanze durch den sauren pH-Wert schaden erleiden. **Beim Ausbringen von Bokashi +400 Pellets ist keine Wartezeit** für Anpflanzungen nötig.

Bitte Vorsicht, gut wässern!

Nach dem Setzen oder Säen soll die Erde mit einer sEM-A-Lösung 1: 1000, gut gewässert werden, bis der Boden vollständig durchnässt ist.

Während der Wachstumsphase

Abhängig von der Art der Pflanzen, einen Monat lang jede Woche mit verdünnter sEM-A-Lösung 1 : 1000 gießen.

Häufigere Anwendung kann nicht schaden. Am Anfang der Wachstumsphase die Abstände des Gießens verkürzen. Wenn das Wachstum gut ist, Intervalle verlängern.

Alle 2 Wochen mit sEM-A-Lösung 200 ml/10 L Wasser gießen.

Bokashi kann als Dünger moderat eingesetzt werden. Nicht zu viel Bokashi auf einmal. Bokashi nicht direkt auf die Pflanze, sondern ca. 10–15 cm daneben einbringen.

Regelmäßiges Dünger-Bokashi ist gut fürs Wachstum.

***Einmalig* beim Einsatz von Bokashi +400:** Bei Starkzehrern kann noch mal eine erneute Gabe von Vorteil sein.

Eine Kombination mit chemischen Mitteln wird nicht empfohlen, die Chemie tötet die hilfreichen Bakterien.

Ernte

Nach dem Ernten sollte der Rest der Pflanzen, auch beschädigte oder kranke, auf dem Feld bleiben und gehäckselt in die Erde eingearbeitet werden. Man sagt dazu auch Flächenkompostierung.

Beispiel

Den Rest der geernteten Pflanzen zusammen mit geringen Mengen Bokashi in die aerobe Zone (5–15 cm) des Bodens einarbeiten.

Zusammen mit Stroh, Laub oder Grasschnitt mulchen und mit sEM-A-Lösung 200 ml/10 L vor und nach dem Mulchen reichlich wässern.

Das Mulchen mit Stroh, Gras, Häckselgut oder Laub ist eine wichtige Methode für:

Erhalt der Bodenfeuchtigkeit,
Erhalt der Bodentemperatur,
Erhalt eines guten Umfelds für Mikroorganismen und auch sEM,
Unterdrückung von Unkräutern,
Verhinderung von Erosion,
Verbesserung der physischen Bodenkonstitution,
Einbringen von organischem Material zur Ernährung der Bodenorganismen

(Buchtipp: „Mulch total“)

Bewässerung über Tröpfchenbewässerung oder Bewässerungsmatten

sEM-Produkte können auch über automatische Bewässerungen gegeben werden. Es gilt hier nur zu beachten, dass sich manche Bakterien zu ihrem Schutz einschleimen, sollten irgendwelche Rückstände im Wasser sein. Sicherheitshalber sollte bei solchen Anlagen nur stoßweise sEM zudosiert werden, damit das Leitungssystem in der restlichen Bewässerungszeit wieder gespült wird.

!!! Achtung !!!

Bei automatischer Zugabe von sEM in Bewässerungssystemen besteht die Gefahr des Verschleimens des Systems und dadurch Verstopfungsgefahr der Düsen. Nur stoßweise durchführen, dafür konzentriert sEM zudosieren.

Obstanbau

Aufzucht von Setzlingen

Es ist wichtig, für die jeweiligen Umweltbedingungen und das entsprechende Management der entsprechenden Plantage die passende Sorte zu wählen. Ebenso wichtig ist es, Setzlinge von hoher Gesundheit und Qualität auszuwählen, da es teuer ist, Obstbäume zu ersetzen.

Bodenvorbereitung

Im Herbst oder Frühjahr 300–1000 kg/ha Bokashi oder 300 kg Bokashi +400 Pellets auf den Boden aufbringen, großzügig mit sEM-A-Lösung 1 : 1000 bewässern. Erde mit Stroh, Grasschnitt oder Laub bedecken.

Wichtig: Der zu bepflanzende Boden muss gründlich vorbereitet werden, da die Kulturen in der Regel länger am selben Platz bleiben (Dauerkultur). Mit Gründüngung und Bokashi genügend organisches Material in den Boden bringen.

Vor und nach dem Setzen

In das Pflanzloch eine Schaufel Bokashi geben und gut mit der Erde vermischen. Nach dem Setzen die Erde mit Stroh, Grasschnitt oder Laub bedecken. Alles großzügig mit einer sEM-A-Wasser-Lösung 200ml/10 L gießen.

Setzlinge gut wässern, Erde mit Mulch bedecken.

Wachstumsphase (frostfreie Zeit)

Regelmäßig mit einer sEM-A-Lösung 1 : 1000 gießen, einmal pro Monat mit etwas Bokashi düngen. Entfällt beim Einsatz von Bokashi +400. Regelmäßig, alle 7–10 Tage die Pflanzen zur Verminderung von Schädlingsbefall und Krankheiten mit sEM-5 und FPE 1 : 500 besprühen. Beim Auftreten von hartnäckigen Schädlingen ist sEM 3-in-1 mit einer Konzentration von 1 : 500 bis 1 : 1000 auf die Pflanzen zu sprühen.

Während der Vegetation die Pflanzen regelmäßig mit sEM-5, FPE und sEM-A besprühen, um Schädlinge und Krankheiten in Schach zu halten. Immer am Abend oder früh morgens sprühen.

Bokashi-Düngung bei größeren Bäumen

Beispiel 1: Vor allem im biologischen Obstbau ist es wichtig, dem Wurzelraum organische Masse und Nährstoffe zuzuführen. Man legt dabei Depots an.

Beispiel 2: In 15–20 cm tiefe Löcher wird Bokashi als Vorrat eingegraben. Am äußeren Rand der Baumkrone werden 2–3 Löcher je m^2 als Nährstoffdepot angelegt.
Anlage des Nährstoffdepots in Form eines Grabens

Alternativ:
Bokashi +400 Pellets 30 g/m^2 einmal im Jahr ausstreuen und mit sEM 200 ml/10 L angießen.

SEM-BOKASHI

Nach der Ernte
Nach der Ernte ist es wichtig, die Wurzelscheibe mit Mulch zu bedecken und die Pflanzen so für den Winter vorzubereiten. Dabei unbedingt beachten, dass das Mulchmaterial nicht zu nah am Stamm liegt. Es muss unbedingt ein Abstand von min. 5 cm eingehalten werden, um Fäulnis des Stammes zu vermeiden. Das Material großzügig mit einer sEM-A-Lösung von 200 ml/10 L wässern.

SEM-BOKASHI

Frostschäden bei Bäumen vorbeugen
3 ml Baldrian; 10 ml Melasse oder 5 ml Gerstenmalzsirup; 10 ml sEM-A oder sEM-Garten; 5 l Wasser; 25 Pipes.
Mit der vermischten Flüssigkeit den Boden um die Bäume abends gut nassmachen.

Baumanstrich
Im Frühjahr und Herbst erhalten die Bäume einen jährlichen Anstrich aus 1 Teil EM-Keramik-Pulver, 10 Teile Diabas-Urgesteinsmehl und sEM-A. Mit der gemischten, streichfähigen Paste die Bäume und Äste bestreichen; ersetzt das Kalken.
Baumstamm bestreichen: Durch das Auftragen der Paste auf den Baumstamm werden Schädlinge, die im Bereich des Stammes überwintern, gehemmt. Wunden bzw. Eintrittspforten für Pilze und Bakterien werden geschlossen und deren Sporen gehemmt. Durch die hellgraue Farbe der Paste wird das Sonnenlicht stärker reflektiert, wodurch Temperaturschwankungen gemildert werden.

Zusammenfassung/Tabelle

sEM-A bedeutet, dass sEM-Garten oder sEM-A verwendet wird.

Anwendungs-bereich	Menge/Verdünnung	Entspricht etwa/ Erläuterung	Anwendungsweise
Dünger	Bokashi +400 Pellets oder sEM-fermentierten Kompost, Kompost aus Küchenabfällen oder Bokashi mit Erde vermischen und untergraben	30 g Bokashi +400 Pellets a 1 m^2 Boden, einfach streuen und angießen. Einarbeiten und Wartezeiten für Bepflanzung ist nicht nötig; oder 0,3–2 kg sEM-Kompost je m^2 Boden 2–4 Wochen vor der Bepflanzung einarbeiten oder in min. 30 cm Abstand von den Pflanzen eingraben	
Boden-verbesserung	200 ml sEM-Garten oder sEM-A auf 10 L Gießkanne gießen	1–2x im Jahr 1,5 kg Bokashi +400 für 45 m^2 Boden	Regelmäßig gießen Bokashi Pellets 1–2x im Jahr ausstreuen
	5 g Keramikpulver je m^2 Erde	ca. 1 schwach gehäufter Teelöffel je m^2	Ausstreuen und leicht einarbeiten
Blumentöpfe	sEM-(A) 1 : 20 bis 1 : 100 verdünnt	1–5 Esslöffel sEM je 1–2 L Wasser 5–10 Bokashi +400 Pellets je nach Gefäßgröße	Pflanzen regelmäßig damit einsprühen bzw. gießen
Blumenvasen	sEM-(A) ca. 1 : 2000 verdünnt	1 Teelöffel sEM je 2 L Wasser	Ins Blumenvasen-wasser geben
	ca. 5 Pipes je Vase	Menge je nach Vasengröße	

Finger weg vom Spaten im Garten und vom Pflug in der Landwirtschaft, so zerstören wir das mühevoll aufgebaute Bodenleben.

Urbarmachen eines Rasens oder einer Wiese durch EM-Planentechnik

Die gewünschte Fläche kurz abmähen, langes Schnittgut entfernen (z. B. an anderer Stelle mit sEM fermentieren), kurzes Schnittgut kann liegen bleiben. Es ist von Vorteil, wenn der Boden feucht - etwa nach einem kräftigen Regen - ist. Anschließend mit sEM in der gewohnten 200 ml Mischung satt gießen.

Unmittelbar danach wird eine regen- und lichtdichte Folie (z. B. Teichfolie oder Silofolie) auf die so vorbereitete Fläche ausgebracht und an den Rändern sehr gut mit Steinen möglichst stramm befestigt. Je weniger Luft an den Boden kommt, desto besser.

Am günstigsten macht man dies im Herbst, alleine schon wegen der etwas störenden Optik im Garten. Die Folie bleibt am besten 6 Monate auf der neuen Fläche und wird im Frühjahr entfernt. Je stärker der Bewuchs aus Brennnesseln, Brombeeren oder Quecke besteht, desto wichtiger ist der Zeitfaktor! Jetzt muss nur noch mit dem Sauzahn aufgelockert und dann kann eingesät oder bepflanzt werden.

Eine Möglichkeit besteht auch darin, im Mai nach der Planenbedeckung die Folie nicht zu entfernen, sondern Kürbisse direkt in kleine eingebrachte Schlitze zu setzen. Diese bedecken im Laufe des Sommers die ganze Folie und müssen sehr wenig gegossen werden. Nach der Ernte kann die Folie noch einmal im Herbst und Winter liegen bleiben oder aber es wird Ende September noch eine Gründung einfach in den Boden eingesät, immer noch ohne zusätzliche Bearbeitung.

Wenn wir geschickt vorgehen, können wir Synergieeffekte nutzen, indem wir den Zeltplatz der Kinder, die Planschbeckenstelle auf dem Rasen oder auch Lagerplätze von Holz mit Blick auf unser nächstes Gemüsebeet oder eine schöne Blumenwiese auswählen. Diese Stellen werden am besten schon vorher einmal mit sEM gegossen, dann arbeiten die Mikroorganismen schon für uns, während der Boden anderweitig belegt ist.

In dem **Schaugarten von Astrid Späth** in Lohr/Sackenbach sind 600 Quadratmeter mit dieser Planentechnik nach Adolf Daenecke entstanden, ohne Humusverlust! Der Garten kann auch besichtigt werden.

(siehe auch Kapitel 3 - Umwelt und Natur Seite 102)

Terra Preta

Ein Bild sagt mehr als tausend Worte!

Dieses Bild stammt von Bruno Glaser aus dem Jahre 2001. Er erforschte die alten Böden der Indios am Amazonas. Sie sind schwarz wie die Nacht und fruchtbar wie kein anderer Boden dieser Welt.

Mitten im Dschungel von Brasilien entdeckten die Forscher eine vollkommen neue Welt. In den letzten Jahren häufen sich die Berichte über Terra Preta. Seit dem Jahre 2005 versuchen weltweit zahlreiche Forscher und Archäologen das Geheimnis dieses einzigartigen und überaus fruchtbaren Bodens zu lüften. Viele Bodenkundler und Heimgärtner haben seitdem jahrelang getüftelt, nun scheint sich das Geheimnis langsam zu lüften!

Die originale Terra Preta der Indios setzt sich zusammen aus: Holzkohle, Pflanzenresten, Exkrementen, Knochen, Fischgräten und sehr vielen Tonscherben. Auf einem Hektar Terra Preta, so schätzt man, wurden damals ca. 8.000-12.000 Tongefäße benötigt um Pflanzenreste und Exkremente zu fermentieren.

Die Milchsäure-Fermentierung oder anaerobe Fermentierung unter Luftabschluss ist einer der Schlüssel zur erfolgreichen Herstellung von Terra Preta. Die Flüssigkeit von sEM mit einem hohen Gehalt an Milchsäurebakterien lenkt die Fermentation in die 'richtige Richtung'.

Die Milchsäurebakterien dominieren das Mikroklima im Gärgefäß und verhindern, dass sich Fäulnisprozesse abspielen.

Durch diese Art der Abfallentsorgung waren die Indios damals in der Lage, sämtliche menschliche und tierische Exkremente geruchsneutral und hygienisch umzuwandeln und sie im Sinne einer echten Permakultur in den Bio-Kreislauf zurückzuführen.

In den Bokashi +400 Pellets sind alle Bestandteile für Terra Preta (schwarze Erde/Humus) enthalten. Mit dem Ausstreuen der Pellets und dem Gießen mit sEM-Garten entsteht kostengünstig Terra Preta direkt bei Ihren Pflanzen. Falls Sie Ihren eigenen Dünger herstellen wollen, sei empfohlen Bioholzkohle nie direkt in den Garten zu streuen, sondern immer den Umweg über Urin/ Kompost/Mist /Bokashiherstellung/ oder Vererdung zu gehen, damit sie sich mit Nährstoffen aufladen kann. Sonst entstehen Ernteausfälle gerade im ersten Jahr.

Terra Preta Herstellung

Zur Herstellung eigener Terra Preta benötigt man im Prinzip nur einen luftdichten Gärbehälter (z. B. Windeleimer, Plastik-Fass, etc), Organische Garten- und Haushaltsabfälle, Grünschnitt, Blätter, tierische oder menschliche Exkremente.

Achtung: **Keinen Urin!** Urin muss getrennt aufgefangen werden und dient später als Bodendünger (1:10 verdünnt). Urin und Kot zusammen ergibt eine faulende, stinkende Gülle! (Deswegen haben höhere Lebewesen auch zwei Ausgänge: Harnröhre + Darm).

Terra Symbiotica zur einfachen Kompostierung

Die Lösung mit sEM
Zerkleinerte Holzkohle oder Holzkohlereste mit der zehnfachen Menge organischer Abfälle (1:10). Zusätzlich empfehlen wir auch basische Gesteinsmehle, z. B. Basalt oder Diabas Gesteinsmehl zur Anreicherung mit Mineralien.

Hochbeete

Befüllt wird ein Hochbeet mit jeweils ca. 20 cm hohen Schichten:

1. Schicht:
etwas gröbere Äste – darauf kleinere Zweige und Strächerschnitt

2. Schicht:
z. B. Grünabfälle, Laub, Grassoden, aber auch Pappkarton

3. Schicht:
unverrotteter sEM Kompost, Bokashi oder sEM behandelter Mist als natürlicher Dünger mit sEM-Garten oder sEM -A, 200 ml auf 10 l Gießkanne gießen und mit Urgesteinsmehl bestreuen.

4. Schicht:
fertige mit EM behandelte Komposterde und Garten-/ Humuserde gemischt im Verhältnis 1:1 als letzte Lage aufgeben. Bokashi +400 Pellets streuen und bepflanzen. Wenn keine Bepflanzung erfolgt, nochmal mit Mikroorganismenmischung gießen und mit Grasschnitt oder Laub mulchen und nochmal mit sEM-A 200 ml/10 l übergießen.

Die Vorteile eines Hochbeetes sind schnell zusammengefasst:
Es ermöglicht ein ideales Gärtnern ohne Bücken und einen **bis zu 3 mal höheren Ertrag** durch die bessere Erwärmung des Beetes. Grund ist die Sonneneinstrahlung von mehreren Seiten und damit die Verrottungswärme für die Befüllung des Beetes. Daher kann im Frühling ca. **4-6 Wochen früher bzw. im Herbst 4-6 Wochen länger** geerntet werden – und das ohne chemische Düngung – durch die natürliche Nährstoffzufuhr aus der Befüllung. Auch der Befall von Ungeziefer (z. B. Schnecken) und Unkraut wird eingedämmt. Mit einem feinmaschigen Maschendraht unter dem Hochbeet lassen sich sogar Maulwurf und Wühlmaus fernhalten.
Der Anbau von Gemüse ist im Hochbeet auch auf ungünstigen Böden, felsigem oder gepflasterten Untergrund und selbst auf einem Balkon möglich. Lange Haltbarkeit und der Einsatz als Blickfang im Garten oder als Abgrenzung und Gestaltungselement in Höfen überzeugen auch den Hobby- und Balkongärtner.

Gründe für viele Schnecken:

- Beete sind mit schlecht gereiftem Kompost versorgt. (Faule Substanzen)
- Kunstdünger bläht Pflanzen mit Wasser auf, dadurch fehlt die innere Kraft
- Organische Abfälle wie Hornspäne müssen im Boden erst verrotten, bevor sie Nahrung für die Pflanzenwurzeln sind
- Umwandlung über Fäulnis entsteht bei gestressten Pflanzen, vor allem Jungpflanzen, die nicht aus biologischem Anbau sind

Maßnahmen: Alle 2 – 4 Wochen mit sEM-A oder sEM-Garten 200 ml pro 10 l Wasser gießen.
Wenn die Pflanzen stabil und immunstark sind, senden sie keine Fäulnisstoffe aus und ziehen somit die Schnecken nicht an.

Weitere Tipps

Saatkartoffeln: Mit Gemisch aus 1 Eßlöffel Keramikpulver und 1 Liter Urgesteinsmehl bepudern. (1:15)
Erbsen: 1 Std. im Wasserbad vorquellen und im o. g. Gemisch wälzen.
Karotten: In Saatrillen vorher mit Gemisch bestreuen.
Rosen und Wein: Großzügig mit sEM-A (1:50) gießen.

Nach Samenkauf: Eine Messerspitze Keramikpulver in die Tüte geben.

Läuse: Gemisch bei trockenem Wetter über Triebe streuen. Bei Regenwetter mit warmem Wermut- oder Reinfarn, Fettlöser u. EM 5+ (Schmierseife) spritzen.

Bohnenkrankheiten: sEM-A (1:50) mittags spritzen, täglich, insgesamt 3 x. Behandlungsbeginn: Sobald die Bohnen blühen

Erbsenkrankheiten: sEM-A (1:200) morgens spritzen, täglich, insgesamt 5 x. Behandlungsbeginn: bei Beginn der Blüte

Gurken, Kürbis- bzw. Zucchini, Melonen: sEM-A (1:200) morgens spritzen, täglich, insgesamt 6 x. Behandlungsbeginn: sobald die ersten Früchte sichtbar sind.
Tomaten: sEM-A (1:200) morgens spritzen, insg. 3 x. Behandlungsbeginn: sobald bei normal- bis großfruchtigen Sorten die Tomatenblüte einsetzt, bei kleinfruchtigen Sorten wirkt das Rezept auch noch, wenn erste Früchte sichtbar sind.
Zwiebelgewächse: sEM-A (1:200) morgens, mittags oder abends spritzen, täglich, insgesamt 4 x. Behandlungsbeginn: sobald Zwiebel/Schalotte/ Schnittlauch 5 cm Höhe (Porree und Knoblauch: 15 cm Höhe) erreicht haben.
Tomaten bei Braunfäule: Pur mit sEM-A begießen.

Kartoffelkrankheiten: sEM-A (1:300) abends spritzen, alle 7 Tage, insg. 6 x. Behandlungsbeginn: sobald die Blüte einsetzt.
Kohlkrankheiten: sEM-A (1:300) morgens spritzen, täglich, insg. 3 x. Behandlungsbeginn: 8 Tage nach dem Setzen der Jungpflanzen.
Möhrenkrankheiten: sEM-A (1:200) morgens, mittags oder abends spritzen, 6 Tage , insg. 4 x. Behandlungsbeginn: sobald die Blätter 15 cm hoch sind.

Paprika: sEM-A (1:300) morgens, mittags oder abends spritzen, täglich, insg. 6 x. Behandlungsbeginn: sobald die Blätter 15 cm hoch sind.
Radieschen und Rettich: sEM-A (1: 200) morgens, mittags oder abends spritzen, täglich, insg. 6 x. Behandlungsbeginn sobald nach den Keimblättern die nächsten Blätter erscheinen.
Salat: sEM-A (1:300) morgens, mittags oder abends spritzen, täglich, insg. 6 x. Behandlungsbeginn: sobald das 7. Blatt gebildet wird.

Beim Bepflanzen neuer Kübel: Nach dem Anritzen der Wurzelballen diese mit sEM-A und Urgesteinsmehl bestäuben.
In angesetzte Jauchen: 3 Stück Pipes pro Liter mit hineinlegen, dadurch kippt die Jauche nicht so schnell.

*(Für sEM-A kann jeweils selbstverständlich auch die Fertiglösung der Eußenheimer Manufaktur „**sEM-Garten**“ verwendet werden.)*

Schnecken: Mögen keinen Kupfer. Salat und andere Pflanzen mit in Streifen geschnittenen Kupferblechen schützen. Das arbeiten mit Kupfergartenwerkzeugen hat sich ebenfalls bewährt. (*www.kupfer-anton.de*)

Weinbau

Boden bearbeiten (im Herbst oder Frühjahr).

Wie im Gartenbau haben sich auch im Weinbau zwei Varianten bewährt.

Die Einfache (die inzwischen sehr viele Winzer bei uns in Franken und Rheinland/Pfalz gewählt haben), indem sie pro Weinstock im Frühjahr, (nach den Eisheiligen) 30 g Bokashi +400 pro Weinstock ausbringen und den Weinberg mit 80 l sEM-A oder sEM-Garten pro ha mit ca. 400 - 600 l Wasser gießen oder sprühen.

In Zusammenarbeit mit Josef Engelhart, Weinbauberater der Bayrischen Landesanstalt für Garten- und Weinbau Veitshöchheim, wurde ein Super Bokashi in Pelletsform entwickelt, der eine ausgewogene Stickstoffdüngung gewährleistet. Hier empfehlen wir ebenfalls nur 30 g Super Bokashi pro Weinstock + 80 l eigenes EM-A oder unsere Fertiglösung s.EM-Garten mit 400 - 600 l Wasser po ha gemischt gießen oder sprühen.

Siehe auch: Versuch der Landesanstalt für Garten- u. Weinbau sowie Weingut Butz Seite 113-117.

Die Alternative sEM-Bokashi Variante

Kompost, Stapelmist oder eigenen Bokashi herstellen und ausbringen, anschließend mit Mulch bedecken bzw. leicht einarbeiten.

(siehe auch Seite 204, 205, 210, 211)

Sehr gut hat sich die Zugabe von Terra Symbiotica schwarz zur Herstellung von Terra Preta für den Weinbau bewährt.

Vorbeugende Maßnahmen mit pflanzlichen Spritzmitteln:

Weinstöcke besprühen (nicht bei Sonneneinstrahlung!)

Frühes Frühjahr - mind. 14 Tage vor dem Knospenschwellen in frostfreier Zeit

Menge	Zutaten	
1 kg	Keramikpulver	
4 kg	Ultrafeines basisch-silikatisches Urgesteins-/Basaltmehl	
1 l	sEM-5/sEM-FPE (1:1)	pro ha*
50 l	sEM-A	
500 l	Wasser	

Von Frühjahr ab dem Knospenschwellen bis Herbst ca. alle 14 Tage je nach Witterung bzw. Bedarf:

Menge	Zutaten	
0,5 kg	Keramikpulver	
4 kg	Ultrafeines basisch-silikatisches Urgesteins-/Basaltmehl	
1 l	sEM-5/sEM-FPE (1:1)	pro ha*
20 l	sEM-A	
500 l	Wasser	

Bei schwachen Kulturen diese Mischung so oft wie möglich sprühen.

Spätherbst nach der Lese:

Menge	Zutaten	
1 kg	Keramikpulver	
4 kg	Ultrafeines basisch-silikatisches Urgesteins-/Basaltmehl	
1 l	sEM-5/sEM-FPE (1:1)	pro ha*
50 l	sEM-A	
500 l	Wasser	

Mulchbehandlung

Im Morgentau oder abends, jedoch nicht bei Sonneneinstrahlung, sEM-A-Lösung beim Mulchen aufsprühen.

Dosierung pro Mulchvorgang:

Menge	Zutaten	
60 l	sEM-A	pro ha*
600 l	Wasser	

Aussprühen nur mit gut gereinigtem Sprühgerät! (z. B. mit Aktivkohle reinigen) Sprühgerät mit laufendem Rührwerk.

Forschen, testen und anwenden,
Versuchsweinberg (1.Jahr) der Eußenheimer Manufaktur

Allgemeine Bodenvorbereitung und weitere Maßnahmen für den Winter

Am aller wichtigsten: Den Boden nicht umgraben!
Durch das Umgraben werden die Bodenbakterien und Kleinstlebewesen vor allem die Regenwürmer gestört oder sogar dezimiert. In den obersten Bodenschichten befinden sich Bakterienstämme die Sauerstoff benötigen, in den unteren die, die keinen Sauerstoff brauchen. Durch das Umgraben mit dem Spaten oder Pflügen wird diese Symbiose zerstört. Dadurch wird Ihr Boden immer härter, unfruchtbarer und die Pflanzen anfälliger für Krankheiten. Die Mär mit der Frostgare, die lockeren Boden bringen soll können Sie getrost vergessen.

Am zweit wichtigsten: Den Boden immer bedeckt halten!
Mulchen oder Gründung (siehe Liste Gründung). Vor dem Mulchen nochmal eine Gabe Bokashi +400 geben (30 g/qm) oder Kompost, Mist oder selbst hergestelltes Bokashi (300 g bis 2 kg/qm) mit sEM-A 200 ml/10l) gut gießen, 15 – 30 cm Mulch bestehend aus Laub und/oder Häckselgut und/oder Grasschnitt auf den Mulch gießen und nochmal mit sEM-A (200 ml/10 l gießen. So ist Ihr Boden für den Winter geschützt und wird es Ihnen für das nächste Jahr mit einer reichen Ernte danken.

Bäume mit Baumanstrich (siehe Obstbäume) aus Urgesteinsmehl, Keramikpulver und sEM-A streichen. **Vor Frost** nochmal mit sEM-A gießen. **An Nistplätze** für Igel denken. **Kompost** mit sEM-A gießen. **Gerätschaften und Gewächshaus** mit sEM-A oder sEM-Reiniger reinigen. Bei Lagerung von Obst und Gemüse ein wenig Keramikpulver darüber streuen.

(Für sEM-A kann auch immer die Fertiglösung sEM-Garten verwendet werden.)

***Hinweis**: Siehe auch Zusammenfassung Grünpflanzen/Landwirtschaft*

Haustiere

Hühner, Schafe, Ziegen, Esel, Bienen, Hunde, Katzen, Nager usw.

Anwendungs-bereich	Empfohlene Mittel	Menge	Anwendungsweise
Geruchs-verbesserung	sEM -Tier, Hell oder Reiniger sprühen (2 - 4 ml je Liter)	Ca. 1 Teelöffel (2-4 ml) je Liter Wasser. Auch pur einsetz-bar.	Exkremente und Haustiere je nach Bedarf einsprühen
Tränkewasser	EM-Keramik (35 mm Pipe oder Ringe) in einen Wasservorrats-behälter legen	Ca. 20 graue Pipes bzw. eine 35 mm Pipe oder 1 Ring je 5 Liter Wasser	Nicht direkt in den Trinknapf legen aufgrund der Ver-schluckungs-gefahr!
Fütterung	Futterbokashi	2%	Täglich dem Futter beimischen. Je nach Tier kann man Bokashi mit ver-schiedenen Pflan-zen fermentieren.
Wundheilung	Pets Fell oder Mund- und Hautspray	pur	Mehrmals täglich sprühen
Zecken, Läuse usw.	sEM-Tier oder Pets Fell	pur	Täglich mit Sprüh-flasche (Foxy Plus) sprühen

sEM-Tier bedeutet spezifische, effektive Mikroorganismen für Tiere oder **sEM-A aus Basislösung Tier.**

Bokashi für Tiere

Für Tiere nehmen Sie Getreideschrot, Vogelfutter mit etwas Kleie, gekrümeltes Altbrot, Kleie oder ähnliches Ausgangsmaterial. Dann stellen Sie einen sEM-A-Ansatz her, mit dem Sie die Masse auf 30% Feuchte bringen. Das ist erreicht, wenn Sie das Material mit der Faust zusammendrücken, ein Klumpen bleibt, der bei der ersten Berührung auseinander fällt. Den Bokashi-Ansatz packen Sie in eine Plastiktüte oder einen Eimer, in dem Sie das Material zusammendrücken, damit es möglichst wenig Sauerstoff enthält. Stellen Sie das Gefäß dicht verschlossen an einen warmen Ort. Nach drei bis vier Wochen haben Sie ein wunderbar nach Sauerteig riechendes Futter. Das können Sie zu 2% unter das Futter des Haustieres mischen oder in den Vogelkäfig streuen. Wenn Sie zu viel davon haben, können Sie es auch zur Ernährung des Bodenlebens im Garten nutzen.

PETS

Spezifische Effektive Mikroorganismen Pets

Produkt	Menge	Anwendung
sEM Pets	250ml flüssig	2 – 5 ml täglich ins Trinkwasser oder Futter geben. Als Badezusatz 1 : 10 verdünnt ins Badewasser geben.

Aufbauende Bakterienstämme die den Aufbau der Darmflora unterstützen, für eine bessere Gesundheit, ruhigere Tiere und Geruchsverminderung der Exkremente sorgen.

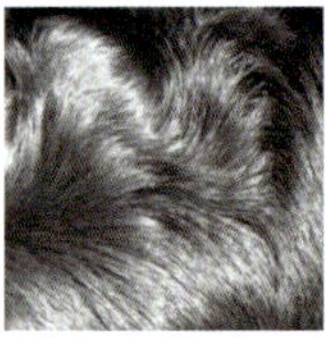

Produkt	Menge	Anwendung
sEM Pets Fell u. Gefieder	100 ml Sprüh-flasche	Fell, Gefieder, Aufenthaltsplatz, Einstreu täglich pur besprühen. Als Badezusatz 1 : 10 verdünnt ins Badewasser geben .

Aufbauende sEM mit fermentiertem Lavendel. Die Wirkung von Lavendel auf das vegetative Nervensystem (Blutdruck, Herzschlag, Atmung, Stoffwechsel etc.) ist wissenschaftlich nachgewiesen. Pflege und Reinigung von Fell und Gefieder, verbessert die Wundheilung, vermindert Juckreiz, bei Hautirritationen und Insektenbefall, beseitigt unangenehme Fellgerüche, reduziert Flohkot, Schuppenbildung und Federstaub in der Luft.

Produkt	Menge	Anwendung
sEM Pets-Maul (Mund)	50 ml Sprühflasche	Mehrmals täglich pur in Maul oder Schnabel sprühen. (Mundspray auch für menschliche Anwendung)

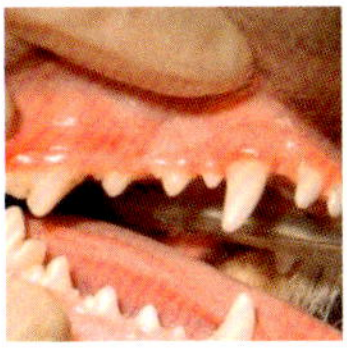

Aufbauenden Mikroorganismen mit fermentierter Minze und Hanföl mit Omega 3 und Omega 6 Fettsäuren. Minze enthält vor allem Menthol. Diesem wird eine kühlende und desinfizierende, krampflösende und durchblutungsfördernde Wirkung nachgesagt. Daher kann Minze bei Mundgeruch oder Zahnschmerzen als Mundspülung benutzt werden, mit frischem Atem als angenehmen Nebeneffekt.
Es wirkt unterstützend zur Vorbeugung und Schutz vor Zahnfleischerkrankungen, ist entzündungshemmend bei Wundbehandlung, hilft gegen Plaque und Mundgeruch.

Produkt	Menge	Anwendung
sEM Pets Ohren	50 ml Pipettenflasche	Mehrmals täglich 2 – 3 Tropfen in die Ohren träufeln.

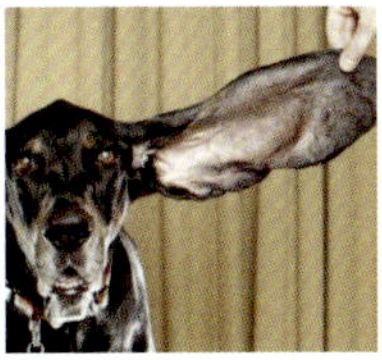

Aufbauende Mikroorganismen mit fermentierter Kamille und Ackerschachtelhalm, Kieselsäure und Mineralstoffen wie Kaliumsalze, Calcium, Magnesium, Aluminium, Eisen, Mangan. Sowohl die äußere als auch die innere Anwendung basieren auf der schmerzlindernden und entzündungshemmenden Wirkung der Kamille. Die Kamille wird als Heilpflanze (Flores Chamomillae) äußerlich bei Haut- und Schleimhautentzündungen eingesetzt.
Wirkt unterstützend bei Ohrenreinigung, Ohrenschmalz, Behandlung von Milbenbefall, parasitären Erkrankungen und Entzündungen (Otitis).

Bienen

Bienenbehandlung mit effektiven Mikroorganismen

Folgende Behandlungen haben sich bei Jürgen Amthors Bienenvölkern bewährt:

- 50 ml Biosa Apis (50%) + 50% Wasser pro Stock, während der ganzen Saison in den Stock sprühen
- Waben beidseitig mit Biosa Apis 50% + 50% Wasser 1x im Frühjahr und zum Einwintern besprühen
- Landeplatz die ganze Saison so oft wie möglich mit o. g. Mischung besprühen
- Fütterung:1 Liter pro Volk in die Zuckerlösung einmischen
- Grundstück mit sEM-Garten gießen
- Varroabehandlung mit Api Var

Achtung: Mischung von Biosa Apis mit Wasser innerhalb von 2 Tagen verbrauchen. Anwendung deshalb auch pur möglich.

Biosa Apis ist ein ökologisches Bienenpflegemittel. Während der Fermentierung speziell ausgewählter Kräuter aus kbA mit natürlich vorkommenden Milchsäurekulturen entsteht ein pH-Wert von ca. 3,5. Dieser niedrige pH-Wert hemmt die Entwicklung pathogener Keime. Das **stabilisiert die natürliche, mikrobiologische Balance im Bienenvolk.**
Die **Firma „Biosa Dänemark"** hat in den letzten Jahren **in Zusammenarbeit mit vielen Imkern** in Europa daran gearbeitet, **ein spezielles APIS BIOSA für die Bienen** zu entwickeln. Ziel war es, ein BIOSA herzustellen, welches helfen **soll die Volksgesundheit zu erhalten und die Völker widerstandsfähiger** zu machen.

Inhaltsstoffe:
Wasser, Zuckerrohrmelasse, Glukose, Fruktose, verschiedene Kräuter (Anis, Basilikum, Bockshornklee, Brennnessel, Dill, Echter Engelwurz, Fenchel, Holunder, Ingwer, Kamille, Kerbel, Oregano, Petersilie, Pfefferminze, Rosmarin, Salbei, Süßholzwurzel, Thymian und Wacholder) und Milchsäurekulturen (Lactobacillus acidophilus, Bifidobakterium animalis, Streptococcus thermophilus, Lactobacillus casei, Lactobacillus lactis subsp. lactis, Lactobacillus lactis subsp. lactis biov. diacetyllactis, Leuconostoc pseudomesenteroides).

Biosa Apis ist als kontrolliertes, ökologisches Produkt anerkannt und garantiert GMO-frei.

spezifische effektive Mikroorganismen in der Geflügelhaltung

Haltung

Vernebeln im Stall:
Erster Monat: mind. 3-4 Mal/Woche, optimal sind fix installierte Vernebelungsdüsen mit Zeitschaltung.
Anschließend: 1-2 Mal/Woche: 0,02 l/m² sEM-A-Lösung 1:1 (0,01 l sEM-A + 0,01 l Wasser) in der warmen Jahreszeit, 0,01 l/m² sEM-A in der kühlen Jahreszeit mit der technisch notwendigen Wassermenge aussprühen.

Stallvorbereitung

Gründliche Reinigung mit dem Hochdruckreiniger, 1 l/m² sEM-Tier-Lösung 1:4 (1 l sEM-Tier + 4 l Wasser) über den ganzen Stall gut verteilt aussprühen - Lüftungsschächte, Dachritzen etc. nicht vergessen.

Reinigung des Tränkesystems:

14 Tage vor dem Einstallen eine 50%ige sEM-Tier-Lösung 4-5 Tage lang einwirken lassen - dies 2-3 mal wiederholen, anschließend gut mit Wasser durchspülen. Zwischen Wasservorbehälter und Tränkesystem einen Filter einbauen, der regelmäßig gereinigt werden muss.
1 Tag vor der Einstallung:
Auf das klein gehäckselte Stroh 0,10 - 0,15 l/m² sEM-Tier- Lösung 1:9 (z.B. 1 l sEM-A + 9 l Wasser) aufsprühen - optimal für die Luftfeuchtigkeit und Staubreduzierung im Stall.

Mistbehandlung

1-2 l sEM-Tier/m³ Material
Empfehlenswert ist die Zugabe von ultrafeinem basisch-silikatischem Urgesteinsmehl. Dosierung: 3 kg/m³
Neu: Alternativ Terra Symbiotika schwarz

Jürgen Amthor sprüht für seine eigenes Geflügel täglich sEM-Tier in den Stall und füttert mit Bio-Korn (*Kaisermühle/Gänheim*). Zudem bokashiert er Altbrot und mischt davon 2-3% dem Futter bei. So erzielt er hervorragende Ergebnisse bei der Gesundheit der Hühner, Enten und Gänse.

Neu: Auch wir bringen jetzt Terra Symbiotika mit besten Ergebnissen im Stall aus.

Wasseraufbereitung

Teiche und Gewässer auch für Fischzucht:
Für Teiche und Gewässer sEM-Teich verwenden. Wer selbst sein sEM-A ansetzt mit 50% weniger Melasse oder Gerstenmalzsirup ansetzen.

Anwendungsbereich	Menge/Verdünnung	Entspricht etwa/ Erläuterung	Anwendungsweise
Verbesserung der Wasserqualität bei Zisternen und Teichen oder bei Algenbefall	1 Liter sEM-A und 500g Keramik-Pipes je 10 m³ Wasser. sEM-Teich, 6 mal jährlich wiederholen	Behandlung je nach Verschmutzungsgrad/Eintrag Org. Substanz wiederholen	sEM-A möglichst gleichmäßig über das Gewässer verteilen
	3kg Urgesteinsmehl	1 – 3 x im Jahr	In Zisterne/Teich streuen.
	10 - 50g Keramik-Pulver je m² Wasser	gleichmäßig über die Fläche streuen	
Gartenteiche, Aquarien	100ml sEM-A je m³ 2 – 6 mal jährlich + 3kg Urgesteinsmehl im Frühjahr	Behandlung je nach Trübungsgrad/ Eintrag org. Substanz wiederholen	sEM-A möglichst gleichmäßig verteilen
	50g Keramik -Pipes je m³Wasser	Bei Aquarien: Anstelle des Pulvers 1 Beutel graue bzw. 2 Stück 35 mm Pipes je 500 Liter Wasser	gleichmäßig im Wasser verteilen
	0.5 - 2 kg Pipes in den Wasserfilter	Menge je nach Filtergröße	Wasser wird im Kreislauf über die Keramik gepumpt

Landwirtschaft

Ackerbau:

Gesundheit, Vitalität und Langlebigkeit aller Organismen einschließlich des Menschen hängen von der Gesundheit und Lebendigkeit des Bodens ab.

Ein gesunder Boden sollte 10 t lebende Biomasse pro ha aufweisen.

- sollte deshalb 200 Regenwürmer pro qm haben
- sollte über 3 % organische Substanz habe
- sollte CO^2 speichern.
- sollte reich an Mineralien sein
- sollte so beschaffen sein, dass auch nachfolgende Generationen noch damit arbeiten können

spezifische, effektive Mikroorganismen in der Pflanzenproduktion haben folgende Wirkung:

- Erhöhung der biologischen Aktivität im Boden
- Höhere und Freisetzung von Nährstoffen
- Natürliche Stickstoffbindung
- Schnellere Stickstofffreisetzung im Boden
- Vermeidung von Fäulnisprozessen im Boden
- Verbesserung der Bodenstruktur
- Vergrößerung des Wurzelwerks
- Stärkung der Widerstandskraft der Pflanzen
- Kräftigung der Blattgrünbildung
- Steigerung der Erträge
- Erhöhung der Haltbarkeit von Feldfrüchten
- Erhöhung des Vitamin- und Nährstoffgehalts der Feldfrüchte

Zusammenstellung der Gründüngerpflanzen

Schlüssel zu den unten benutzten, durch Schrägstriche getrennten Zahlenkombinationen:
Aussaatzeit/ Saatmenge g-qm/ Abfriertemperatur/ Wurzeltiefe/ Bodenart

- *Abfriertemperatur: mit Vlies sinken die Abfrier-Temperaturen noch um einige Grade*
- *Die Wurzeltiefe ist in cm angegeben, sie gilt nur unter optimalen Voraussetzungen*

Bodenart: *1. alle Böden, 2. sandig, leicht, 3. sauer, 4. leicht-mittelschwer, 5. kalkhaltig; evtl. mit nachfolgenden weiteren Qualitätsmerkmalen*
nicht frostharte Gründüngerpflanzen:

Bienenfreund Phacelia tanacetifolia, Raublattgewächse. Unterdrückt Wildkräuter. Nitratfänger. Flachwurzler mit vielen feinen Wurzeln. Wächst rasch, überträgt keine Krankheiten. Nachfrucht für Bohnen und Erbsen, gegen deren Fußkrankheiten. Auch für Schattenlagen. Gute Bienen- u. Insektenweide. Bindet Bodenpartikel. 4-9/ 3-5/ -8/ 80/ 1 nicht nasskalt.

Buchweizen Fagopyrum spec., Fagopyrum esculentum, Knöterichgewächs. Breitwürfig aussäen, er keimt innerhalb von 3 - 5 Tagen und wächst rasch, unterdrückt Wildkräuter, auch Quecken. Die hohlen Stängel durchlüften den Boden. Friert leicht ab, nur mit Rhabarber verwandt. Bienenweide. Grünfutter für Haustiere. Tiefwurzelnd. Düngung erhöht Kornausbeute. 4-8/10/ -80/ 3 moorig, leicht, trocken, sandig, nicht schwer + kalkreich.

Gelbsenf Sinapis alba, Kreuzblütler. Keimt und wächst sehr rasch. Nicht vor oder nach anderen Kreuzblütlern Kohl, Kresse, Rauke, Radieschen, Raps, (Meer-)Rettich. Pfahlwurzel, große Wurzelmasse, macht den Boden locker. Bekämpft Nematoden bei Rüben- und Gänsefußgewächsen. Die Senföle beeinflussen das Bakterien- und Pilzleben im Boden positiv. Lockt Aurora- und Resedafalter an bei Aussaat bis Juli. 3-9/ 3-5/ -8/ 150/ 1.

Lupine blau, weiß. Hülsenfrüchtler. Gründünger in Nachkultur. Verträgt Trockenheit. Stickstoffsammler. Für neue Böden und im Küstenklima. Einjährig. Pfahlwurzel bis 1,5 m. Lupinen fördern das Wachstum von Weizen, indem sie Nährstoffe aus der Tiefe weitergeben. Viel Grünmasse, duftend, 60 cm hoch. 4-8/ 20/ -4/ 300/ 3 leicht, mittelschwer -schwer, auch mit hohem pH-Wert.

Lupinus lutens. Lupine, gelb. Hülsenfrüchtler. Gründünger in Nachkultur. Futterpflanze mit viel Grünmasse, duftend. Bis 60 cm hoch. Stickstoffsammler, lockert den Boden auf, tiefwurzelnd. Für nährstoffarme Böden. Schnellwachsend, unterdrückt Wildkräuter. 4-8/ 20/ -4/ 300/ 2+3.

Ölrettich. Raphanus sativus ssp. oleiformes, Kreuzblütler. Bei Bodenverdichtung. Unterdrückt Wildkräuter, z. T. Quecken. Nitratfänger mit Pfahlwurzel, Lichtkeimer. Erfriert nach längerem Frost. Nicht vor oder nach anderen Kreuzblütlern anbauen, siehe Gelbsenf.
"Pegletta" (Pötschke) verbreitet die Kohlhernie nicht, bekämpft Nematoden. Lockt Bienen, Hummeln, Schwebfliegen an. 4-9/ 3-5/ - /150/ 1 außer auf sehr trockenen und sehr sauren Böden.

Perserklee. Hülsenfrüchtler. Wächst langsam. Stickstoffsammler. Viel Wurzelmasse mit Pfahlwurzel. Vergrämt um Kohl und Rettich herum die Kohlfliege und den Kohlweißling. 4-8/ 5/ - / - /4 auch tonige, nicht sandige, trockene, nasskalte Erde. Bienenweide. Für Baumscheiben von Beerensträuchern und Obstbäumen.

Ringelblume Calendula officinalis. Korbblütler. Fördert Bodengesundheit (Nematoden). Macht Erde feinkrümelig. 3-9/ 10/ - / 80/ 1 außer trockenen Böden.

Seradella Ornithopus sativus. Hülsenfrüchtler. Eiweißreiche Futterpflanze. Für arme Standorte. Stickstoffsammler. 7-8/ 5-10/ 150/ 2.

Sommerwicken Vicia sativa. Hülsenfrüchtler. Stickstoffsammler. Haferzusatz stützt die Wicken. 5-8/ 15 - 20/ -5/ - / 1 außer sauer. Starke Unkrautunterdrückung durch hohe Grünmassebildung.

Sonnenblumen Helianthus annuus. Korbblütler . Lockern den Boden tief auf, wurzeln 2,75 m. Wachsen rasch, bilden viel Grünmasse. Benötigen viel Wasser, tolerieren Trockenheit. Helfen Bienen und Vögel. Nematoden finden keine Nahrung und werden dadurch vermindert. Vorteilhaft vor Erbsen, Kartoffeln sowie nach Erdbeeren und Kohl. Nicht vor Gurken, Paprika, Salat, Sellerie, Tomaten (Sclerotiniafäule). Bereiten den Boden vor für Wildblumenwiese (Nährstoffentzug) und Neupflanzung von Obstbäumen nach Rodung der alten. Entziehen dem Boden Schwermetall. 4-8 / 3-5/ - / 275/ 1. Feucht, nährstoffreich, warm.

Studenten Tagetes erecta. Korbblütler. Bodengesundung, erhebliche Verminderung der Nematoden nach 4 Monaten Standzeit. Zwischen Gemüse und Rosen (bei Rosenmüdigkeit) säen, besonders zwischen Kartoffeln, Möhren, Porree und Tomaten. 4-8/ 8-10/ - / - /

Tatarischer Buchweizen Fagopyrum tataricum. Knöterichgewächse. Er wird bei besseren Bedingungen bis zu 2 m hoch.

Der bis in den Blütenstand beblätterte Stängel bildet viel Masse.

Bei den heutigen, milderen Wintertemperaturen ist es nicht unbedingt sicher, dass die genannten Gründüngerpflanzen wirklich erfrieren.

Winterharte Gründüngerpflanzen:

Deutsches Weidelgras Lolium perenne. Süßgräser. Wächst langsam, gegen Trockenheit empfindlich. Hinterlässt feinkrümeligen Boden. Vermindert Befall mit Kohlhernie und Rettichschwärze bei nachfolgenden Kulturen. 8-9/ 5/ 80/ 1.

Esparsette. Hülsenfrüchtler. Verträgt Trockenheit, ist empfindlich gegen Nässe. Stickstoffsammler. Grünfutter für Haustiere. Entweder vor der Blüte abmähen oder stehen lassen für Bienen, Schwebfliegen und andere kurzflügelige Insekten. 3-8/ 20-30/ 5 warm, bis neutral; nicht feucht, sauer, schwer.

Feldsalat Valerianella locusta. Baldriangewächs. Benötigt ausreichende Feuchtigkeit, hinterlässt feinkrümeligen Boden. 3-4 + 8-10/3/80/1.

Inkarnatklee. Hülsenfrüchtler. Wächst langsam, unterdrückt Wildkräuter. Stickstoffsammler. Grünfutter für Haustiere. Vergrämt um Kohl herum die Kohlfliege und den Kohlweißling. 5-8/ 5/ 100/ 5 mittelschwer, humos, nicht nass, schwer, moorig, trocken. Bienenweide.

Landsberger Gemenge. Stickstoffsammler, lockert den Boden auf. Vorkultur für Kartoffeln, Gemenge und Möhren. Mischung aus 50% Inkarnatklee, 30% Zottelwicke und 20% Raygras. 8-9/ - / - /4.

Luzerne. Hülsenfrüchtler. Stickstoffsammler, 90 cm. Grünfutter für Haustiere. Tiefwurzelnd, Pfahlwurzel, mit vielen Faserwurzeln im oberen Bodenbereich. Sie verbessert schwere, verdichtete, kranke Böden in 2 - 3 Jahren. Hervorragend für Kompost. 3-8/ 3-5/ 500/ 5 trocken, nicht für saure und nasse Böden.

(Winter-)Roggen. Süßgräser. Hinterlässt feinkrümeligen Boden. Verträgt keine Trockenheit, unterdrückt Keimung anderer Pflanzen (Quecken, gelbe Rüben, Möhren, Petersilie, rote Bete) durch Ausscheidung wuchshemmender Substanzen. Gut geeignet als Vorfrucht für Bohnen, Kartoffeln, Kohl und Spargel. Große Wurzelmasse. Späteste Gründüngungspflanze. 2-11/ 15-20/ - / 1 außer schwerem Boden. Der Winterroggen wird von vielen Öko-Gärtnern gern verwendet, weil er mit keinem anderen Gemüse verwandt ist, außer Zuckermais.

Spinat Spinacia oleracea. Fuchsschwanzgewächse. Nitratfänger. Wächst rasch. Nicht vor oder nach Gutem Heinrich, Mangold, Melde und Roter Bete anbauen. Grünfutter für Haustiere. Verbessert das Wasserrückhaltevermögen des Humus. 2-4 + 7-9/ 5/ 80/ 1.

Steinklee Melilotus, weiß und gelb. Hülsenfrüchtler. Bienenfutterpflanze. Stickstoffsammler, benötigt wenig Wasser, durchlüftet den Boden. Bedeckt schnell lückenlos den Boden. Pionierpflanze mit Pfahlwurzeln, samt sich leicht aus. Vertreibt Mäuse (weiß). Für Baumscheiben. Bienenweide, auch für Schwebfliegen und Bläulingsfalter. Vergrämt um Kohl herum die Kohlfliege und den Kohlweißling. 3-9/ 5-10/ 300/ 5 trocken, sandig, steinig, nicht sauer und humos. Alle Kleearten sollten nicht zu oft hintereinander angebaut werden, da ihre Wurzeln schädliche Stoffe absondern. Sie können sogar bei Neuaussaat die Keimung neuer Kleesamen verhindern. Andererseits werden sie von Hahnenfuß (Butterblumen) durch deren Wurzelausscheidungen behindert.

Winterraps. Kreuzblütler. Anbau nicht nach oder vor anderen Kreuzblütlern wegen Kohlhernie. Nachbau erst nach mehreren Jahren. Fördert Nematoden. Grünfutter für Haustiere. Bienenweide. Hat Pfahlwurzeln. 8-10/ 15-20/ 200/ 1.

Winterwicke Vicia villosa. Hülsenfrüchtler. Stickstoffsammler. Große Wurzelmasse. 8-9/ 15-20/ 150/ 1 nicht für schwere Böden.

Weiterhin sind als Gründüngerpflanzen bewährt:

- **Mischung** aus 20% Alexandrinerklee, 60% Hafer, 20% Perserklee, Aussaat ab 3-4, ganzjährig; geeignet als Futtermittel, Mulch, Stickstoffsammler, nicht für trockene Böden. Rasche Bodendeckung durch schnelle Jugendentwicklung. Stickstoffsammler.

- **Ackerbohne** Vicia faba Hülsenfrüchtler als Vorsaat, 2 - 7, auch bei Trockenheit, Stickstoffsammler, Tiefwurzler. Auch schwere Böden. Nicht winterhart. Sie haben Pfahlwurzeln bis zu 1,5 m. Zur Bodenlockerung, Stickstoffsammler. Abschneiden, wenn die Pflanzen Früchte angesetzt haben. Für nährstoffarme und trockenen Böden. 3 - 5 Aussaat.

- **Kresse** Lepidium sativum Kreuzblütengewächse bildet viel Humus, schnellwachsend.

- **Platterbsen** Lathyrus Hülsenfrüchtler bleiben niedrig, vertragen Trockenheit, frieren sicher ab. Für Weinbergsbegrünung.

- **Rotklee**/Wiesenklee Trifolium pratense Hülsenfrüchtler ist frosthart. Mehrjährige Gründünger- und Futterpflanze mit Pfahlwurzel. Stickstoffbildend. Erhöht merklich den Gareanteil im Boden.

- **Bokharaklee** Melilotus albus Hülsenfrüchtler ist gut für Tonböden, leichte Sandböden (nicht unter pH 5,5) sowie bei Bodenmüdigkeit. Bienenweide, wird bis 140 cm hoch. Die Pfahlwurzel kann bis zu 5 m lang werden, sie durchbricht Pflugsohle und Steinbildungen. Getreide, Hackfrüchte und

Obstbäume gedeihen danach besser. Als Randbepflanzung auf den Obstbaumscheiben wehrt der Bokharaklee Wühlmäuse ab. Das bittere Cumarin wird von den Milchkühen und anderen Tieren oft nicht gern gefressen, frisches Kraut nehmen sie aber nach Eingewöhnung an. Die Nährstoffe kommen denen der Luzerne gleich. Die Pflanze ist zweijährig. Aussaat im zeitigen Frühjahr, 250 g/100 qm.

- **Borretsch** Borago officinalis Raublattgewächse durchwurzelt den Boden tief. Bienenweide.
- **Quirlmalve Malva** verticillata Malvaceae. Gründüngung mit viel Blattmasse und starker Pfahlwurzel zur Bodenlockerung. Sie friert im Winter ab. Wurde über Jahrhunderte als Futterpflanze genutzt. Die Pflanzen können bei früher Saat bis 2 m hoch werden.
- **Rauweizen** Triticum turgidum Süßgräser. Sie ist eine fast verschollene Art, die wesentlich üppiger ist als die heute bekannten Weizen. Rauweizen ist winterhart und entlastet die Fruchtfolge. Überwinternde Gründüngung sollte vier Wochen vor der nächsten Kultur eingearbeitet werden, damit sie sich im Boden noch umsetzen kann.
- **Sommerwicke**/Hafergemenge, 7 - 8, der Hafer stützt die Wicken. Stickstoffsammler. Für alle Böden, außer sauren. Frostfest bis -5° C.
- **Kornrade** Agrostemma githago Nelkengewächse, einjährig, ist nicht mit Nutzpflanzen verwandt und kann überall Einsatz finden. Ihre Wurzeln scheiden schädliche Saponine aus die Nematoden vernichten.

Auch Dinkel Triticum spelta Süßgräser (Winter) und Flachs Linum usitatissimum Leingewächse (Sommer) bilden schnellen Bodenschutz.

Praktische Gründüngungsvorschläge:

- **Frühjahr**: kurzdauernd Ackerbohne, Phacelia, Senf, Spinat.
- **Frühjahr/Sommer**: Ackerbohne, Alexandrinerklee (1/2-1 Jahr), Erbsen-Wicken-Hafer-Gemenge, Hafer, Perserklee, Phacelia, Rotenburger Combigemenge, Senf, Spinat.
- **Sommer/Herbst**: Als Nachfrucht Lupinen, Ölrettich, Phacelia, Platterbsen, Senf, Sommerwicken evt. + Hafer.
- **Herbst:** Überwinterungsdüngung mit Landsberger Gemenge, Winteraps, Winterrüben, Winterroggen, Zottelwicke (evtl. + Roggen).

Verdichteter Boden:

Dafür eignen sich Pflanzen mit tief eindringenden Pfahlwurzeln: Ackerbohne, Bokharaklee, Borretsch, Gelbsenf, Landsberger Gemenge, Lupine, Luzerne, Ölrettich, Perserklee, Puffbohne, Quirlmalve, Rotklee, Sonnenblumen, Steinklee, Winterraps.

Dr. rer. nat. Manfred Kriegl Agraringenieur, schreibt in seinem Buch: „Humus und Bodenleben“ 2011

„Das Bodenleben ist der wichtigste Faktor im Garten und der Landwirtschaft. Das Reinigen unserer Böden ist praktisch nur mit Mikroorganismen möglich. Nach unseren Erfahrungen können die sEM-Anwendungen eine Erneuerung der Böden bewirken, d. h. das Bodenleben und die organische Substanz bereichern, was schließlich zur Revitalisierung unserer Böden führt. Des weiteren werden die Anwender durch bessere Ernten, höhere Qualität, nährstoffreichere Pflanzen (besonders viele Vitalstoffe) gesündere Tiere, vor allem aber durch eine erhöhte Resistenz gegen Schädlinge und Krankheiten und damit verbunden, mit erhöhtem finanziellen Vorteilen belohnt!“

Die Erhöhung der biologischen Aktivität im Boden spielt bei der Umsetzung von Ernterückständen und der damit verbundenen Freisetzung von Nährstoffen eine wichtige Rolle.
Die Zersetzung von Stroh und anderen organischen Materialien ist ein biologischer Prozess, der von den Mikroorganismen im Boden durchgeführt wird. Er hat einen positiven Einfluss auf die Bodenstruktur, den Humusgehalt und den Regenwurmbestand.
Die Mikroorganismen benötigen Nähr- und Kohlestoffe um Energie zu produzieren und ihre Zellen aufzubauen, die sie dem Stroh oder dem Bodenwasser entnehmen. Stroh enthält sehr wenig Stickstoff im Verhältnis zum Kohlestoffgehalt. Da die Mikroorganismen diese beiden Stoffe aber in einem bestimmten Verhältnis benötigen, sind sie beim Abbau von Stroh gezwungen, den fehlenden Stickstoff aus dem Boden zu entnehmen, was zu einer mittelfristigen Immobilisierung von Stickstoff führt.
Wenn das Stroh abgebaut ist, reduziert sich das Nahrungsangebot und ein Teil der Mikroorganismen stirbt ab. Hierbei wird der in der Bakterienzellmasse gebundene Stickstoff nach und nach wieder frei. Ist zum Zeitpunkt des Pflanzenwachstums ein Teil dieses Sickstoffs noch immer in der Bakterienzellmasse festgelegt und damit den Pflanzen nicht verfügbar, kann es zu einer Verringerung der Ernte kommen. Hier greift die Anwendung von effektiven Mikroorganismen, da es die biologischen Prozesse beschleunigt und zu einer schnelleren Freisetzung von Stickstoff führt.

Arbeiten mit sEM-A auf dem Feld

Sommerfeldfrüchte	
Sommergerste/ Sommerraps/Mais/Erbsen/Rüben/Kartoffeln	
1. Grünflächen und Stoppelfelder vor dem Pflügen	20 – 25 Liter pro ha 1 Liter/50 – 100 l Wasser (1-2%) Die erste Behandlung erfolgt, sobald die Witterungsbedingungen das Befahren des Feldes zulassen. Grünflächen oder Stoppelfelder werden unmittelbar vor dem Pflügen besprüht.
2. Ein bis zwei Wochen nach dem Keimen	15 Liter per ha: 1 Liter/50-100 l Wasser (1-2%)
3. Zwei bis drei Wochen nach der zweiten Behandlung	15 Liter per ha: 1 Liter/50-100 l Wasser (1-2%)
4. Zwei bis drei Wochen nach der dritten Behandlung	15 Liter per ha: 1 Liter/ 50-100 l Wasser (1-2%)

Winterfeldfrüchte	
Winterweizen/Winterroggen/Wintergerste/Winterraps	
1. Grünflächen und Stoppelfelder vor dem Pflügen	20 – 25 Liter pro ha 1 Liter/50 – 100 l Wasser (1-2%) Grünflächen oder Stoppelfelder werden unmittelbar vor dem Pflügen besprüht.
2. Ein bis zwei Wochen nach dem Keimen	15 Liter per ha: 1 Liter/ 50-100 l Wasser (1-2%)
3. evtl. zwei bis drei Wochen nach der zweiten Behandlung	15 Liter per ha: 1 Liter/ 50-100 l Wasser (1-2%)
4. Ende März – Anfang April	15 Liter per ha: 1 Liter/ 50-100 l Wasser (1-2%) Je nach Wetterlage

Am besten sprüht man bei feuchter Witterung, z. B. kurz vor Regenfällen, bei Sprühregen, Nebel oder Tau. Eine ausreichende Verdünnung mit Wasser ist besonders kurz vor der Aussaat und bis 2 Wochen nach dem Keimen wichtig. In diesem Zeitraum können zu hohen Konzentrationen von EM-A den Keimprozess hemmen. Da die Aktivität der Mikroorganismen temperaturabhängig ist, ist es nicht ratsam bei Temperaturen unter 4° C die Mikroorganismen auszubringen. Die Basislösung-Pflanzen kann im ökologischen Landbau gemäß den Richtlinien der EU Nr. 2092/91 eingesetzt werden, da zur Herstellung außer Wasser und GMO-freien Mikroorganismen nur kontrolliert ökologische Kräuter und ökologische Melasse oder Gerstenmalzsirup verwendet werden. Verwendet man Mist oder Gülle mit sEM-A kann die bereits verwendete Menge von den oben angegebenen Mengen abgezogen werden. Sehr gut hat sich die Kombination Mikroorganismen und Urgesteinsmehl bewährt.

Rinderhaltung, Schweinehaltung

Die folgenden Beispiele zum Einsatz von sEM in der Tierhaltung stützen sich auf internationale und regionale Erfahrungen sowie Aussagen von Anwendern. Sie sollen nur als Anhaltspunkt dienen. Es gibt keine Richtlinien oder vorgeschriebenen Dosierungen. Wir empfehlen jedem Tierhalter/Züchter, eigene, in seinen Arbeitsablauf passende Anwendungskonzepte zu entwickeln und zu optimieren.

Was kann mit sEM in der Tierhaltung bewirkt werden?

Laut den Erfahrungsberichten von sEM-Anwendern werden wiederholt folgende Wirkungen bestätigt:

- Guter Futteraufschluss
- Bessere Gesundheit
- Geruchsverminderte Ausscheidungen
- Ruhige Tiere
- Weniger Fäulnis und damit weniger Insekten
- Besserer Geruch in den Stallungen
- Höhere Leistung
- Schnelleres Wachstum
- Bessere Fleischqualität (gilt nicht für Pferde)
- Weniger Staub beim Einstreu
- Gülle mit erhöhter Fließfähigkeit und dünnerer Schwimmdecke
- Bessere Stickstoffverfügbarkeit der Hofdünger
- Weniger intensiver Geruch der Hofdünger
- Schnellerer Abbau

Mit sEM in der Tierhaltung wird das mikrobielle Milieu in allen Bereichen der Tierhaltung positiv beeinflusst.

- Waschung und Behandlung von Wunden (auch tiefen Wunden)
- Huf- und Klauenkrankheiten
- Hautparasiten
- Hautentzündungen
- Hautekzeme
- Gebärmutterspülungen

Siliermittel

Spezifischen, effektive Mikroorganismen als Siliermittel. Macht die Silage stabil gegen Nachgärung und trägt positiv zum Gelingen der Silage bei.

Leicht silierbares Futter 30 – 40 % TS	Schwer silierbares Futter 20 – 30 % TS
Grassilage 1Liter sEM-A pro cbm	1,5 Liter sEM-A pro cbm
Maissilage	2,0 Liter sEM-A pro cbm

Anwendungsbeispiele im Stall für Rinder, Schweine und Pferde (Esel, Ziegen, Hühner usw.)

Aktivierte Mikroorganismen im Stall vernebelt, verbessern das Allgemeinbefinden und den Gesundheitszustand der Tiere. Das Milieu wird positiv beeinflusst. Schädliche Gase wie Ammoniak, Methan, Schwefel-Wasserstoffe usw. werden unterdrückt. Dadurch wird die Luft erheblich verbessert und der Insektenbefall verringert sich. **Die Stalltiere fühlen sich wohl.** Gleichzeitig gelangen die Mikroorganismen in die Gülle oder den Mist und verbessern dadurch die Qualität und den Geruch.
Die so behandelte Gülle oder Mist wird aufs Feld zur natürlichen Bodenverbesserung ausgebracht und dient als optimales Futter für die Kleinstlebewesen und Regenwürmer. Dies sorgt für Humusaufbau und Fruchtbarkeit im Boden und somit für gesunde, vitaminreiche Pflanzen, die wiederum Mensch und Tier als Nahrung dienen.

Ein natürlicher Kreislauf, der mit Mikroorganismen rein gehalten wird. Gesunder Boden- Gesunde Pflanzen - Gesundes Tier/Mensch.

Deshalb ersehen wir als wichtig,
Mikroorganismen auch im Stall auszubringen.

Mengentabelle für Stallbesprühung

Fläche	sEM-A	Wasser	Gesamt-menge	Zahl der Anwendungen
1 qm	10 ml	40 ml	50 ml	Jeden 3. Tag
1 qm	25 ml	75 ml	100 ml	1 x pro Woche
10 qm	100 ml	400 ml	500 ml	Jeden 3. Tag
10 qm	250 ml	750 ml	1 Liter	1 x pro Woche
100 qm	1 Liter	4 Liter	5 Liter	Jeden 3. Tag
100 qm	2,5 Liter	7,5 Liter	10 Liter	1 x pro Woche
1000 qm	10 Liter	40 Liter	50 Liter	Jeden 3. Tag
1000 qm	25 Liter	75 Liter	100 Liter	1 x pro Woche

Zum Versprühen der aktivierten Mikroorganismen können verschiedene Techniken, zum Beispiel bei kleinen Flächen der Foxy Plus, bei mittleren Stallungen mit einer Rückenspritze mit Motor oder von Hand, bei großen Ställen mit Vernebelungsgeräten wie sie in Gewächshäusern verwendet werden oder über Sprühleitungen über die Decke eingesetzt werden. Dem Einfallsreichtum der Anwender sind keine Grenzen gesetzt.

Einstreu

Boxenlaufställe

In den Tiefboxen der Boxenlaufställe herrscht oft durch den dort faulenden Mist und evtl. Milchreste ein sehr unhygienisches Milieu. Dies trägt zu einer starken Fliegenpopulation sowie der Ausbreitung von Mastitiserregern bei. Durch den Zusatz von spezifischen, aktivierten Mikroorganismen in die Einstreu tritt eine positive Wirkung bei dem Matratzenaufbau ein.

Beispiel:

1000 l Sägespähne
1000 l Strohhäcksel
2 Liter Gerstenmalzsirup (mit warmen Wasser auflösen)
2 Liter aktivierte Mikroorganismen
200 Liter Wasser

Materialien gut miteinander vermischen, so dass es erdfeucht ist (z.B. mit Futtermischwagen) und in die Liegeboxen streuen.

Hinweis für Schweineställe

Wenn der Stall mit Duschen zur Temperaturregelung ausgestattet ist, kann das sEM-A gleichzeitig darüber ausgesprüht werden.
Achtung, Luftfeuchtigkeit laufend kontrollieren!
„Der schwitzt wie eine Sau". Diese Aussage ist falsch! Schweine haben keine Schweißdrüsen in der Haut. Sie reagieren sehr empfindlich auf Hitzestress. Unter Hitzestress versteht man einen physiologischen Belastungszustand, bei dem das Tier seinen Wärmehaushalt nicht mehr passiv regulieren kann. Es kann seine Wärme nicht mehr in dem Maße abgeben, wie es bei der hohen Leistung für das Wachstum notwendig ist.
Schweine reagieren darauf, in dem sie schneller und kürzer atmen, mehr trinken und weniger Fressen, was eine langsamere Zunahme zur Folge hat.
Hitze und erhöhte Ammoniakkonzentration können die Tiere aggressiv machen, es kann zu erheblichen Verlusten kommen.
Durch Versprühen von Wasser lassen sich hohe Stalltemperaturen nachhaltig senken. Durch das zusetzen von sEM-A kann die Ammoniakbildung eingedämmt werden. Das trägt ganz allgemein zur Verbesserung der Stallluft und Ausgeglichenheit der Tiere bei.
Nach dem Versprühen des „Kühlwassers" im Stallabteil darf die Stallluft maximal 80% mit Wasser gesättigt sein. Ansonsten erhöht sich die Gefahr, dass es zu Tierverlusten durch Hitzetod kommt.
Der Wassergehalt der Luft muss also laufend mit einem Hygrometer kontrolliert werden.

Fütterung bei Rindern

Viele Landwirte setzen aktivierte Mikroorganismen neben der Verwendung als Siliermittel auch direkt bei der Fütterung ein. Es wird dadurch die Verdauung der Tiere mikrobiologisch positiv verändert. Das Immunsystem, sowie das Wachstum der Tiere wird gesteigert.

Kälber	Aktivierte Mikroorganismen (sEM-A) in den Trank	Futter- Bokashi
Ab 1. Lebenstag	10 ml je Mahlzeit	
Ab 3. Lebenswoche	10 ml je Mahrzeit	100 – 150 g/Tag

Jungvieh	Aktivierte Mikroorganismen	Futter- Bokashi	Silage mit sEM-A
Bis 6. Lebensmonat	1 % zum Kraftfutter	150 g/Tag	Satt füttern
6.- 12. Lebensmonat	--------------------------	150 g/Tag	Satt füttern
Ab 12. Lebensmonat	--------------------------	--------------------------	Satt füttern

Milchvieh	Futter - Bokashi	Aktivierte Mikroorganismen	Silage mit aktivierten Mikroorganismen sEM-A
Laktieren	500 g/Tag	0,1 % ins Wasser	Satt füttern
Trocken stehend	200 g/Tag	0,1 % ins Wasser	Satt füttern

Auf die Gabe von Futter-Bokashi kann bei genügend Grundfutteraufnahme verzichtet werden, wenn die aktivierten Mikroorganismen als Siliermittel eingesetzt wurden.
Bei Quetschen oder Schroten von Getreide hat sich die Zugabe von 1% aktivierten Mikroorganismen bewährt, da die Oxydation des verletzten Mehlkörpers und des evtl. dazugesetzten Pflanzenöls verringert wird. Effektive Mikroorganismen wirken antioxidativ.

Achtung:
Probleme kann es durch Verschleimung bei der Einmischung von aktivierten Mikroorganismen ins Tränkewasser geben. Dies kann zum Verstopfen der Leitungen und Düsen führen. Je nach Wasserqualität schützen sich die Bakterien mit Schleim. Der Schleim ist ungefährlich. Deshalb raten wir die Mikroorganismen nur stoßweise dem Wasser zuzusetzen oder auf das Ausbringen über die Anlage komplett zu verzichten.

Anwendung Schweinehaltung

Der Einsatz von sEM in der Schweinehaltung gliedert sich in zwei Bereiche:
· Zum einen setzt man Futter-Bokashi oder sEM–A (soweit gesetzlich erlaubt) dem Futter bzw. dem Wasser zu und versucht dabei die Futterverwertung sowie die Verdauung günstig zu beeinflussen
· Zum anderen wird versucht, die Umweltbedingungen in den Stallungen durch das Versprühen von sEM–A zu verbessern, in dem Fäulnis und schädliche Keime unterdrückt werden

Fütterung:
Manches Verdauungsproblem ließe sich vermeiden, würde die Ration ausreichend mit Rohfaser ausgestattet. Für die Gesunderhaltung des Verdauungsapparates und für eine funktionierende Verdauung der Schweine ist die ausreichende Zufuhr von Ballaststoffen (Rohfaser) unerlässlich.

Aufgabe dieser unverdaulichen Stoffe (Rohfaser) ist:

Die Darmtätigkeit anzuregen und die Darmzotten zu stimulieren. Es werden so mehr Verdauungsenzyme in höherer Konzentration und bessere Aktivität gebildet.

Den Verdauungsbrei aufzuquellen (aufzulockern) und für eine gute Durchmischung zu sorgen.

Die Steuerung der Futteraufnahme (Sättigung).

Die Beschleunigung der Dickdarmpassage und die Regulierung der bakteriellen Fermentation.

Für eine bessere pH-Absenkung und damit für die Eiweißverdauung zu sorgen.

Die so genannte Magenüberladung (nach dem Absetzen, bei Rangkämpfen, bei suboptimaler Wasserversorgung, nach Hungerphasen, bei zu schmackhaftem Futter usw.) vermeiden zu helfen.

Die Bindung unerwünschter Stoffwechselprodukte.

Die Minderung von Durchfallproblemen.

Bei Absetzferkeln mit Futterumstellung steht dabei die Entwicklung der körpereigenen Verdauung und die Darmgesundheit im Vordergrund.
Tragende Sauen werden mit ausreichend Rohfaser im Futter satt, aber nicht fett. Hier hat die Sättigung Vorrang.

Leider sind viele rohfaser- beziehungsweise ballaststoffreiche Futtermittel knapp, teuer und auch mit Mängeln behaftet, wie:

-Wenig quellfähig (Strohprodukte)

-Relativ rohfaserarm und folglich hohe Einsatzraten (Hafer, Trockenschnitzel)

-Technikungeeignet (Grundfutter, Brückenbildung, Staubbildung)

-Arbeitsaufwendig (Grundfuttermittel, Häckselprodukte)

- Mykotoxinhaltig (Kleien)

Bis auf den Nachteil der etwaigen Belastung mit Mykotoxinen bei Kleien, wären diese sehr gut als Rohfaserkomponenten in der Schweinefütterung geeignet.

Deshalb geht man bei der sEM-Technologie den Weg der Fermentation von Kleien, wie bei „Herstellung von Futter-Bokashi" beschrieben.
Beim Fermentationsprozess werden durch das Hinzufügen von sEM-A schädliche Mykotoxine unterdrückt. Gleichzeitig aber auch wichtige Enzyme und Fermente gebildet.

Fütterungsvorschläge:

Zuchtsauen	Futter-Bokashi	sEM-A
5 Tage vor bis 12 Tage nach dem Abferkeln	3 – 5% ins Futter mischen	100 – 125 ml Je Tier/Mahlzeit
übrige Zeit	3 – 5% ins Futter mischen	0,1% dem Trinkwasser zumischen
Alternative	3 – 5% ins Futter mischen	10 Liter je Tonne Futter einmischen

Ferkel	Futter-Bokashi	sEM-A
Gleich nach der Geburt		1 ml direkt ins Maul
In der Absetzphase	2 – 3% ins Futter mischen	0,1% dem Trinkwasser zumischen
Während derAufzucht bis zum Absetzen	1% dem Aufzuchtfutter zumischen	

Mastschweine	Futter-Bokashi	sEM-A	CCM
Flüssigfütterung	3 – 5% der Suppe zusetzen	2 Liter je 1000 Liter Suppe zusetzen	sEM-A bei der Ernte als Siliermittel zumischen 2 Liter je Tonne
Trockenfütterung	3 – 5% dem Futter beimischen	10 Liter/Tonne Getreidemischung beimischen od. 0,1% dem Trinkwasser	

Klauenbäder

2 – 5% aktivierte Mikroorganismen dem Klauenbad zusetzen. Je nach Verschmutzungsgrad 1 bis 2 x die Woche. Bei Temperaturen unter 6° C ist die Wirkung der Mikroorganismen eingeschränkt.

Vorteile von Klauenbädern mit aktivierten Mikroorganismen:
- Hautschonende Hygienisierung
- Keine Resistenzbildung
- Verschmutzungen des Klauenbades mit Kot und Harn verringern nicht die Wirkung, denn diese dienen den Mikroorganismen als Nahrung.
- Längere Nutzung des Bades
- Geringe Kosten
- Keine Anreicherung mit Schwermetallen in der Gülle
- Positive Wirkung durch die Mikroorganismen in der Gülle

Gülle und Mistbehandlung

Gülle wird in Zukunft aus Sicht des Bodenschutzes sowie aus Sicht der Ammoniakminderung verstärkt Beachtung finden.
Festgeschrieben sind die Ziele schon lange. Seit dem Jahr 2010 sollte die Ammoniakemission um fast 20% niedriger sein als heute. Weil die Landwirtschaft als Hauptproduzent von Ammoniak gilt, sollen bei ihr auch die Verminderungsmaßnahmen ansetzen. Ausersehen sind zunächst nur größere Ställe und Güllelager, die Gülleausbringung aber generell.
Ammoniakemissionen verursachen neben den Emissionen von Schwefeldioxyd und Stickoxyden erhebliche Schäden an der Umwelt. Der Hauptteil der Ammoniakemissionen stammt dabei aus der Landwirtschaft, hier vor allem aus der landwirtschaftlichen Tierhaltung. Der Eintrag des Stickstoffs aus diesen Ammoniakemissionen in Wälder, Moore und andere empfindliche Ökosysteme führt zu deren Versauerung und zu einer Nährstoffüberversorgung.
Aufgrund dieser Belastungen wurden in den letzten Jahren sowohl auf EU- als auch auf UN-Ebene politische Initiativen ergriffen, deren Ziel es ist, die atmosphärischen Ammoniakemissionen zu vermindern. Es wurde im Rahmen des Genfer Luftreinhalteabkommens der Vereinten Nationen (UN) 1999 das „Protokoll zur Bekämpfung von Versauerung, Eutrophierung und bodennahem Ozon“ erstellt.
Deutschland hat dieses so genannte Multikomponenten-Protokoll unterzeichnet und verpflichtete sich unter anderem, die Emissionen von Ammoniak bis zum Jahr 2010 auf 550 000 Tonnen im Jahr zu senken.

Das entspricht einer Verringerung um 28% bezogen auf die Emissionen im Jahr 1990.
Um die nationale Emissionshöchstgrenze zu erreichen, müssen die Ammoniakemissionen in der Landwirtschaft erheblich reduziert werden. Demnach sollen die Emissionen bei der Ausbringung von flüssigen Wirtschaftsdüngern um 30%, bei der Haltung im Stall und bei der Lagerung von flüssigen Wirtschaftsdüngern um 20% beziehungsweise 40% reduziert werden.

Minimierung der Ammoniakemission in der Tierhaltung
Der beste und kostengünstigste Weg zur Minimierung der Ammoniakbelastung in der Landwirtschaft ist es, an der Entstehung der Emissionen einzuwirken.
Möglichkeiten

- Durch eine protein-angepasste Fütterung
- Durch die Vermeidung von Fäulnis

Protein-angepasste Fütterung
Eine wichtige Minderungsmaßnahme in der Tierhaltung ist die an den Bedarf angepasste Proteinversorgung bei Rindern, Schweinen und Geflügel. Durch eine konsequente Anwendung der protein-angepassten Fütterung, besonders in der **Schweinemast, in der Sauenhaltung oder Geflügelmast,** wird die Stickstoffausscheidung reduziert und der Stickstoffgehalt in Wirtschaftsdüngern begrenzt. Neben einer Verringerung der Ammoniakemissionen werden hierdurch auch Nährstoffverluste durch Auswaschung und Denitrifikation vermindert.

Unterdrückung und Vermeidung von Fäulnis
Die Agrikulturchemiker des 19. Jahrhunderts waren der Meinung, dass „Fäulnis die Mutter des Wachstums“ sei. Gärtner und Bauern deuteten diese Feststellung mit den Worten: „Was stinkt, das düngt“. Aber genau das Gegenteil ist richtig. In den Boden gebrachte faulende organische Stoffe werden dort nur von der eigenen Flora und Fauna (Insekten) der Fäulnis abgebaut. Faulende Mistklumpen lassen sich oft noch nach einigen Jahren im Boden als solche erkennen. Erst nach weitgehender Zersetzung beteiligen sich auch die erwünschten bodeneigenen Lebewesen am Abbau der organischen Substanz. Es kann lange Zeit dauern, bis das mikrobielle Gleichgewicht im Boden wieder hergestellt ist.
Wie entsteht Fäulnis?
Fäulnis ist der Prozess, bei dem bestimmte Mikroorganismen, vor allem stickstoffhaltige Eiweißstoffe anaerob abbauen. Wobei faul riechende und nicht komplett abgebaute Stoffwechselprodukte entstehen, die meist giftig für

Pflanze und Tier sind (Ammoniak, Idole, Skatole, Merkaptane, Wasserstoffsulfide, Methan). Ferner werden diese Produkte wieder in andere schädliche Substanzen und relativ unlösliche anorganische Stoffe umgesetzt.

Fäulnis fördert „Schadinsekten"

Die Zersetzungsprodukte faulender organischer Massen, wie zum Beispiel Idol und Skatol, die Geruchsträger des Kots, locken Insekten an und sind für diese wichtige Brutstätten. Das Faulgas ist ein typischer Insektenlockstoff der freien Natur. Ammoniak wird von blutsaugenden Insekten aus einer Entfernung von 5 km wahrgenommen. Sie werden von diesem angelockt und zur Eiablage angeregt. Die Stubenfliege legt ihre Eier an alle faulenden Stoffe, mit Vorliebe an Stallmist und Fäkalien.

Fäulnis, die Brutstätte von Krankheitserregern

Fäulnisbakterien fördern auch das Wachstum gefährlicher Krankheitserreger. Sie erzeugen aus den sich zersetzenden Eiweißbausteinen die Leichengifte Putrescin und Kadaverin. Diese wiederum wirken auf einige gefährliche Krankheitserreger als „Wuchsstoffe", das heißt, sie regen schon in kleinsten Mengen das Wachstum vieler Krankheitserreger an. An faulenden organischen Massen halten sich längere Zeit die Erreger von Hühnerpest, Schweinepest, Rotlauf, Paratyphus, Tuberkulose, Wundstarrkrampf, epidemischer Gelbsucht und Kinderlähmung.

Von faulenden Stoffen angelockte Insekten und Ratten können Krankheitserreger auf Mensch und Tier übertragen.

Fäulnis ist lebensfeindlich!!!

Mit aufbauenden, effektiven Mikroorganismen der Fäulnis entgegenwirken

Die Lagerung und Behandlung unserer Wirtschaftsdünger wird allgemein sträflich vernachlässigt. Die im faulen Zustand ausgebrachten Wirtschaftsdünger haben eine stark störende und sogar zerstörende Auswirkung auf die Bodenfruchtbarkeit.

Werden jedoch unsere Wirtschaftsdünger ordentlich gelagert und behandelt, können sie einen großen Beitrag zur Erhaltung und Verbesserung der Bodenfruchtbarkeit leisten, was schließlich die Hauptaufgabe eines jeden Landwirts sein sollte.

„Halt ihn feucht und tritt ihn fest, das ist für den Mist das allerbest".

Dieser Reim wurde früher allgemein zur Behandlung von Mist gelehrt. Damit wurde durch Verdrängung des Sauerstoffs, einer zu starken Erwärmung, auch Oxydation genannt, entgegengewirkt. Früher, vor den „chemischen Keulen", war das Material auch noch voll von „gesunden" Bakterien.

Oxydation

Oxydation ist ein Prozess, bei dem bestimmte Mikroorganismen organische Moleküle aerob abbauen. Hierbei entstehen lösliche anorganische Nährstoffe, die direkt von der Pflanze aufgenommen werden können. Außerdem entsteht CO^2 und viel Wärme. Während dieses Abbaus geht viel Energie verloren.

Nützliche Fermentation

Fermentation - auch Reife genannt ist der anaerobe Prozess, bei dem bestimmte Mikroorganismen komplexe organische Moleküle in einfache organische und anorganische Substanzen abbauen, die direkt von der Pflanze aufgenommen werden können. Zugleich werden durch Mikroorganismen Stoffwechselprodukte wie verschiedene natürliche Antibiotika, Hormone, Vitamine, Enzyme (Fermente), Antioxidantien usw., produziert.
Diese Produkte können das Wachstum stimulieren und den natürlichen Widerstand des Bodens, der Pflanze, des Tieres erhöhen und dadurch Krankheiten unterdrücken. Die Antioxidantien schützen vor zu starker Oxydation. Bei einer Fermentation geht wenig Energie in Form von Wärme oder Gasen verloren, was bedeutet, dass mehr Energie im Produkt zurück bleibt. Ein solcher Reifeprozess tritt unter anderem bei der Zubereitung von Sauerkraut ein. Das Weißkraut hat einen geringeren Nährwert als das gereifte Sauerkraut.

Einfluss von spezifischen, effektiven Mikroorganismen

Durch die Einimpfung von sEM in Wirtschaftsdünger kann deren Reife positiv beeinflusst werden, in dem die aufbauenden Mikroorganismen vorherrschend werden.
Fäulnis und die damit entstehenden stinkenden Gase verschwinden. Ein fermentativer Abbau wird stimuliert. Es entstehen Stoffwechselprodukte, die eine positive Rolle in Bezug auf Pflanzenwachstum, -qualität und Bodenfruchtbarkeit spielen.

Mist

schichtweise und regelmäßig mit aktivierten Mikroorganismen sEM-A übergießen. *„Halt ihn feucht und tritt ihn fest, das ist für den Mist das Allerbest."*

Flächengröße	Schichtstärke	sEM-A	Wasser	Gesamt
1 qm	20 cm	0,2 Liter	1,8 Liter	2,0 Liter
10 qm	20 cm	2 Liter	18 Liter	20 Liter
50 qm	20 cm	10 Liter	90 Liter	100 Liter
100 qm	20 cm	20 Liter	180 Liter	200 Liter
500 qm	20 cm	100 Liter	900 Liter	1000 Liter

Gülle

Dr. Agrar Ing. Manfred Kriegl aus seinem Buch „Humus und Bodenleben 2011":

Um Gülle als Bodenverbesserer zu verwenden, bleibt nur die Behandlung mit Mikroorganismen und Gesteinsmehl. Am besten über einen natürlichen Kreislauf: Futter, Tränke, das Stallklima sowie als direkter Zusatz vor dem Ausbringen.

Mischungsverhältnisse:

Lagerraum	sEM-A	Wasser	Gesamt
100 cbm	100 l	100 l	200 l
200 cbm	200 l	200 l	400 l
350 cbm	350 l	350 l	700 l
500 cbm	500 l	500 l	1000 l

Pro cbm Gülle wird die Zugabe von 2 kg Gesteinsmehl empfohlen.

Reifedauer

Die Temperaturhöhe der Gülle bestimmt die Reifedauer. Je kälter, desto geringer die mikrobiologische Aktivität und umso länger die benötigte Reifezeit.

Temperatur	Reifedauer
Unter 6° C	Keine Aktivität
6° C	Mind. 30 Tage
6° C - 10° C	30 Tage
10° C - 15° C	21 Tage
Ab 15° C	14 Tage

Jeder hat schon einmal unter dem bestialischen Gestank von (nicht behandelter Gülle) gelitten, die in großen Mengen bei der Massentierhaltung bei Rindern und Schweinen anfallen. Den wirtschaftlichen Vorteilen der Flüssigmistung bei fast allen Tierarten, stehen eine Reihe von Problemen für

Mensch, Tier und Boden gegenüber. Die ungünstigen Nebenwirkungen (von unbehandelter Gülle) fassen Sattler und Wistinghausen in „Der landwirtschaftliche Betrieb 1989“ wie folgt zusammen:
- Geruchsbelästigung in der Stallluft und auf dem Gelände
(nicht immer zugegeben)
- Schäden an den Extremitäten durch Roste und Spaltböden
- Stallstress: psychische Probleme durch Tierkonzentration und Strohmangel
- Enorme Nährstoffverluste beim Ausbringen, vor allem in der vegetationslosen Jahreszeit
- Allgemeine Strukturschäden der Böden
- Saure und Regenwurmarme Böden
- Verätzung der grünen Pflanzen
--Schäden an den Wurzeln durch giftige Umsetzprodukte
- Immer mehr verunkrautete Wiesen und Weiden durch Verdrängung wertvoller Futtergräser, Kräuter und Kleearten
- Weidetiere verschmähen das Futter wegen Geruchs- und Geschmacksbeeinträchtigung (wenn sie die Wahl haben)

Hinzuzufügen ist noch, dass die konventionelle Gülle durch **Reste von medizinischen Behandlungen sowie Desinfektionsmittel belastet** ist. Diese Hemmstoffe bergen eine Reihe von schwerwiegenden Umweltgefahren.
Wie gesund ist dann wohl das Gemüse, welches von solchen Äckern kommt?

Mit sEM und Gesteinsmehl behandelte Gülle bietet folgende Vorteile:
- Reduzierung der Ammoniakemission
- Reduzierung der Gerüche
- Gülle bleibt flüssiger und bildet keine Schwimmdecke
- Langsam fließende N-Quelle
- Humusbildung und Verbesserung der Struktur der Böden
- Nahrung für die Regenwürmer
- Schutz vor Schadpilzen
- Kein Verbrennen der Grasnarbe
- Belebung der Böden
- Gesunde Vitamin- und mineralstoffreiche Pflanzen

Neu: Zum Aufbau von Terra Preta eignet sich die Zugabe von Terra Symbiotika schwarz hervorragend.

Empfohlene Güllemengen bei Mais nach gut gedüngter überwinternder Zwischenfrucht 25 cbm/ha. Bei Grünland 10 bis max. 12cbm/ha mit 7,5% Trockensubstanz pro Aufwuchs.
Zusätzlich sollte man beim Ausfahren nochmals 1 Liter sEM-A pro cbm mit hinzu mischen.

Pferdehaltung

Wie bei Rindern und Schweinen wirken sich nach internationalen und regionalen Erfahrungen die aufbauenden Mikroben auch bei der Pferdehaltung beachtlich positiv aus.
Wie geben hier Anhaltspunkte aus Erfahrungswerten, welche jeder Pferdehalter nach seinem Arbeitsablauf individuell gestalten und auch optimieren kann.

Widerholt wird Folgendes von Anwendern bestätigt:
· Guter Futteraufschluss
· Bessere Gesundheit
· Geruchsverminderte Ausscheidungen
· Ruhige Tiere
· Weniger Fäulnis und damit weniger Insekten
· Besserer Geruch in den Stallungen
· Höhere Leistung
· Schnelleres Wachstum
· Weniger Staub bei Einstreu
· Gülle mit erhöhter Fließfähigkeit und dünnerer Schwimmdecke
· Bessere Stickstoffverfügbarkeit der Hofdünger
· Weniger intensiver Geruch der Hofdünger
· Schnellerer Abbau

Mit EM in der Tierhaltung wird versucht das mikrobielle Milieu in allen Bereichen der Tierhaltung positiv zu beeinflussen.
Sehr gute Ergebnisse durch sEM werden auch bei folgenden Erkrankungen bestätigt:

· Waschung und Behandlung von Wunden (auch tiefen Wunden)
· Huf- und Klauenkrankheiten
· Hautparasiten
· Hautentzündungen
· Hautekzeme
· Gebärmutterspülungen

Das Wesen des Pferdes

Das Pferd ist ein Lebewesen, dass von seinem Ursprung bis heute kein rein instinktmäßig gesteuertes Lebewesen ist, sondern ein lebendiges Wesen, dessen Psyche und Verhalten seelische Empfindungen relativiert. Dadurch wird die Beziehung zwischen Pferd und Mensch ganz wesentlich gekennzeichnet und beeinflusst.
Die Weltgeschichte ist angereichert mit Geschichten über die enge Kameradschaft, ja Freundschaft zwischen Mensch und Pferd. Der Spruch „O Glück der Erde auf dem Rücken der Pferde" wird sinngemäß in allen Kultursprachen deklamiert und Sagen erzählen in aller Welt von dem Adel der Pferde.
Es ist von außerordentlicher Wichtigkeit, dass die „Chemie" zwischen Mensch und Pferd stimmt. Psychische Belastungen oder Spannungen können mit keiner optimierten Fütterung und auch nicht mit sEM behoben werden.

Die Evolution des Pferdes

Um die Psyche und das Verhalten des Pferdes zu verstehen, bedarf es der Kenntnis der Stammesgeschichte der Einhufer sowie den Vorfahren. Die Psyche, Ausdruck seelischer Vorgänge im Verhalten des Pferdes, ist eine in unendlicher Zeitspanne entstandene Gefühlswelt. Ihre wesentlichen Impulse erhielten sie aus der Anpassung an die von Umwelt und Umfeld vorgegebenen Bedingungen. Stammeseltern waren die kaum fuchsgroßen Urpferdchen der Gattung Hyracotherium. Diese Laubfressenden Waldtiere, die am Vorderfuß 4 Zehen und am Hinterfuß 3 Zehen besaßen, lebten vor etwa 60 Millionen Jahren. Aus diesen Urpferdchen entwickelten sich im Laufe von mehreren Zehnmillionen Jahren etwa rehgroße dreizehige Typen, bei denen teilweise schon die mittlere Zehe deutlich stärker ausgebildet war. Wann genau das Pferd zum einzehigen Lauftier mutierte, lässt sich bis heute noch nicht exakt bestimmen. Die ältesten einhufigen Pferdeskelettversteinerungen wurden in 7 Millionen Jahre alten Gesteinsschichten gefunden. Reste des 2. und 4. Zehenstrahls sind aber noch beim heutigen Pferd rudimentär als Griffelbeine unterhalb der Fußwurzelknochen vorhanden. Als Antriebskraft der Evolution zur Ausbildung einhufiger Gliedmaßen war der Austritt der Urpferde aus dem dichten Wald in großflächige Steppengebiete mit hartem Boden und schwer verdaulicher, dünner gesäten, Futterpflanzen.
Mit der Einhufbildung ging die Streckung der Beine, die Zunahme der Körpergröße, die Längung des Gesichtsschädels, sowie die spezielle Entwicklung der Backenzähne zu hochkronigen, harten und nachwachsenden Mahlzähnen einher.

Diese Entwicklung vom Urpferdchen zum Einhufer beschränkte sich hauptsächlich auf die Region des heutigen Nordamerikas, nur einige wenige Seitenzweige drangen nach Europa, Asien und Südamerika vor. Erst in der Eiszeit mit ihren kontinentalen Verschiebungen, Landbrücken und der sich entwickelnden riesigen, offenen Graslandschaften verbreiteten sich die Einhufer. Sie galten als die Vorfahren unserer heutigen Pferde aller Erdteile, mit Ausnahme Australiens und der Antarktis. Die Eruptionen der ausklingenden Eiszeit führten besonders in Nordamerika durch ihre Klima- und vegetationsbedingten Erscheinungen zum nahezu vollständigen Aussterben der Einhufer.

In seinem Ursprungsland wurde das Pferd erst vor 500 Jahren wieder durch die spanischen Eroberer eingeführt und heimisch. Alle diese evolutionären Entwicklungen haben nicht nur zur anatomischen und physiologischen Anpassung der Einhufer an ihr Umfeld geführt, sondern auch die Psyche der Urpferde maßgeblich beeinflusst. Das Urpferd wurde nicht nur größer und schneller, um sich im Kampf mit seinen Feinden zu behaupten und die Art zu erhalten, es passte auch seine Psyche der Umwelt in hohem Maße an. Es wurde zum typischen Fluchttier, wobei die psychische Komponente einen ganz wesentlichen Faktor des Verhaltens darstellte. Die genetische Vorgabe des Instinktes und die erworbene Erfahrung beeinflusste zudem das Erscheinungsbild der Psyche des Pferdes und rundete es ab. Das rechtzeitige Erkennen der Feinde ist in nicht unerheblichem Maß vom psychischen Verarbeiten von Erfahrungen geprägt.

Der Einsatz von sEM in der Pferdehaltung gliedert sich in drei Bereiche:

Zum einen setzt man Futter-Bokashi oder sEM–A (soweit gesetzlich erlaubt) dem Futter bzw. dem Wasser zu und versucht dabei die Futterverwertung sowie die Verdauung günstig zu beeinflussen.

Zum anderen wird versucht, die Umweltbedingungen in den Stallungen durch das Versprühen von sEM–A zu verbessern, in dem Fäulnis und schädliche Keime unterdrückt werden.

Als drittes wird mit Hilfe von sEM die Konservierung von Futtermitteln verbessert.

Fütterung

Im ursprünglichen Wildleben war das Pferd in stetiger Bewegung, ständig mit Nahrungsaufnahme beschäftigt. Dabei nahm es nicht nur die eigentliche Nahrung, sondern instinktiv auch jene Pflanzen zu sich, die der Regulierung der Darmtätigkeit dienten oder gar medizinische Wirkung hatten. In der fortschreitenden Domestikation mit Stallhaltung wurde dem Pferd das Futter vom Menschen vorgeschrieben, es hatte keine freie Wahl mehr. Das Futter des Stallpferdes besteht heute vorwiegend aus konzentriertem Kraftfutter (Körnerfutter, Mischfutter, Presspellets-Konzentrat) und Raufutter (Heu, Stroh). Es wird häufig in 2 oder 3 Tagesrationen verabreicht, so dass der Darm kurzzeitig stark belastet wird und in der Zwischenzeit langfristig leer steht. Ein Vorgang, der der Konstruktion und Funktion des Pferdedarmes zuwider läuft. Leicht können auf diese Weise jene Magen- und Darmkrankheiten auftreten, die man mit dem gefürchteten Sammelbegriff – Kolik – umschreibt.
Folgerichtig wäre eine freilich zeitlich aufwendiger Fütterungsrhythmus, der sich, analog zum Wildleben, über den ganzen Tag verteilt (4 bis 6 kleinere Rationen je Tag oder auch öfter!).

Gras und Heu bilden die Grundnahrung des Pferdes

Gras

- Geschnittenes Gras darf keine Giftpflanzen enthalten
- Es muss frisch sein und darf nur kurzzeitig kühl und luftig lagern (max. 10 Stunden)
- Es darf sich keinesfalls erwärmen und in Gärung übergehen

Gutes Wiesenheu

- Setzt sich aus reicher Gräser- und Kräutervielfalt zusammen
- Ist auf kalkreichen Böden gewachsen
- Wurde erst zum Ende der Blüte gemäht
- Wurde an der Sonne getrocknet
- Sollte locker gepresst oder luftig und locker gelagert werden
- Sollte frühestens 3 Monate nach der Ernte verfüttert werden
- Hat eine grüne Färbung
- Besitzt einen angenehmen aromatischen Geruch

Heu und sEM

Heu wird in der Regel mit einem Trockensubstanzgehalt von 86% eingelagert. Das bedeutet, dass sich im Heu mind. 14% Restwasser befinden. Bei der Pressung oder der Lagerung im Heustock vollzieht sich eine gewisse Fermentation (Reifung) die sich durch die Erwärmung und das Schwitzen

erkennen lässt.
Läuft dieser Vorgang nicht korrekt ab, kann sich sehr leicht Schimmel bilden, der sich in Form von Staub und einem muffigen Geruch äußert.
Durch die Zugabe von in sEM–A enthaltenen fermentativ wirkenden Mikroorganismen kann der Fermentationsprozess bei der Einlagerung von Heu günstig beeinflusst werden. sEM–A übernimmt hier die Aufgabe einer Starterkultur.
Anwendung 1 Liter sEM–A je m³ Heu

Tipp: Das Heu auch vor der Fütterung mit sEM besprühen.

Kraftfutter
Körnerfutter wie Hafer, Gerste, Mais und bestimmte Zusammenstellungen von Mischfutterspenden haben aufgrund des hohen Nährstoffgehalts überdurchschnittliche Energie und Leistungsfähigkeit. Im Wildleben zählte Kraftfutter dieser Art nicht zur natürlichen Nahrung des Pferdes, es nahm fast ausschließlich ballastreiches Raufutter auf. Da Körnerfutter kaum Ballast enthält, gleichzeitig aber hohen Nährstoffgehalt besitzt, darf es nur in strenger, individuell bemessener Dosierung und stets nur mit der angemessenen Ration zusammen verfüttert werden, um Verdauungsstörungen oder gar Krankheitsfolgen zu vermeiden. Die Überdosierung von Kraftfutter mit gleichzeitigem Mangel an Raufutter stört eine gesunde Darmtätigkeit und kann bei zu geringem Bewegungs- und Arbeitsausgleich zu verschiedenen, teils schwerwiegenden Erkrankungen führen. Ebenso kann mit Schimmel belastetes Getreide schwere gesundheitliche Schäden verursachen. Gerste oder Hafer und auch Getreidekleien sind sehr oft mit Mykotoxinen (Schimmelgiften) belastet.
Beim Kauf sollte unbedingt auf höchste Qualität geachtet werden. Geruch und Farbe prüfen.

Mykotoxine im Pferdefutter
Mehr als 250 Schimmelpilzarten sind als Mykotoxinproduzenten bekannt. Mykotoxine sind Stoffwechselprodukte von Schimmelpilzen, die auf Mensch und Tier toxisch (giftig) wirken. Inzwischen sind über 300 verschiedene Mykotoxine bekannt. Die Gruppe der Aflatoxine sind in der Regel ein importiertes Problem, denn sie sind vor allem in ölhaltigen Samen und Nüssen tropischen und subtropischen Ursprungs anzutreffen. Dabei wird das Aflatoxin B1 als am gefährlichsten eingestuft. Es besitzt eine außerordentlich hohe Toxizität, schon kleinste Mengen können zu Leberschädigungen führen. Weiterhin ist es eine der stärksten krebsauslösenden Substanzen.
Im Hinblick auf die Gesundheit der Tiere sind die von den Feldpilzen der

Gattung Fusarium gebildeten Mykotoxine nicht zu unterschätzen. Aufgrund ihrer Wirksamkeit und ihres häufigen Vorkommens in mitteleuropäischem Getreide sind sie als die Mykotoxine mit größter Bedeutung anzusehen. Schimmelpilze sind in jeder Silage nachzuweisen. Blauschimmel (P.roqueforti) und Rotschimmel (Monascus Ruber) sind die bekanntesten Schimmelarten in Silagen.

Vorbeugen mit sEM

Es besteht die Möglichkeit mit sEM-A den schädlichen Schimmelbelastungen entgegenzuwirken indem man sie als Siliermittel einsetzt. Als Beifutter kann mit sEM-A ein sogenanntes Futter-Bokashi hergestellt werden. Durch die Fermentation und das verwendete sEM-A wird Schimmel unterdrückt und dessen Entstehung vermieden. Mit sEM-A kann sehr gute, schmackhafte Silage bereitet werden.

Wie internationale Berichte von sEM-Anwendern zeigen, wird sEM je nach Zulassung, neben der Verwendung als Siliermittel auch direkt bei der Fütterung eingesetzt. Es wird dadurch direkt Einfluss auf die mikrobielle Verdauung genommen.

Fütterungsvorschlag

Folgendes Beispiel zeigt, wie sEM–A bei der Pferdefütterung oft angewendet wird.

Fohlen	**sEM-A**	**Futter-Bokashi**
Ab 3. Lebenstag	**10 ml tägl. ins Maul**	
Bei Beginn der Futteraufnahme	**10 ml tägl. ins Maul**	**100 – 150 g / Tag dem Futter beimischen**

Pferde	**sEM-A**	**Futter-Bokashi**
Ohne Belastung	2 x 10 ml / tägl. ins Maul	200 g / Tag
Arbeit, Sport	2 x 10 ml / tägl. ins Maul	500 g / Tag

Anwendung im Stall
Siehe Beispiel Rinder und Schweine. Hier sind die gleichen Mengen einzusetzen.

Technik
Zum Vernebeln von sEM–A in den Stallungen können verschiedene Techniken verwendet werden. Wir empfehlen die Anschaffung einer simplen, effektiven und preisgünstigen Technik (Lowtech nicht Hightech).
Beispiele:
· Versprühung mit einer Rückenspritze in kleineren Stallungen
· Vernebelung mit einer motorbetriebene Rückenspritze in Stallungen mittlerer Größe
Der Vorteil dieser Geräte ist, dass man auch die Decke besprühen kann. Herstellerfirmen sind die Firma Stihl oder Solo (Reichweite ca. 13 m).
· Anbringen einer Sprühleitung an der Decke (1/2 Zoll Wasserleitung aus Kunststoff) ausgestattet mit Pralldüsen oder Butterflydüsen wie sie in der Gewächshaustechnik Verwendung finden.

Gülle- und Mistbehandlung mit sEM bei Pferden (siehe „Mist und Güllebehandlung“ Viehzucht)

Herstellung von Futter-Bokashi für Pferde
Hierfür werden verschiedene Getreidekomponenten und Mühlenabfälle mit sEM-A unter Luftabschluss fermentiert. sEM-A dient hier als Siliermittel.
Im Fermentationsprozess findet kein Abbau, sondern ein Aufbau verschiedenster Vitamine, Enzymen, Aminosäuren usw. statt.

Verwendung von Futter–Bokashi
Von diesem werden täglich 1-5% als Additiv ins Kraftfutter gemischt oder, je nach Lebendgewicht, 100 – 200g pro Tag gefüttert. Dadurch wird die Mikroflora im Darm und der gesamte Gesundheitszustand der Tiere verbessert. Die unangenehmen Gerüche von Ausscheidungen der Tiere werden erheblich vermindert.

Materialien
100 Liter Getreidekleie (z. B. Weizen, Roggen, Mais)
3 Liter sEM–A guter Qualität oder Fertiglösung sEM-Tier,
3 Liter Zuckerrohrrohmelasse oder 1,5 L Gerstenmalzsirup (50% Zuckergehalt)
150 Liter Wasser* guter Qualität (nicht chloriert)
Luftdicht verschließbarer Behälter
Die Wassermenge ist maßgebend und hängt von der Feuchtigkeit der Materialien ab.

Anleitung

1. Lösen Sie die Melasse in warmem Wasser auf
2. Geben Sie das sEM–A der verdünnten Melasse zu
3. Mischen Sie die sEM A-Melasse-Lösung der Kleie langsam unter und geben Sie das Wasser hinzu
4. Achten Sie dabei stets auf die Feuchtigkeit (35 – 40% Trockensubstanz sind optimal.
Man kann es durch Andrücken einer Hand voll Material gut prüfen.
Ausgedrückt sollte ein Klumpen bleiben ohne zu krümeln, ohne dass
Wasser aus dem Klumpen fließt. Er sollte jedoch leicht zerfallen, wenn man ihn berührt)
5. Füllen Sie die fertige Mischung in einen Behälter oder Sack, verdichten Sie es gut und verschließen ihn luftdicht
Bei größeren Mengen empfiehlt es sich, das Material unter einer Siloplane zu fermentieren.
6. Während der Fermentationsphase Behälter oder Plane nicht öffnen!

Kriterien für gutes Futter–Bokashi

Die Bebrütungstemperatur entscheidet über die Fermentationsdauer (Bei 15° C ca. 4 Wochen). Das fertige Bokashi sollte einen süß-sauren Geruch haben. Wenn es sauer und muffig riecht, ist der Prozess misslungen. Futter–Bokashi kann 6 Monate gelagert werden und sollte während dieser Zeit verwendet werden.

Notizen

Pflanzenkohle

Pflanzenkohle - man sieht sehr schön, wie die ursprüngliche Struktur des pflanzlichen Rohstoffs erhalten bleibt. (Foto: Andreas Thomsen)

Pflanzenkohle (auch **Biokohle**) wird durch pyrolytische Verkohlung rein pflanzlicher Ausgangsstoffe hergestellt. In Verbindung mit anderen Beimengungen wie Knochen, Fischgräten, Biomasseabfällen, Fäkalien und Asche ist sie Bestandteil der Terra preta. Pflanzenkohle ist in einigen Ländern (u. a. Österreich, Schweiz) in der Landwirtschaft als Bodenverbesserer und Trägerstoff für Düngemittel sowie als Hilfsstoff für die Kompostierung und Nährstofffixierung von Gülle zugelassen. Pflanzenkohle wird auch als Futtermittelzusatz und Nahrungsergänzungsmittel verwendet. In den vergangenen Jahren wurde die Herstellung von Pflanzenkohle intensiviert. Ihr wird unter anderem ein großes Potential als Mittel zur Kompensation der Kohlendioxid-Emissionen in Anbetracht der globalen Erwärmung zugeschrieben. (*Wikipedia*)

Pflanzenkohle in der Tierhaltung

Gastbeitrag von **ithaka-journal.net**

Pflanzenkohle wird seit vielen Jahrhunderten in der akuten Behandlung von Tieren eingesetzt. In den letzten Jahren wird Pflanzenkohle nun vermehrt auch als regelmäßiger Futterzusatz verabreicht. Die Tierhalter versprechen sich einerseits die Verbesserung der Tiergesundheit und der Produktivität und andererseits die Schließung der Nährstoffkreisläufe, da die Pflanzenkohle während der Verdauung mit organischen Nährstoffen aufgeladen und so offenbar zu einem wertvollen Düngemittel wird. Seit einem knappen Jahrzehnt untersucht auch die Wissenschaft vermehrt die Auswirkungen und Funktionsweisen von Pflanzenkohle in der Fütterung. Das hier vorliegende Whitepaper gibt eine Zusammenfassung des Wissensstandes bis 2016 und wertet rund 200 einschlägige wissenschaftliche Veröffentlichungen zum Thema aus.

Kaskadennutzung von Pflanzenkohle in der Tierhaltung

Pflanzenkohle ist zu wertvoll und kostspielig, um sie nur einmal zu nutzen. Es gibt mehr als 55 Anwendungsmöglichkeiten von Pflanzenkohle, die von der Nutzung als Baumaterial und der Anwendung in Textil- und Papierindustrie bis zur Konservierung von Nahrungsmitteln, der Abschirmung elektromagnetischer Felder in Elektrobauteilen und der Abwasserbehandlung sowie der Herstellung von Batterien reichen (Conte et al., 2015; Schmidt, 2012). Bei nahezu all diesen Anwendungen kann die verwendete Pflanzenkohle am Ende ihres ursprünglichen Nutzungszyklus in verschiedenen anderen Bereichen nutzbringend weiterverwendet werden. Am Ende dieser Nutzungskaskaden kann die Pflanzenkohle dann, je nach Reinheits- und Anreicherungsgrad mit Nährstoffen entweder als Bodenverbesserungsmittel aufbereitet oder der energetischen Nutzung zugeführt werden.

Die momentan vielversprechendste Möglichkeit Pflanzenkohle vor ihrer letztlichen Anwendung als Bodenverbesserer wirtschaftlich und ökologisch nutzbringend einzusetzen, ist die Kaskadennutzung in der Tierhaltung. Pflanzenkohle kann dabei als Siliermittel, als Futtermittel, in der Einstreu, zur Güllebehandlung und als Kompostzusatz eingesetzt werden. In all diesen Anwendungsbereichen soll Pflanzenkohle nicht nur die Qualität des Endprodukts, sei es die Qualität der Silage, die Tiergesundheit oder die Düngeeigenschaften der Gülle und des Kompostes verbessern, sondern nach Möglichkeit auch die Klima- und umweltschädlichen Verluste von Nährstoffen

reduzieren. Vermutlich reichert sich die Pflanzenkohle von Nutzungsstufe zu Nutzungsstufe mit mehr organischen Nährstoffen an und würde so zu einem wertvolleren organischen Düngemittel für die Landwirtschaft (Schmidt and Shackley, 2016; Schmidt et al., 2015).
Durch den Einsatz in der Tierhaltung modifizieren sich die chemischen und physikalischen Eigenschaften der Pflanzenkohle. Ebenso wie in der Kompostierung durchläuft die Pflanzenkohle wahrscheinlich auch im Verdauungsprozess einen beschleunigten Alterungsprozess, bei dem sich vermehrt funktionelle Gruppen an den verzweigten Oberflächen der Pflanzenkohle herausbilden können (Joseph et al., 2015b) und die Redoxaktivität erhöht wird (Joseph et al., 2015a; Kluepfel et al., 2014). Es wird vermutet, dass sich durch die Beladung der Pflanzenkohle mit flüssigen organischen Nährstoffen, sei es im Verdauungstrakt, in der Einstreu oder in der Güllegrube, die inneren Oberflächen der porenreichen Kohle mit einer organischen Schicht überzieht, welche sowohl die Wasserspeicherfähigkeit als auch die Nährstoffaustauschkapazität erhöhen (Conte et al., 2013; Kammann et al., 2015; Schmidt et al., 2015). Praxiserfahrungen und neueste Versuchsergebnisse weisen darauf hin, dass die beladene Pflanzenkohle am Ende der Nutzungskaskade in der Tierhaltung zu einem wertvollen organischen Dünger werden könnte. Dieser kann chemische NPK-Dünger ersetzen und damit die Möglichkeit bietet, aus den Abfallstoffen der Tierhaltung Düngemittel mit hoher Wertschöpfung zu generieren (Schmidt et al., 2015).

Die Nutzung von Pflanzenkohle in der Tierhaltung wurde erst vor wenigen Jahren wiederentdeckt und seitdem verstärkt genutzt (Gerlach and Schmidt, 2012). Abgesehen von einer Reihe tierärztlicher Veröffentlichungen aus dem letzten Jahrhundert wurden erst seit 2010 wieder wissenschaftlich Untersuchungen über die Fütterung von Pflanzenkohle und deren Einfluss auf die Gesundheit verschiedener Tierarten, auf die Futtereffizienz und den Pathogenbefall sowie auf die Emissionen von Treibhausgasen in der Tierhaltung veröffentlicht. Noch weisen die wissenschaftlichen Grundlagen eine Reihe systematischer Lücken auf, und es ist nach wie vor unklar, weshalb Pflanzenkohle als Futterzusatz die allgemein beobachteten positiven oder neutralen Wirkungen entfaltet.

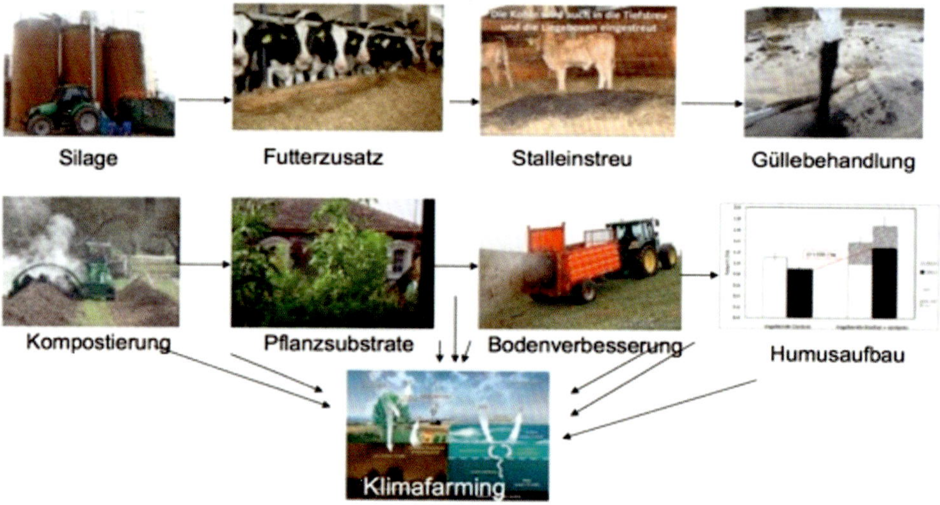

Schema der Kaskadennutzung von Pflanzenkohle in Tierhaltung und Landwirtschaft.

Für viele Landwirte sind die wissenschaftlichen Erklärungsmodelle allerdings eher unerheblich. Solange (1) sichergestellt ist, dass keine negativen Auswirkungen auf die Tiergesundheit und auf die Umwelt zu befürchten sind, und dass (2) die positiven Wirkungen auf Tiergesundheit und Produktivität die Mehrkosten und den Aufwand überwiegen. Da die eigenen Ergebnisse und Beobachtungen bei der Fütterung von Pflanzenkohle offenbar überzeugend sind, nimmt jedes Jahr die Anzahl der Pflanzenkohle fütternden Landwirte zu. Derzeit werden über 80 % der durch die Europäische Pflanzenkohle Stiftung (EBC) zertifizierten Pflanzenkohlen in die Tierhaltung verkauft (Schmidt and Shackley, 2016). Zudem versetzen mittlerweile auch Futtermittelerzeuger immer häufiger ihre Mischfuttermittel mit Pflanzenkohle, ohne dies allerdings als besonderes Argument in der Werbung zu verwenden. Da schadstofffreie, entsprechend kontrollierte Pflanzenkohle nach der EU-Verordnung als Futtermittel zugelassen ist (EU-Commission, 2011), steht dem auch nichts im Wege.

Im Folgenden soll eine Zusammenfassung des derzeitigen Wissensstandes für die Anwendung von Pflanzenkohle als Futtermittel gegeben werden. Nach einem historischen Überblick wird auf die Funktionsweise von Pflanzenkohle in der Fütterung von Tieren eingegangen. Im dritten Teil geht es um die Absorption von Schadstoffen und Pathogenen, im vierten Teil um die Auswirkung der Fütterung auf die Produktivität und das Wohl verschiedener Nutztierarten. In den abschließenden Teilen geht es um etwaige Nebenwirkungen, die Art der Verabreichung, um Treibhausgas- und Ammoniak-Emissionen, sowie die Zulassungspraxis und Qualitätskontrolle.

Historischer Überblick zum Einsatz von Pflanzenkohle als Futtermittel bzw. als Futterzusatz

Holzkohle ist eines der ältesten Hausmittel gegen Verdauungsstörungen sowohl bei Menschen als auch bei Haustieren (Cato, §70, 1935). Neben Kräutern und Tonerde wurde Holzkohle von Tierhaltern fast aller Kulturen für die Behandlung sämtlicher inneren und einiger äußeren Krankheiten ihrer Tieren verwendet. Es hat offenbar nie geschadet, aber meistens genützt (Derlet and Albertson, 1986). Während die Kohle für einige Tierarten wie Hühner und Schweine pur verabreicht wurde, gab man sie anderen Tieren gemischt mit Butter (Rinder), Eiern (Hunde) oder mit Fleisch (Katzen) (O'Toole et al., 2016).

In einem 1906 erschienenen Lehrbuch über Tierhaltung wurde angemerkt: „*Schweine scheinen geradezu süchtig nach ‚unnatürlichen Substanzen'*". *Dies trifft insbesondere auf Sauen zu, die in engen Ställen gehalten werden. Sie fressen geradezu gierig solche Dinge wie Holzkohle, Asche, Braunkohle, fauliges Holz, usw. Wahrscheinlich sind einige dieser Substanzen nicht sonderlich gut für Schweine, aber es besteht kein Zweifel, dass Holzkohle und Holzasche positive Wirkungen zeigten und zur Beruhigung der Schweine beitrugen*" (Day, 1906).

Fachzeitschriften für Landwirtschaft und Tierhaltung aus dem späten 19ten und frühen 20ten Jahrhundert diskutierten ausgiebig sogenannte „tonische Mittel" für Kühe. Diese bestanden hauptsächlich aus Holzkohle und enthielten zudem Gewürze wie Pfeffer oder bittere Enzianwurzel. Die Hersteller dieser tonischen Mittel behaupteten, sie würden Verdauungsstörungen beheben, den Appetit verbessern und die Milchproduktion erhöhen (Pennsylvania State College, 1905).

In den USA wurde Holzkohle damals offenbar als vorzüglicher Futterzusatz zur Erhöhung des Butterfettgehaltes von Milch angesehen. Anfang des 20ten Jahrhunderts hielt man dort Wettkämpfe für den Buttermilchgehalt von Kuhmilch ab. Die Landwirte legten entsprechend viel Sorgfalt auf die Zusammenstellung der Futterrationen: „*Die Getreidemischung, die während der Versuchsphase gefüttert wurde, bestand aus 50 kg getrocknetem Gärgetreide, 25 kg Weizenbran, 50 kg gemahlenen Hafer, 50 kg Maisbrei, 50 kg Baumwollsaatmehl… Holzkohle fehlt, wenn überhaupt, so nur selten in den Mischungen der Kuhzüchter*" (Savage, 1917).

Später berichteten Totusek und Beeson, (1953), dass Pflanzenkohle-Produkte spätestens seit 1880 in der Schweinezucht und seit 1940 in der Hühnerhaltung als Futtermittel eingesetzt wurden. Sie zitieren eine Vielzahl von Veröffentlichungen aus der ersten Hälfte des 20ten Jahrhunderts. Etwa zur gleichen Zeit schrieben Steinegger und Menzi, (1955): *„Es ist in der Schweiz allgemein üblich, Holzkohle zum Hühnerfutter und zum Legehennen-Mehl zu mischen, um Verdauungsproblemen vorzubeugen und überhaupt die Verdauung zu regulieren“.*

Holzkohle und Wildtiere

Auf den ersten Blick mag es unnatürlich erscheinen, Tiere mit Pflanzenkohle zu füttern, doch sogar Wildtiere knabbern gelegentlich an Holzkohle, sofern sie frei verfügbar ist. Tatsächlich ist Holz und Pflanzenkohle ja keineswegs eine unnatürliche Substanz, sondern sie entsteht in relevanten Mengen bei durchaus regelmäßig sich ereignenden Wildfeuern. Noch viele Jahre nach Waldbränden können Wildtiere allenthalben Holzkohlestücke finden. Es wurde mehrfach beobachtet, wie Rotwild und Elche Holzkohle von verkohlten Baumstümpfen im Yellowstone National Park fressen; selbst Haushunde bedienen sich an Holzkohlestücken (Struhsaker et al., 1997). Berühmt in dieser Hinsicht ist der Sansibar Red Colobus (*Procolobus kirkii*), ein kleiner Affe auf der Insel Sansibar, der regelmäßig Holzkohle frisst, um so frische Mango- (*Mangifera indica*) und Mandelblätter (*Terminalia catappa*) mit ihren eigentlich für sie toxischen Phenolen zu verdauen (Cooney und Struhsaker, 1997). Struhsaker und Kollegen (1997) beobachteten, dass jene Colobus-Affen täglich 0,25 – 2,5 g Holzkohle pro kg Körpergewicht fressen. Adsorptionstests, die von Cooney und Struhsaker (1997) durchgeführt wurden, zeigten, dass insbesondere die afrikanischen Waldmeilerkohlen, von welchen die Affen ebenfalls fraßen, ausgezeichnete Ergebnisse bei der Aufnahme von heißextrahierten phenolischen Substanzen der oben erwähnten Baumblätter aufwiesen.

Die Autoren schlossen aus ihren Untersuchungen, dass das tägliche Fressen von Holzkohle ein vermutlich selbsterlerntes Verhalten der Affen sei, um die Verdaulichkeit ihrer typischen Blattkost zu verbessern. Tatsächlich stellte sich bei Zählungen auf der afrikanischen Insel heraus, dass die Holzkohle fressenden Colobus-Affen die höchste Populationsdichte aller Affenarten der Welt aufwiesen. Somit scheint ihnen der tägliche Verzehr von (nicht zertifizierter) Holzkohle auch langfristig offenbar nicht zu schaden.

Funktionsweise von (aktivierter) Pflanzenkohle in der Fütterung

Adsorption

Bevor Pflanzenkohle Anfang der 2000er Jahre als Futtermittel untersucht und eingesetzt wurde, galt aktivierte Pflanzenkohle insbesondere als Tierarznei bei Verdauungsstörungen und Vergiftungen. Auch Holzkohle ist seit vielen Jahrhunderten als Notfallbehandlung bei Vergiftungen von Tieren (und Menschen) bekannt (Decker and Corby, 1971).
Pflanzenkohle bzw. Aktivkohle wurde und wird hierbei aufgrund ihrer hohen Adsorptionskapazität für eine Vielzahl verschiedener Toxine eingesetzt. Gegenstand wissenschaftlicher Untersuchungen waren hier insbesondere die Adsorption von Mykotoxinen, Pflanzentoxinen, Pestiziden sowie toxischen Stoffwechselprodukten von Pathogenen. Die sogenannte Adsorptionstherapie, wobei aktivierte Pflanzenkohle als nicht verdauliches Trägermittel eingesetzt wird, gilt als eine der wichtigsten Methoden zur Verhinderung gesundheitsschädigender oder tödlicher Wirkungen von oral aufgenommenen Toxinen (McKenzie, 1991; McLennan and Amos, 1989).

Aus Sicht der Toxikologie basiert die Wirkung der Pflanzenkohle dabei auf den folgenden Mechanismen: Adsorption, Koadsorption, Kompetition, Chemosorption, Adsorption mit nachfolgender chemischer Reaktion, Desorption (Gerlach und Schmidt, 2012). Allerdings sind hier die zeitabhängigen Vorgänge der Adsorption, Verteilung, Biotransformation und der Ausscheidung der zu betrachtenden toxischen Substanzen im Verdauungstrakt der Tiere zu unterscheiden und einzuordnen.

In seiner 1984 veröffentlichten Dissertation: „Aktivkohle und ihre Wirkung auf Bakterien und deren Toxine" beschreibt Ulf Schirrmann (Schirrmann, 1984) die Aktivkohle in ihrer Wirkung auf Bakterien und deren Toxine im Gastrointestinaltrakt:

1. Adsorption von Proteinen, Aminen, Aminosäuren
2. Adsorption von Enzymen des Verdauungstraktes sowie Konzentrierung bakterieller Exoenzyme an der Aktivkohle
3. Adsorption mobiler, über spezielle Anheftungsmechanismen verfügender Keime durch Chemotaxis.

Spezifische Besiedlung der Pflanzenkohle mit gram-negativen Keimen mit erhöhter Stoffwechselleistung, was einerseits zu geringerer Produktion zu resorbierender Endotoxine und andererseits zu rascherer Adsorption dieser Toxine an der Kohle führt.
Ein weiterer großer Vorteil in der Anwendung von Pflanzenkohle liegt in der Fähigkeit zur „Enteralen Dialyse". Dies heißt, bereits absorbierte lipophile Toxine können durch die Kohle aus dem Blutplasma entfernt werden, wobei die große Adsorptionskraft der Kohle mit den günstigen Permeabilitätseigenschaften des Darmes interagieren (Schirrmann, 1984). Die Geschwindigkeit der Adsorption hängt vermutlich von der Porengröße der Aktivkohle ab (Gerlach and Schmidt, 2012).

Pond (1986), erläutert in ihren frühen medizinischen Studie verschiedene Mechanismen, aufgrund derer die Pflanzenkohle Toxine aus dem Körper eliminieren kann. Pflanzenkohle kann erstens den enterohepatischen Kreislauf unterbrechen und verhindern, dass Verbindungen wie Östrogene und Progestagene, Digitoxin, organische Quecksilber- und Arsenverbindungen sowie Indomethacin von der Galle aufgenommen werden. Zweitens betrifft dies Verbindungen wie Digoxin, die aktiv in den Darm ausgeschüttet werden. Drittens werden Verbindungen wie Pethidine adsorbiert, die passiv in den Darm diffundieren. Viertens kann die Pflanzenkohle Verbindungen aufnehmen, welche entlang eines Konzentrationsgradienten zwischen Darmblut und Primärharn diffundieren.

Redoxpotential, Elektronenvermittlung und mikrobielles Milieu

Während die Adsorptionskapazität der am häufigsten untersuchte und bekannteste Wirkungsmechanismus von Pflanzenkohle ist, kann die ausschließliche Beschränkung auf diese Funktion nicht sämtliche beobachteten Phänomene erklären. Erst seit kurzem wird eine weitere, womöglich entscheidende Funktion der Pflanzenkohle, nämlich ihre elektro-biochemische Interaktion in biologisch aktiven Systemen diskutiert. Pflanzenkohle, die bei Temperaturen von über 550° C hergestellt wurde, ist nicht nur ein guter

elektrischer Leiter (Mochidzuki et al., 2003; Yu et al., 2015), sondern kann in chemischen und mikrobiellen Redoxreaktionen als Elektronen-Vermittler (electron mediator) sowohl Elektronen aufnehmen als auch abgeben (Husson, 2012; Joseph et al., 2015a; Kluepfel et al., 2014; Liu et al., 2012; Van der Zee and Cervantes, 2009; Yu et al., 2015). Die elektrische Leitfähigkeit von Pflanzenkohle beruht dabei nicht auf einem kontinuierlichen Elektronentransfer wie z. B. bei einem Kupferdraht, sondern auf einem diskontinuierlichen Elektronen-Hopping (Kastening et al., 1997), was von entscheidender Bedeutung für die Funktion der Elektronen-Vermittlung ist.
Beim mikrobiellen Abbau organischer Substanzen im Verdauungstrakt und insbesondere im anaeroben Pansen sind Bakterien darauf angewiesen, Elektronen, die beim Abbau organischer Substanz überzählig werden, abzugeben. Dies geschieht in komplexen Redoxreaktionen, durch die Moleküle oder Atome Elektronen abgegeben (donnate) und von anderen Molekülen oder Atomen aufgenommen (accept) werden. Damit diese Verdauungsreaktionen stattfinden können, müssen diese Redoxreaktionen, bei denen es zum Austausch von Elektronen kommt, in der Regel in unmittelbarer Nähe voneinander stattfinden. Elektronen können nicht frei im Verdauungssaft schwimmen, sondern sind immer durch Atome bzw. Moleküle gebunden und können immer nur von einem Atom (Bindungszustand) zu einem anderen übergehen.
Die direkte Kopplung der Elektronen abgebenden und aufnehmenden Reaktionen (Redoxreaktion) kann allerdings durch einen sogenannten Elektronenvermittler (electron mediator) überbrückt werden, indem er an der einen Stelle Elektronen eines chemisch reagierenden Moleküls oder Atoms aufnimmt und sie an anderer Stelle wieder an ein anderes Atom oder Molekül abgibt. Es gibt zahlreiche solche elektronenvermittelnden Substanzen, wie z.B. Thionin, Tannine, Methylblau oder Quinon, doch besonders große und effiziente natürliche Elektronenvermittler sind Huminsäuren, Holzessig und Pflanzenkohle (Bhatta et al., 2012; Kluepfel et al., 2014; Kluepfel et al., 2014; Liu et al., 2012; van der Zee et al., 2003).

Zwar sind in einer ausgewogenen Tierernährung natürlicherweise zahlreiche elektronenvermittelnde Substanzen enthalten, doch gerade bei intensiver, energiereicher Fütterung sind diese häufig nicht ausreichend (Sophal et al., 2013). Werden inerte oder sonstige nicht-toxische Elektronenvermittler wie z.B. Pflanzenkohle, Holzessig oder Huminsäuren dem Futter zugesetzt, können offenbar vielfältige Redoxreaktionen effizienter ablaufen, was wahrscheinlich die Energieausbeute und damit die Futtereffizienz erhöht (Leng et al., 2013a; Liu et al., 2012).

Im Verdauungstrakt verschiedener Tiere werden quasi alle Futter abbauenden Reaktionen von Mikroorganismen (v.a. Bakterien, Archaeen, Ciliaten) ausgeführt bzw. vermittelt. Hierbei agieren die mikrobiellen Zellen ihrerseits häufig auch als Elektronenvermittler, da sie nur eine bestimmte Menge an Elektronen in innerzellularen Verbindungen aufnehmen können und überzählige Ladungen abgeben müssen. Diese Ladungsverteilung und -vermittlung geschieht häufig über den Biofilm, mit dem die zu verdauenden Futterpartikel überzogen werden. Allerdings sind bakterielle Biofilme keine sonderlich guten elektrischen Leiter, so dass sich mikrobielle Redoxreaktionen durch andere Elektronen vermittelnde Substanzen wie Huminsäuren oder eben Pflanzenkohle optimieren lassen. Tatsächlich ist die elektrische Leitfähigkeit von aktivierten Pflanzenkohlen um das 100 bis 1000fache höher als die von bakteriellen Aggregaten (Liu et al., 2012).

Auch wenn die Leitfähigkeit von nicht aktivierten Pflanzenkohlen deutlich niedriger ist, konnten (Chen et al., 2014) nachweisen, dass Pflanzenkohle Elektronen zwischen Bakterienzellen transportieren kann (im Englischen wird hierfür der Begriff „electron shuttling" verwendet). Dank der Elektronenvermittlung über die Pflanzenkohle kann ein Bakterium z.B. an einer Seite eines Pflanzenkohlepartikels ein Elektron abgeben und ein anderes Bakterium an einer anderen Stelle des gleichen Partikels ein anderes Elektron wieder aufnehmen. Die Pflanzenkohle fungiert hier quasi wie eine Batterie, die je nach Bedarf der Reaktionszentren aufgeladen oder entladen wird (Liu et al., 2012). Pflanzenkohle erleichtert somit den direkten Elektronentransfer zwischen verschieden mikrobiellen Arten (der englische Fachbegriff lautet: *direct interspecies electron transfer* (DIET)) oder Konsortien (d.h. funktionellen mikrobiellen Gemeinschaften verschiedener Arten) (Chen et al., 2014). Es ist zu vermuten, dass sich dadurch die Effizienz des biologischen Abbaus der Futterstoffe verbessert, und sich somit die Energieeffizienz der Verdauung und schließlich die Futternutzungseffizienz erhöht. Leng et al. (2012) vermuten zudem, dass dies auch ein Grund für die von ihnen festgestellte Reduktion von Methanemissionen bei Rindern durch Fütterung von Pflanzenkohle sein könnte (siehe Abschnitt 6 unten).
Es ist darüber hinaus sehr wahrscheinlich, dass Pflanzenkohle im Verdauungstrakt auch direkt als Redoxrad (redox wheel) fungiert und ähnlich wie ein Fe^{III}-F^{II}-Redoxrad als variabler Elektronenakzeptor und Elektronendonator verschiedenste Redoxreaktionen koppelt (Davidson et al., 2003; Joseph et al., 2015a; Quin et al., 2015). Pflanzenkohle enthält neben dem eigentlichen polyaromatischen Gerüst eine Vielzahl volatiler und/oder auswaschbarer organischer Kohlenstoffverbindungen (VOCs, DOCs) (Graber et al., 2014; Spokas et al., 2011), die teils selbst starke Elektronenakzeptoren sind oder,

wie beispielsweise Quinone, selbst als Redoxrad fungieren können (van der Zee et al., 2003). Yu et al., (2015) bezeichnet diese als redox-aktive funktionale Gruppen (RAMs). Es kann vermutet werden, dass an einem Pflanzenkohlestück im Verdauungstrakt eine Vielzahl verschiedener RAMS oder Redoxräder simultan mit unterschiedlichen Mikroorganismen interagieren. Die Pflanzenkohle kann somit in unmittelbarer Umgebung ihrer Oberflächen das Redoxpotential puffern und für verschiedene Mikroorganismen stabile Mikrohabitate mit verschiedenen Redox-pH-Milieus bieten (Yu et al., 2015). Hinzu kommt, dass Pflanzenkohle andere, natürlich im Futter vorhandene oder durch den Stoffwechsel entstehende Substanzen wie Tannine, Phenole oder Thionin adsorbiert, welche ebenfalls Elektronenakzeptoren sind und somit möglicherweise die Elektronenpufferung der Pflanzenkohle während der Verdauung noch weiter verbessern. Die Pflanzenkohle macht daher nicht nur Toxine durch Adsorption unschädlich, sondern nutzt vermutlich sogar deren Redoxpotential und verbessert die eigene „Batterieleistung".

Ebenso wie Huminsäuren und der bei der Pyrolyse entstehende Holzessig wirkt Pflanzenkohle als Redoxpuffer (Husson, 2012; Kluepfel et al., 2014), was nicht zuletzt erklärt, weshalb die Fütterung mit Huminsäuren, Holzessig und Pflanzenkohle jeweils ähnliche Wirkungen zeitigt, und weshalb die gemischte Verabreichung zusammen mit Pflanzenkohle die einzelnen Effekte offenbar noch verstärkt (Gerlach et al., 2014b; Watarai et al., 2008). Pflanzenkohle bietet im Gegensatz zu flüssigen Zusätzen ein stabiles, oberflächenreiches Gerüst, über das sich die organischen Flüssigkeiten auf geringstem Raum mit maximaler Oberfläche entfalten können (organic coating) um v. a. im Makroporenbereich mikrobiell besiedelt zu werden. Dank der Redoxpuffer-Wirkung werden die für Bakterien besonders schädlichen Schwankungen des Redoxpotentials im Verdauungstrakt verringert, was wiederum die Aktivität jener Mikroorganismen fördert, die in den jeweiligen Bereichen ihr Optimum finden (Cord-Ruwisch et al., 1988; Kalachniuk et al., 1978). Gerade im Umkreis von selbst kleinsten Pflanzenkohlepartikeln können sich so mikrobielle Hotspots und stabilere Redoxreaktionszentren ausbilden. Es ist zudem zu vermuten, dass sowohl die Pufferung des Redoxpotentials als auch der Effekt der Elektronenvermittlung zwischen verschiedenen mikrobiellen Arten ein selektives, milieubildendes Kriterium ist, das die Ausbildung funktionaler Konsortien oder bestimmter Artenspektren beschleunigt oder begünstigt (Kalachniuk et al., 1978). Dies könnte erklären, weshalb in mehreren Studien z.B. eine starke Zunahme von Laktobazillen oder eine Abnahme von gramnegative Bakterien festgestellt wurde (Choi et al., 2009; Naka et al., 2001).

Noch steht die Wissenschaft hinsichtlich der elektrochemischen Beeinflussung der Verdauung durch bestimmte Futtermittelzusätze relativ am Anfang, aber basierend auf den bereits vorhandenen Erkenntnissen aus der technischen Elektrochemie (Gregory et al., 2004; Konsolakis et al., 2015; Nevin et al., 2010) lässt sich mit einiger Sicherheit die Hypothese aufstellen, dass Pflanzenkohle einen direkten elektrochemischen Einfluss auf die Verdauungsreaktionen ausübt. Dies ist auch ein Grund, wenn nicht der Hauptgrund, für die unterschiedliche Wirkung unterschiedlicher Pflanzenkohlen. Elektrische Leitfähigkeit, Redoxpotential, Elektronenpufferung und Elektronenvermittlung einer bestimmten Pflanzenkohle variieren je nach der für sie verwendeten Biomasse, Pyrolysetemperatur und Pyrolysebedingungen erheblich (Yu et al., 2015). Je höher die Temperatur und je geringer der Kondensat-Anteil, desto besser ist die Leitfähigkeit und Elektronenpufferung (Joseph et al., 2015a), wobei auch der Mineralgehalt eine entscheidende Rolle spielt. Es schränkt daher zukünftige Anwendungsoptionen sehr stark und unnötig ein, wenn, wie derzeit vom Gesetzgeber vorgegeben, nur aschearme Pflanzenkohle als empfehlenswert betrachtet wird.

Zusammenfassung: Pflanzenkohle als Futtermittel

Der Einsatz von Pflanzenkohle als Futtermittel hat das Potential, die Tiergesundheit, die Futtereffizienz und das Stallklima zu verbessern, Nährstoffverluste und die Emission von Klimagasen zu reduzieren sowie den Humusgehalt und somit die Bodenfruchtbarkeit zu erhöhen. In Kombination mit anderen Maßnahmen guter fachlicher Praxis könnte Pflanzenkohle die Nachhaltigkeit der Tierhaltung verbessern. Die Auswertung von über 150 wissenschaftlichen Fachartikeln zur Fütterung von Pflanzenkohle hat aufgezeigt, dass in den meisten Studien und für alle untersuchten Nutztierarten positive Auswirkungen auf unterschiedliche Parameter wie Toxinadsorption, Verdauung, Blutwerte, Futtereffizienz, Fleischqualität und/oder Emissionen gefunden werden konnten. In vielen Studien konnten bei meist positiven Tendenzen keine statistisch signifikanten Resultate gefunden werden. Signifikant negative Auswirkungen wurden jedoch in keiner der ausgewerteten Veröffentlichungen gefunden.

Es ist unzweifelhaft, dass trotz der inzwischen großen Zahl wissenschaftlicher Veröffentlichungen nach wie vor großer Forschungsbedarf besteht. Die bisherige Forschung war häufig stark empirisch orientiert, so dass zwar vieles probiert und die Wirkungen genau gemessen wurden, aber die eigentlichen Mechanismen der Wirkung unerkannt blieben. Dies gilt insbesondere für die in der Fütterung eingesetzten Pflanzenkohlen, die in der Regel

schlecht oder gar nicht charakterisiert und bisher nicht systematisch vergleichbar gemacht wurden. Hier wäre ein Zusammenrücken der Forschungsfelder agronomisch genutzter Pflanzenkohle (in Böden und Komposten), wo eine umfangreiche Charakterisierung der Pflanzenkohlen bereits Standard ist, sowie Tierproduktion und Veterinärmedizin dringend erforderlich. Derzeit eilt die praktische Anwendung den Erkenntnissen aus der Forschung eindeutig voraus.

Besonders hervorzuheben ist die Adsorption von Schadstoffen, wie Mycotoxinen und Pharmaka, Adsorption von Pathogenen (Bakterien, Parasiten, Viren) und deren Stoffwechselprodukten, Pestiziden und Umwelttoxinen, sowie die Entgiftung von pflanzlichen Toxinen.
Regelmäßige Pflanzenkohlefütterung trägt zur Verbesserung von Leistung und Tierwohl bei Rindern, Ziegen, Schafen, Schweinen, Geflügel und Aquakulturen bei.
Die Reduktion der Methanemissionen durch Pflanzenkohlefütterung von Wiederkäuern trägt erheblich zur Verbesserung der Klimabilanz bei.

Weitere fundierte und detaillierte Informationen
über Pflanzenkohle finden Sie bei der Eußenheimer Manufaktur
oder unter: http://www.ithaka-institut.org/de

Quellen und Empfehlungen

Bücher:

„Überleben mit Topinambur“
Werner Krieger u. Jürgen Amthor

„Humus und Bodenleben“
Dr. Manfred Kriegl, Heidi Rudolph

„Biotop Mensch“
Liebe Deine Darmbakterien
H.P G.W. Schneider

„Homöopathie für Garten und Landwirtschaft“
Vaikunthanath Das Kaviraj

„Homöopathie für Pflanzen“
Christiane Mante

„Die Bombe unter der Achselhöhle“
Dr. med. Walter Mauch

„Lebensmittelqualität und Gesundheit“
Manfred Hoffmann, Günter Wolf, Bernhard Staller

„Wüste oder Paradies“
Sepp Holzer

„Intelligente Zellen“
Bruce H. Lipton, Ph. D

„Mulch total“
(Der Garten der Zukunft)
Kurt Kretschmann

„Darm mit Charme“
Ärztin Giulia Enders

„Globale Abkühlung“
Hans-Josef Fell

„Tatort Gifte im Körper“
Monika Held

„So heilte ich meinen Krebs“
Friedhelm Gehret

„Lass uns über die Qualität unserer Lebensmittel reden“
Claus Barta

Sonstige Empfehlungen:

Blog von Astrid Späth
biogartenfuellhorn.de

Naturkraft Gesundheit e. V
www.naturkraft-gesundheit.de

Dreschflegel GbR.
Shop für biologisches und Genfreies Saatgut
Dreschflegel e. V.
Dreschflegel-Schaugarten Schönhagen
www.dreschflegel-saatgut.de

V.E.N. Verein zur Erhaltung alter Nutzpflanzen (genfrei)
www.nutzpflanzenvielfalt.de

Kupfer-Anton
Gartenwerkzeuge aus Kupfer
www.kupfer-anton.de

Umweltinstitut München e. V.
www.umweltinstitut.org

Ricinus Bundschuh 153 e. V.
Erzeugerschutzbund für regionale u. nonindustrielle Erzeugerbetriebe
und Direktvermarkter

http://www.ithaka-institut.org/de
Journal für Ökologie, Weinbau und Klimafarming

Zitate aus Rückmeldungen zu ProTop

...ich wurde durch eine Bekannte auf das Hautspray aufmerksam und habe es mit Erfolg gegen ***Fußpilz*** *eingesetzt. Selbst 3 Wochen spezieller Creme hatten fast nichts verändert. Nach 3 Tagen mit dem Spray waren die Zehen verheilt!!! Kurz, ich bin von der Idee begeistert: physiologische Bakterien anstatt "keimfreier" Sagrotan-Wüste. In der momentanen antibakteriellen Welle durch viele Medien und Produkte ist dies ein gigantischer Paradigmenwechsel…*

J. Christian Müller

…habe heute noch ein wahnsinns Feedback von einem Bekannten bekommen. Er leidet an chronischer ***Gastritis, massiven Darmproblemen****,... Er nimmt seit einer Woche (!!!) Ihr Base und hat bereits jetzt keine Schmerzen mehr. Sodbrennen ist komplett verschwunden und auch sonst fühlt er sich (Zitat) „so fit wie seit Jahren nicht mehr“. Also echt herzliche Gratulation zu diesem Meisterwerk :-)!*

Marion Reichart

...Kunde ca. 50 Jahre - nimmt seit seinem 16. Lebensjahr Nasensprays aus der Apotheke. Nasenschleimhaut komplett kaputt. Folge: ***trockene Nase, Verkrustungen an den Nasenwänden*** *- dadurch häufig Nasenbluten und verschwollene Nasenlöcher - so dass eine Nasenatmung ohne Nasen- Spray nicht möglich war. Außerdem viele Aphten im Mund. Beides war bereits nach ein paar Tagen zu 90 % durch Mund– und Hautspray besser.*

Ingrid Elsner-Hoyer

...Ich bin seit ca. 8 Jahren mit ***Colitis*** *geplagt und komme mal mehr und mal weniger gut zurecht damit. Anfangs musste ich sehr viel Chemie zu mir nehmen um sie in den Griff zu bekommen. Cortison, Claversal und auch Säureblocker standen in hohem Maße auf dem Speiseplan. Durch die zufällige Bekanntschaft einer Heilpraktikern konnte ich von der Chemie loslassen und kam zur Naturheilkunde. So bin ich letztlich bei Biolino gelandet und kam dort erstmals mit ProTop Produkten in Berührung. Ich nehme es seit ca. 4 Wochen und es hat mir schon super geholfen. Die Blähungen im Oberbauchbereich sind gänzlich weg und der Stuhl ist deutlich konsistenter geworden…*

Ingrid Elsner-Hoyer

...Ich habe eine künstliche Hüfte die aufgrund starker Schwermetallablagerungen im Januar 2012 ausgetauscht werden musste. Die Schwermetalle hatte sich im Körper abgelagert und zu gesundheitliche Problemen geführt. Nach der Operation nahm ich ProTop Antioxidans zum Darmaufbau und danach ProTop Base und trank Pipes-Wasser. Die ***Schwermetallbelastung*** *reduzierte sich durch die Einnahme von ProTop Base innerhalb von 6 Monaten um die Hälfte. Mein Arzt ist sprachlos.*

Brunner Hans

...Meine eigene Fußpilzsache wird definitiv bisher besser, Juckreiz = null. Ich bin weiterhin gespannt …. Die Wäsche und das Raumklima verändern sich sofort mit sEM, ich bin begeistert, auch hinsichtlich des rückläufigen Schimmelgeruchs an Stoffteilen...

W. K.

...Seit 50 Jahren hatte ich Neurodermitis, also soweit ich zurück denken kann habe ich gefühlte mega Tonnen von Cortison geschmiert, hunderte von Cremes auspro

biert und musste jeden Winter zum Sonne-Meer-Urlaub, sonst hätte ich es gar nicht ausgehalten. Auch Blutbilder und Homöopathie halfen nicht.
Nach zwei Monaten mit ProTop Presslingen und Hautspray sowie dem Verzicht auf einige Körperpflegeartikel war alles weg, ganz und gar! Selbst mein Heuschnupfen hat sich komplett verabschiedet. Unglaublich!!!

M. W.

...*Positive Effekte durch die Einnahme von ProTop sind im Magen/Darm, Herz-Kreislaufsystem, Gewicht und weniger Hungergefühl, Energie und Ausdauer sowie Wohlbefinden.*

Herr R.

...Ich habe sehr viel Stress und Gelenkschmerzen. Besondere positive Effekte bei der Einnahme von ProTop sind im Herz/Kreislaufsystem, Kopfschmerzen/Migräne, Energie, Ausdauer, Stimmung und Wohlbefinden.

Frau G.

...Mein Heilpraktiker ist ganz begeistert von ProTop. Er hat es mir gegeben, da für mich mein **Wohlbefinden und die Stimmung** *wichtig sind. ProTop hat in beiden Bereichen bei mir sehr gut gewirkt.*

Frau B.

...Ich nehme ProTop wenn ich als Trainer und Coach einen langen Tag habe, bei dem ich über die ganze Zeit vital und mit **absoluter Aufmerksamkeit** *dabei sein will. Obwohl ich ProTop nur morgens trinke, hält dessen Auswirkung bis spät in die Nacht an.*

Herr K.

...und werde ProTop weiter empfehlen. Ich trinke ProTop weil ich **zu hohen Blutdruck** *habe. Durch die Einnahme ist mein Blutdruck deutlich gesunken. Insgesamt bewerte ich ProTop als sehr gut.*

Frau P.

...Das Cholesterin normalisierte sich und die Symptome der **Verdauungsstörungen** verschwanden. 2 große Kieferoperationen verliefen ohne Komplikationen, ohne Antibiotika, dank ProTop. Ich verspüre positive Effekte im Magen/Darm, Herz/Kreislaufsystem, Stimmung/Wohlbefinden. Ich werde ProTop weiterempfehlen, weil ich gute Erfolge habe.

Fau L.

...Seit ich ProTop nehme, **schlafe ich besser** und mein Stuhlgang ist besser.

Frau H.

...Meine Mutter, 85 Jahre, hat die Bluthochdruck-Medikamente vom Arzt halbiert bekommen, hat super Werte bei Blutzuckermessung und die Haare wachsen sehr schnell und üppig. Ich habe **kein Zahnfleischbluten** *mehr, keine Erkältung. Ich werde daher ProTop weiterempfehlen.*

Frau P.

...Mein körperliches Wohlbefinden hat sich verbessert, sowie das Immunsystem. Positiv ist der Effekt im Magen-/Darm, Herz/Kreislauf sowie Stimmung und Wohlbefinden.

Frau G.

...Seit ich ProTop nehme habe ich keine **Kopfschmerzen** *mehr, ich vertrage wieder Milchprodukte, ich habe* **keine Pickel** *mehr, mein Hungergefühl hat sich reduziert (keine Lust mehr auf Schokolade wenn ich ProTop trinke). Seit ich ProTop trinke bin ich weniger krank, leistungsfähiger und habe keine unreine Haut mehr.*

...Seit ich Pro Top trinke fühle ich mich wohler, mein ***Stuhlgang*** *hat sich gebessert, ich habe mehr Elan, meine Kopfschmerzen sind weniger und ich habe regelmäßig gleichen Appetit. Ich werde ProTop weiterempfehlen weil es dem Körper gut tut.*

Frau R.

...Ich leide seit 3 Jahren an **Borriolose.** *Habe immer mehr an Gewicht verloren und mein Immunsystem war extrem geschwächt, so das ich sehr viele Allergien hatte. Nach einer Flasche ProTop Antioxidans habe ich eine Gewichtszunahme festgestellt und meine Allergien sind zurückgegangen.*

Frau K.

Noch eine Anmerkung zu Ihrem ProTop: ich bin total begeistert von der Wirkung auf meinen Körper!!! Seit ich es einnehme, haben sich meine Probleme mit dem Verdauungsapparat fast vollständig in Luft aufgelöst. Schon seit frühester Kindheit ist hier bei mir so einiges im Argen, habe bereits zahlreiche Therapien hinter mir, doch nichts hat jemals nachhaltig geholfen. Nun bin ich seit mehr als drei Wochen beschwerdefrei und fühle mich auch sonst so fit und vital wie selten!

Frau R.

...Nach der täglichen Einnahme von ProTop Antioxidans sind innerhalb von 4 Wochen meine jahrelangen Mastopathien in der Brust verschwunden (Gynäkologin kann dies bezeugen)….

Frau L.

...Nach der Einnahme von ProTop Antioxidans über mehrere Monate sind meine entzündlichen Prozesse an der Wirbelsäule (nach einem schweren Autounfall) verschwunden. …

Herr G.

...Nach der Einnahme von einer Flasche ProTop Aronia + Moringa sind Plaqueablagerungen in der Hauptschlagader zurückgegangen. Durch Ultraschall kontrolliert und festgestellt worden.

M.T.

Nach Verbrennung meiner Hand mit kochend heißem Wasser habe ich die Stellen mit Mund- und Hautspray mehrmals besprüht. Nach 15 Minuten verschwanden die Rötungen und die Schmerzen. Es entstanden keine Blasen!

F.H.

Mund– und Hautspray bei einer großflächigen Schürverletzung die ich mir im Garten zugezogen habe, mit Schmutz und Abrieb. In der Wunde hat sich die Stelle durch regelmäßiges Besprühen der Fläche mit ProTop Mund- und Hautspray komplett zurückgebildet ohne Narben.

Frau J.B.

Ich musste ständig zum Beschleifen meiner Vollprothese zum Zahnarzt. Die Druckstellen verschwanden nach dem regelmäßigen Benutzen von ProTop Mund- und Hautspray.

Herr S.

Seit der regelmäßigen Einnahme der Presslinge über mehrere Monate sind die Arthroseschmerzen in rechten Knie in der Nacht verschwunden und tagsüber habe ich eine größere Beweglichkeit.

Frau G.

Mein Mann hat seit einigen Jahren immer wieder einmal eine Fistel an einer Zahnwurzel im rechten Unterkiefer. So auch im April 2012. Früher war die Behandlung dieser

Fistel sehr aufwendig. Z.B. Wurzelbehandlung, Medikamente und viele Schmerzen über eine lange Zeit. Beim letzten Auftreten, Einsprühen des Zahnfleisches mit ProTop Mund- und Hautspray, ca 5 Wochen danach alle Schmerzen weg, ohne Belastung der Krankenkasse, in Form von Zahnarztbehandlung und Medikamenten. Außerdem fühlt er sich wieder fit und gesund und der ganze Organismus freut sich.
Fall 2:
Ebenfalls bei meinem Mann, eine schon mehrere Jahre bestehende und sich immer weiter ausbreitende Lichtdermatose an der re. Wange. Behandlung: Betupfen mit ProTop Mund- und Hautspray, jeden Tag 1 x, ca. 6 Monate. Verlauf: Langsames Zurückgehen der Dermatose in Form von Krustenbildung und folgender Ablösung, bis zur vollständigen Heilung.
Frau R.
*Sehr geehrter Herr Amthor, ich möchte Ihnen gerne Rückmeldung geben, wie sich Ihre Produkte auf meine Gesundheit ausgewirkt haben. Seit genau einem Jahr ernähre ich mich ausschließlich vegan und das sehr gerne und ohne mich zu kasteien. Im Januar 2014 hat mein Arzt eine Unterversorgung von B12 bei mir festgestellt und einen Wert von 145 gemessen. Daraufhin habe ich im Frühjahr eine Kur mit ProTop Antioxidans und Pro Top Power gemacht (ich bin schon seit Jahren Anhängerin Ihrer Produkte für Mensch, Tier und Pflanze). Beim Messen des B12 Wertes nun im Juli war mein Arzt erstaunt und fragte mich, wie ich das gemacht habe. Der Wert ist auf 208 gestiegen. Ich möchte mich ganz herzlich bei Ihnen bedanken, dass Sie sich für die Verbreitung von Mikroorganismen einsetzen. Schöne Grüße von **P.R.** aus Hösbach.*

Frau H. aus Beaconsfield England schreibt,
*Liebe E. ich muss dir einfach sagen wie dankbar ich dir für meine Heilung bin, dank deiner so guten Ratschläge für mein Bein. Ohne diese hätte ich mich noch monatelang mit einem offenen Bein und Schienbein herumgequält. Ich stellte konsequent alle Tätigkeiten ein und legte mich so viel wie möglich mit erhöht liegendem Bein hin, als ich die Behandlung anfing und in 3 Wochen war mein Bein geheilt. Ein großartiger Erfolg. Ich werde immer ein Fläschchen des ProTop Mund- und Hautspray und auch das ProTop Antioxidans in Reserve halten, bin von beiden sehr beeindruckt. Wie gut das M. euch besuchte und von meinem Problem erzählt hat. Liebe E. nimm meinen herzlichen Dank entgegen. Mit herzlichen Grüßen verbleibe ich Eure **H.***

Dies sind Zitate von Anwendern, die den Autoren in Klarnamen alle bekannt sind.

Diese Zitate stellen keine verbotenen Heilaussagen dar. Hier geht es lediglich um individuelle Ergebnisse oder Empfindungen, welche im Originaltext widergeben sind.

Da es sich bei ProTop lediglich um ein probiotisches Nahrungsergänzungsmittel handelt, ersetzt es bei Beschwerden nicht den Besuch eines Arztes. wk